U0184593

西方服饰与时尚文化：现代

A Cultural History of Dress and Fashion
in the Modern Age

［加］亚历山德拉·帕尔默（Alexandra Palmer） 编
李思达 译

重庆大学出版社

I 西方服饰与时尚文化：古代

玛丽·哈洛 （Mary Harlow） 编

II 西方服饰与时尚文化：中世纪

莎拉－格蕾丝·海勒 （Sarah-Grace Heller） 编

III 西方服饰与时尚文化：文艺复兴

伊丽莎白·柯里 （Elizabeth Currie） 编

IV 西方服饰与时尚文化：启蒙时代

彼得·麦克尼尔 （Peter McNeil） 编

V 西方服饰与时尚文化：帝国时代

丹尼斯·艾米·巴克斯特 （Denise Amy Baxter） 编

VI 西方服饰与时尚文化：现代

亚历山德拉·帕尔默 （Alexandra Palmer） 编

身体、服饰与文化系列

《巴黎时尚界的日本浪潮》
The Japanese Revolution in Paris Fashion

《时尚的艺术与批评：关于川久保玲、缪西亚·普拉达、瑞克·欧文斯……》
Critical Fashion Practice：*From Westwood to van Beirendonck*

《梦想的装扮：时尚与现代性》
Adorned in Dreams：*Fashion and Modernity*

《男装革命：当代男性时尚的转变》
Menswear Revolution：*The Transformation of Contemporary Men's Fashion*

《时尚的启迪：关键理论家导读》
Thinking Through Fashion：*A Guide to Key Theorists*

《前沿时尚》
Fashion at the Edge：*Spectacle, Modernity, and Deathliness*

《时尚与服饰研究：质性研究方法导论》
Doing Research in Fashion and Dress：*An Introduction to Qualitative Methods*

《波烈、迪奥与夏帕瑞丽：时尚、女性主义与现代性》
Poiret, Dior and Schiaparelli：*Fashion, Femininity and Modernity*

《时尚的格局与变革：走向全新的模式？》
Géopolitique de la mode：*vers de nouveaux modèles?*

《运动鞋：时尚、性别与亚文化》
Sneakers：*Fashion, Gender, and Subculture*

《日本时装设计师：三宅一生、山本耀司和川久保玲的作品及影响》
Japanese Fashion Designers：*The Work and Influence of Issey Miyake, Yohji Yamamoto and Rei Kawakubo*

《面料的隐喻性：关于纺织品的心理学研究》
The Erotic Cloth：*Seduction and Fetishism in Textiles*

即将出版：
《虎跃：现代性中的时尚》
Tigersprung：*Fashion in Modernity*

《视觉的织物：绘画中的服饰与褶皱》
Fabric of Vision：*Dress and Drapery in Painting*

前 言

亚历山德拉·帕尔默

从第一次世界大战起到今天，时尚就是一首混杂着风格、外观、民族和技术奇迹的嘈杂混响曲。它记录了呈指数级扩张的市场，记录了延续了几个世纪的工艺传统和拓展界限的制作方式。今天，时尚服装已经变成了与我们无线连接的可穿戴设备，它能实时感知我们在心率、体温方面的变化，然后加以调整，让我们变成了赛博格电子人[1]。时尚是多变的。在日复一日的生活中，它让我们体验烦恼、鼓舞、失望、悲伤和欣喜。它的外观或气味能唤起强大的记忆和想象力。从出生直至死亡，它的重要性会在正式和非正式社会仪式中被反复强调。它囊括了艺术、品味、权力、性别和地位的象征。

[1] 赛博格（cyborg）在英文中由神经机械学（cybernetic）和有机体（organism）两词合成而来，指科幻领域一种装有加强的生物机械体的生命，该概念出现于1960年。——译注

本书描绘了构成时尚多元化的关键性发展。它像看万花筒一样对时尚丰富的历史进行分解和组合。每个视角都能独立成章，从而暗示其能有更多的无限视角，因为时尚与艺术、身体、心理、社会学、政治和技术都有着密切的关系，彼此交织在一起，以至于完成写出“完整”时尚史的任务成为不可能。这恰恰就是我们研究时尚史的兴趣点和难点。

时尚的复杂和善变激发许多人尝试着用理性分析来驾驭这头野兽，以了解是什么是时尚，它如何运作、转变以及为什么我们会关心和参与其中。针对时尚的观察、谈论和写作从来没有像今天这样“喋喋不休”。互联网和社交媒体上充满了有关时尚的图片和讨论，以及由权威的时尚专业人士、独立作家、博主提供的对时尚的看法，还有对“好友们的”服装不断品头论足的社交媒体。与此同时，角色扮演和发布自拍则成为一种娱乐和当下流行的自我塑造方式。

时尚史现在已经由原来大学中艺术史或历史课的私生子或者说丑陋的拖油瓶变成了一门发展成熟的本科生和研究生课程。专门研讨时尚的学术书籍和期刊不断涌现。博物馆经常举办大型且富有吸引力的时尚展览，甚至能做到有利可图，在主展厅举办。[1]时尚理论虽陈旧，但在20世纪晚期，将时尚理论化并加以记载的作家在数量上已呈现出爆炸性增长趋势。传统上，“严肃”研究往往趋向于按学科分类，并且是归属在学术界专业男性的掌控范畴。乔治·达尔文（George Darwin），也就是查尔斯·达尔文的儿子，提出了关于男性着装的功能与流动性及自我保护之间关系的进化理论，并指出与之相对的女性着装的轻浮和“不稳定性”。[2]心理学家约翰·福卢格尔（John Flügel）的性感区转移理论被埃德蒙德·伯格勒（Edmund Bergler）基于弗洛伊德精神分析基础上所进行的“独立临床研究”发扬光大，该理论证明衣服是一种男性强加给女性的男性化发明，以缓解“男性压抑着的对女人身体恐惧的无意识肯定”。[3] 他断言“就服装而言——没有‘平淡乏味’的女性，只有被抑制神经质的女性”，他还继续批判同性恋时尚创造者，视之为女性“最激烈的敌人”，对引发女性恐惧并惩罚她们的“时尚骗局”负有责任。[4]

时尚所包含的学科非常广泛，囊括艺术、设计、经济学、社会学、心理学、精神病学和哲学。萨拉·菲（Sarah Fee）[2] 对人类学家“在服装和时尚之上断断续续的兴趣”做了概括，指出他们的结论受到作者国籍和文化偏见的影响。[5] 时尚非常适合采用多学科混合研究的方法，借此提供新思路和理解。这反映在领军学者的工作中和本书收录的文章中。尽可能多地借鉴各种学科有助于以新的方式解释时尚，能使研究更为细致入微。该专题的一个有趣点就在于，它必须邀请一些通常研究焦点不在时尚方面的学者，将他们的洞见应用到本领域之中。他们经常会让那些在时尚研究中没有得到充分体现的理念凸显出来。本书将这些主题交织在一起，形成一个对现代时尚研究的概述。

不过，随着对时尚的理性化、检验性和历史化研究的深入，我们很容易遗忘自己原本的兴趣其实源自时尚的个人参与。时尚的短暂性是很难被记录的——譬如声音、气味和触觉，而这也解释了为什么詹姆斯·拉弗尔（James Laver）的书《服装》（*Clothes*）是《生活的乐趣》（*the Pleasures of Life*）系列的一部分。本书的意义在于，它提示时尚这个主题具有复杂性，并检讨了为什么时尚会以积极和消极的方式深入人心。[6]

本书涵盖了许多关键性主题，而其中时尚又在社会中扮演了一个不可或缺

[2] 萨拉·菲（Sarah Fee），皇家渥太华全球时尚与纺织品博物馆资深策展人。——译注

的角色。这包括持续不断的关于女性裙装下摆高度，或到底是裤子还是裙子更适合女性或男性的辩论。随之而来的是对身体看法的改观以及对运动、青春和健康的日益关注，这同我们对性别、种族以及整个大众社会的世俗化和群体之中的个体活力的理解有关。譬如牛仔裤已经从最初的工人工作服完全转变为一种全球性的中性制服，从牛仔裤的平民化价格、可获得性以及生产工艺的升级来看，它已经成为时尚平民化进程中一个不可或缺的部分，不仅是在生产单位的数量方面，而且在时尚本身传播及流通的速度上，情况都比以往更加复杂。如今，我们正见证着时尚系统的全面转型，它甚至可能无法持续过去的模式。自上而下的模式已经过时，正如在事实上社交媒体能胜过企业营销。审视过去，其或许能被证明对现在有用。

苏珊・沃德（Susan Ward）撰写的纺织品章节（第一章）富有洞察力地揭示了这一领域的空白。令人惊讶的是，在许多关于时尚的讨论中，纺织品往往完全处于缺席状态（图 0.1）。这些讨论的重点通常会放在设计、创作者的天赋、走秀台上的精彩展示、销售方式或着装效果上。即使是博物馆中时尚展览的标签，也会倾向于注明设计师、日期、国籍，而材料要么被忽略，要么被归入“墓碑”，即那些赞颂捐赠者和记录博物馆编号的部分，再不然就被用作一种链接到标签和物品的检索工具（譬如，注明为红色缎纹）。沃德的文章为此进行了重要的纠正，并且她反复论证了一个观点：正是纺织品和纺织技术刺激产生了创造性的时尚设计，或者让持续多年的普通或陈旧风格看起来历久弥新且应季。从历史来看，当风格变化缓慢时，纺织品就会引领新时尚。自 20 世纪以来，时尚变化呈指数加速，使得人们很难确定到底何谓新时尚。甚至在 1913 年，有一名多伦多人评论道：“如果不是因为服装材质‘明显是新

图 0.1　两件套女装日服（平纹羊毛绉，1% 尼龙），法国巴黎阿泽丁·阿拉亚（Azzedine Alaïa）设计，2003—2004 秋冬女装。Photo: Royal Ontario Museum © ROM.

款'，那些初次亮相的社交名媛的礼服就很容易被认成她们某位年长的姐姐上次初登场留下的'传家宝'"。[7]

在嘉柏丽尔·香奈儿（Gabrielle Chanel）不同凡响的成就中，纺织品发挥了重要作用，但如果缺少了法国、瑞士、意大利、苏格兰和美国的那些纺织品设计师和制造商的努力，连我们能否听说她的名字都颇值得怀疑。当她的时装屋于1954年重新开张时，她巧妙地使用了包括尼龙和后来的卢勒克斯（Lurex，一种具有金属光泽的丝线）在内的创新性纤维，并采用从带结粗花呢到复杂皱痕的新编织法，从而确保了她的"回归"。香奈儿的小黑裙（LBD）在20世纪20年代成为现代时尚中的"福特"，至今仍是如此。它就像汽车工业中的T型福特车一样，成为大规模生产和资本主义的符号之一。香奈儿的开襟毛织夹克和修身裙的休闲套装也是如此。小黑裙和香奈儿套装是20世纪被模仿得最多的两种时装。可以说，她这两种时尚风格的成功，实际是因纺织品制造商生产的面料比当时被反复循环使用的时装设计更为现代。正是在重量、质地、颜色、纤维和编织技术上的创新，还有这些纺织品令人难以置信的质量和价格空间，才让全世界的人都有可能从数百万件各种价位的香奈儿风衍生品中获利。[8]

沃德不仅探讨了创新，还讨论了为创造品牌、控制质量和吸引消费者而服务的法规和商标。版权、保护设计和品牌是在本书中反复出现的一个主题，同样，韦罗妮克·普亚尔（Veronique Pouillard）在接下来有关生产的章节（第二章）中也有所提及。她们俩的论述都涉及品牌的重要性，这也在20世纪70年代的棉织品中得到证明（图0.2）。战后崇尚"天然"的纤维及色彩的风尚，使得人造纤维遭到排斥。就像亚当·盖奇（Adam Geczy）和薇琪·卡拉

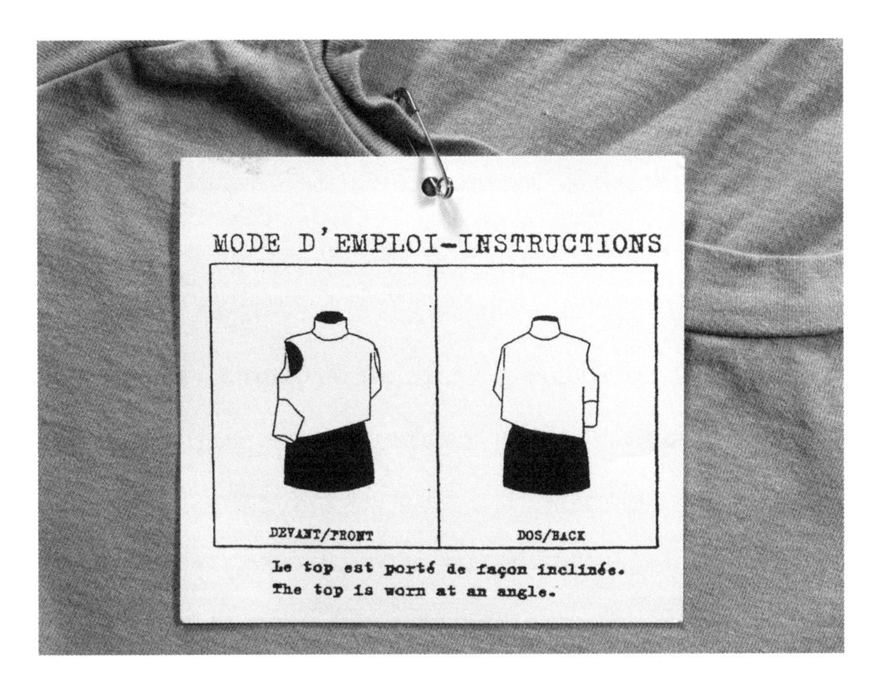

图 0.2　马吉拉时装屋品牌新款全棉针织 T 恤，售卖时附有穿着说明，约摄于 2000 年。该藏品由路易斯 · 霍利 · 斯通（Louise Hawley Stone）慈善信托基金慷慨提供。Photo: Royal Ontario Museum © ROM, with the permission of Maison Margiela © Maison Margiela.

明纳斯（Vicki Karaminas）在他们关于身体的章节（第三章）中所解释的那样，棉织品工业的成功和复兴也同人们对“天然”重燃兴趣有关，而这种“天然”在体育健身、健美运动和迪斯科场景中已经出局。时至今日，人们仍在追求“天然”这个关键词。

20 世纪 70 年代末和 80 年代，发生在纺织品和剪裁方面的创新，对“日本崛起”起到了深远的影响。本书的许多作者都讨论了时尚史中这一重要时刻，因为其改变了有关女性以及何以构成现代的观念。日本著名服装设计师三宅一生是这段历史的核心人物，他同一流纺织工程师合作，推动技术的发展。通过重组现有机器以及采用新图案编织方法，机械设备维修商宫本英治为三宅一生创作出了生产纺织品结构的二元可能。到了 20 世纪 80 年代，川久保玲和山本耀司令人担忧的“解构”“拾荒女人”时装被前卫派采用。直到今天，它的痕迹还可以在快时尚中看到。近 30 年后，以前那些被视为次品的、有着未处理接缝和外部细节的廉价衣服，又被作为“酷”和“解构”的同义词进行销售。

到底是谁控制了时尚的生产和传播？这就是韦罗妮克·普亚尔所写章节（第二章）的主题。在 2005 年，芭芭拉·文肯（Babara Vinken）曾写道：“时尚的世纪已经结束：巴黎的时尚理念已经走到了尽头——即使是反时尚也无法拯救它。”[9] 巴黎高级时装是上层社会地位以及精英炫耀性消费的标志，正如简·泰南（Jane Tynan）所指出的那样，只有名人、暴发户和少数贵族遗老才会穿它。在 20 世纪的早些时候，高级时装对于精英阶层来说还是一种必需品，被当成一种进入社会功能的象征。[10] 今天，奢侈品牌比以往任何时候都更强大、更集中，并且产品和分销更多样化。例如，克里斯汀·迪奥（Christian Dior）的旗舰店由一流建筑师设计，在它们的网站能看到亚洲、非洲、欧洲、大洋洲和美洲的迪奥认证店，其中甚至包括一些在十年前看起来还不太可能进入的地方——俄罗斯、中国、印度和哈萨克斯坦。全球化经济流通迅速且规模庞大，而时尚则提供了利润、权威和多样性。现今的难点在于，当可获得性和价格对许多人来说都不是障碍时，如何才能保留各种形式的排他性？

设计界反主流斗士——艾迪·斯理曼（Hedi Slimane）为伊夫·圣罗兰（Yves Saint Laurent）打造的方案就是一个典型例子。斯理曼创造了一个超级独家私人系列或俱乐部系列。《纽约时报》报道说，该系列提供男性和女性的日装及晚礼服，但只为“‘时装屋之友’等服务……艾迪·斯理曼会处理这些订单”。正如文章所指出的那样，品牌正将为名流客户定制服装作为业务的一部分，因此，“为什么不将其正式化，并就事论事将其称为高端定制？——仅仅是为了让它处于法国管理机构的官方世界之外”。对独家经营来说，这是一个有趣的转折，它似乎通过创建一种更高级、后高端定制的标准来逐步削弱高端定制体系。斯理曼创造了一种新的寡头模式，在此模式下设计师对客户和形象有着绝对控制权。该品牌的独家发言人就是斯理曼和首席执行官弗朗西斯卡·贝莱蒂尼（Francesca Bellettini）。这篇文章最后问道：“将自己定位为决定谁能穿上圣罗兰高端定制的大酋长，会让斯理曼先生和他的服装更有吸引力，还是只会让人们抓狂？”[11]

韦罗妮克·普亚尔关于有形的（服装、产品）和无形的（想法、创意、设计）的讨论涉及了时尚系统的复杂性。她勾勒出一个事实：今天制造和劳工领域的多样化，不仅制造出巨大的利润和亏损，而且延续了历史上对材料和人力的浪费，这一点正如纽约三角女式衬衫工厂火灾和孟加拉国达卡拉纳购物中心服装车间大楼倒塌灾难所清楚地揭示出来的一般。创意很难衡量，可以通过不同的方式产生。例如，新的机器和系统可以提高产量并节省时间。但创意也能用于节省制作服装的时间，就像保罗·波烈（Paul Poiret）的“Robe de Minute”或用于快时尚中的一般。穿衣或脱衣所需的时间也可被衡量，正如美国服装设计师查尔斯·詹姆斯（Charles James）在他的的士裙（taxi dress）上所做的那样，那种服装只有三个切割成螺旋状的搭扣，让人能方便地坐在移动车辆中穿脱衣服（图 0.3、图 0.4）。

韦罗妮克·普亚尔概述了控制和创造时尚系统和价值的复杂性和类型众多的组织，并对谁拥有控制权提出了质疑。时尚生态系统如今业已激增。巴黎在 19 世纪确立的时尚中心地位如今已经不稳定了，因为新的时尚之都因设计

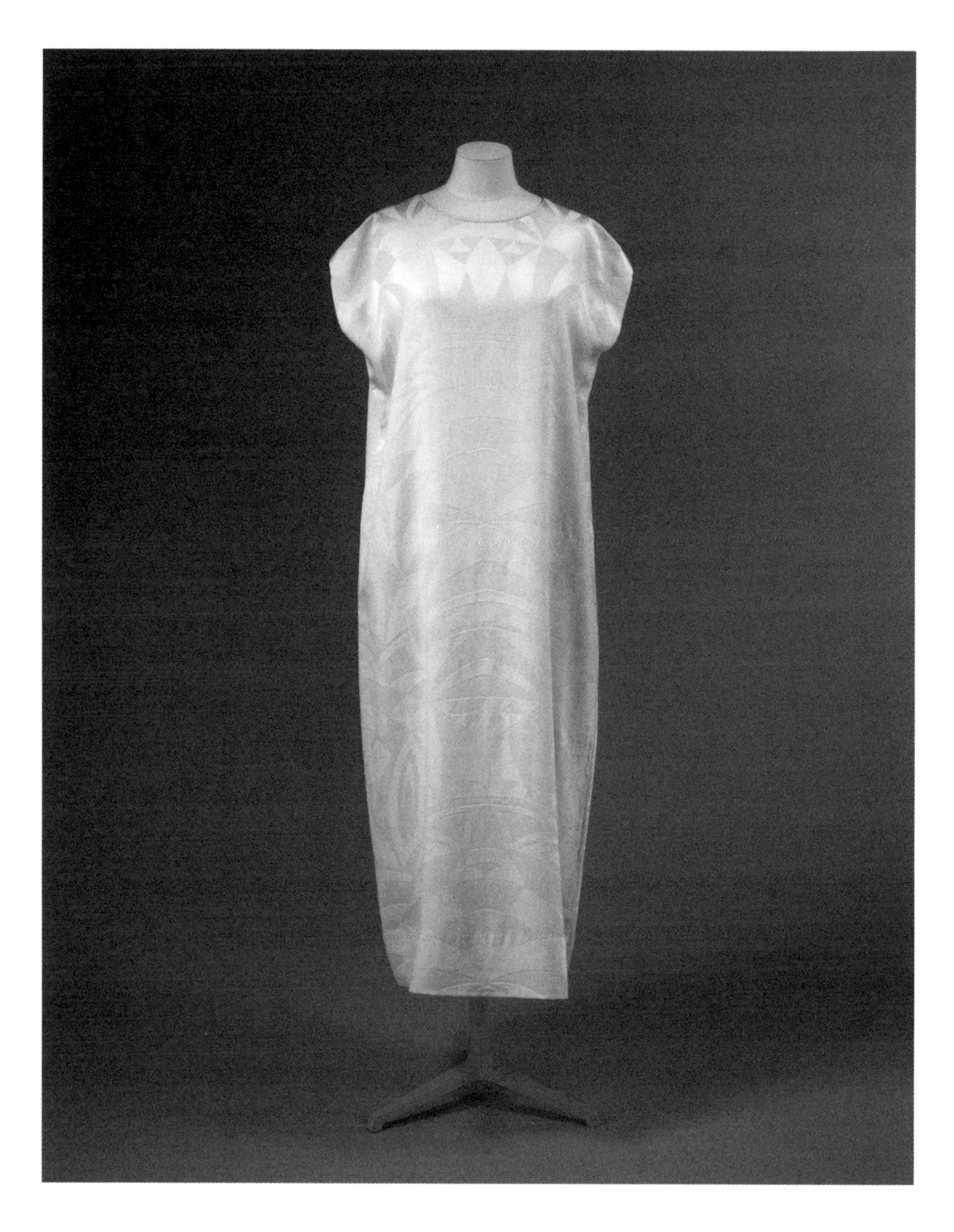

图 0.3 “Robe de Minute”，保罗・波烈，1911 年。手工缝制的花缎，内衬为丝绸雪纺绸。Photo: Victoria and Albert Museum, London.

图 0.4　1972 年安东尼奥·洛佩斯为查尔斯·詹姆斯的螺旋式包裹的士裙画的时尚插图，该裙于 1933—1934 年在 Best & Co. 出售。Photo: Chicago History Museum/Getty Images.

和 / 或制造方面的优势而不断涌现，以至于现在全球有 130 多个时装周。

西蒙娜·塞格雷·赖纳赫（Simona Segre Reinach）在关于民族的章节（第六章）中，对西方的时尚观如何挑战服饰或出现的传统服装提供了更多的理解方式，并且她强调，在讨论时尚时不能忽略地理和位置的重要性。她也提出了关于民族和谁的身体会被认为时尚的讨论。身体是一种易变的文化结构，同劳动、阶级和地位等问题相关。

亚当·盖奇和薇琪·卡拉明纳斯将我们引入有关不可得的相对稳定的身体问题之中，他们指出："从未有过如 20 世纪和 21 世纪一般（在身体上）存在这么多变化的时代"，身体理念并非性别化，而是针对所有性别的。用塑形、健美、节食乃至手术来操控身体，对时尚的创造和空想特征来说是不可或缺的，也是与之相关的猜疑、幻想和诱惑的一部分。从成熟的爱德华时代，到 20 世纪 20 年代和 60 年代的双性化，再到现在的色情杂志理想化，这些都是现代身体的某种版本。今天，我们的身体也正以一种前所未有的方式被记录，在自拍和 YouTube 自制视频中，记录着我们的尴尬和理想形态，在雷切尔·巴伦 - 邓肯（Rachael Barron-Duncan）关于视觉表现的章节（第七章）中提到了这一点。

伪装的或着衣的身体同赤裸或只部分着衣的身体一样重要。身体中哪些部分被暴露和隐藏，以及其如何被塑造或强化，这些问题构建了时尚。不同时期会展现不同的身体部位，有时还会引起争议。女性的腿是一个反复出现的主题，无论在体现"男子气概"的长裤，保罗·波烈那深具"女性气质"的宽松哈伦式女装裙裤（源自中东的宽大裤子），还是热裤、迷你裙和弹力紧身裤中都得以强调。每个案例都清楚地表明了其所在时代的时尚文化，并且它们都取决于文化背景。劳伦斯·朗格（Lawrence Langer）在评论中强调了这一点，他说在冷战时期俄罗斯人对脚部和鞋很是着迷，他指出："莫斯科是这样一座城市——就算是玛丽莲·梦露走在街上，除了鞋子什么都没穿，人们还是只会盯着她的脚看。"[12]

对肉体的重视和展现会随着时间的推移而发生变化，它标志着反叛、现代、政治行为、社会解放或对健康的关注。在当代，人们对古典的希腊—罗马的形体版本进行了再创作，对构成所谓"健康"的不断变化的土壤进行了重建，其中包括对雅利安—北欧的理想形体的追求和1929年的男性服饰改革党运动。亚当·盖奇和薇琪·卡拉明纳斯追溯了运动型健壮身体从起源的世纪之交一直到21世纪的历史。他们把握住一些具有关键意义时刻来对其进行解释，例如，战后对理想硬汉人物、户外运动爱好者、万宝路牛仔及单身汉的理想化塑造，以加里·库珀（Gary Cooper）和后来的詹姆斯·邦德（James Bond）为代表。这些类型的外部形象在本书后面部分也从性别、表征和文学方面进行了讨论。健身机构已经创造出整个行业链，从服装、器材、课程和膳食制度到私人教练和网络课程，比如爱德琳的"30天瑜伽革命"系列课程。重塑身体是一种持续的、科学性的实验，从头发到化妆、肌肉组织，以及为两性创造的新强化方式。为男性和女性开发的塑形内衣就是一个现象级的成功案例。[13]

新的科学方法，包括化学品和外科整形手术，已经推动了我们对性别、年龄和衰老以及地位进行考量，而所有这些问题又同其他章节有着关联。对健美和年轻身体的崇拜，改变了我们对年轻、年老以及时尚的理解。现在，美国杂志 *Vogue* 分别为20岁到70多岁甚至以上的女性开辟了专栏，她们都被当作时尚榜样来宣传。对于那些年长的、灰白头发的男性来说也是如此，基于美国婴儿潮一代的年龄结构，他们如今成为热门的时尚模特。今天，滚石乐队主唱——70 多岁的米克·贾格尔（Mick Jagger）[3] 仍然是一个性感符号。

广告和时装设计师已经在尺度上拓展了有关谁以及什么是时尚的界限，其中就包括体态丰盈的英国“大号模特”苏菲·达尔（Sophie Dahl）。不过，任何时尚都有可能因为过头而变成坏事，20 世纪 20 年代、60 年代对芭蕾式瘦身形体的追求以及 20 世纪 90 年代海洛因时尚的流行，就是对获得强壮体型所需投入的时间和金钱的一种强烈抵制。这些超瘦的体型是青春、毒品、香烟、暴食症、性和聚会造成的。尽管 *Vogue* 杂志在 2012 年宣布不会使用 16 岁以下的模特照片，也不会使用看上去患有饮食障碍症的模特图片，但杂志和时尚界仍然延续且依赖于对年轻和瘦弱的崇拜，正如亚当·盖奇和薇琪·卡拉明纳斯在讨论现代色情形体时解释的那样。

法国服装设计师让·保罗·高缇耶（Jean Paul Gaultier）或许是最杰出的时装设计师，他不断地推动关于何为正确身体尺寸问题和时装界的性别问题的界限，他通过在非传统的模特儿身上——这些模特儿都是“正常”之人——展示（他设计的）系列，表明时尚是为所有人服务的，无论你如何看待它，也不管你是谁。[14] 安纳玛丽·万斯凯（Annamari Vänskä）在她关于性别与性的章节（第四章）中提到了这一点。亚当·盖奇和薇琪·卡拉明纳斯将我们带到当代著作中，在其中，身体是一个“新的男性和女性的理想身体，一个不等同于具有生物和性别意义的美，而是……变化可能性的前提条件”（第 83 页）。（图 0.5）

时尚史学家詹姆斯·拉弗尔指出：“卫道士们……通常谴责衣服，不是因

---

[3] 米克·贾格尔为英国滚石乐队主唱。该乐队成立于 1962 年，对摇滚乐的影响很大。——译注

为它们的穿着者在其中找不到乐趣，而是因为他们想得太多……衣服迎合了眼睛的欲望和虚荣。”[15] 时尚的正当性往往是由宗教信仰决定的。在 20 世纪末，时装设计师从主流宗教中寻找设计灵感。有些是形象化的借鉴，比如超大而珠光宝气的十字架，这些借鉴的例子从高级时装到 T 恤衫比比皆是。有时“借鉴”则富有争议，比如让·保罗·高缇耶名为“拉比时尚”的 1993 秋冬系列，引起犹太教哈西德派的反对，他们认为他们的服饰是信仰的一个重要组成部分。在其他时候，这种借鉴则被解释为顽皮和有趣，就像约翰·加利亚诺(John Galliano）在迪奥 2000—2001 秋冬高级定制系列中的教皇行头的高级定制服装一般。

时尚是我们的第二皮肤，本书也讨论了许多有关保护、隐藏和展示它的方法和理由。在现代，时尚的核心作用之一就是隐藏我们日复一日的衰败，或者

图 0.5　让·保罗·高缇耶的 T 恤和连衣裙，在尼龙网格上展示出让·富凯的《被天使环绕的圣母与圣子》，1994 年由意大利 Fuzzi Spa 公司制作，由克里斯托弗·厄斯特里奇和卡伦·穆尔哈伦捐赠。Photo: Royal Ontario Museum © ROM.

说这实际上正是其最主要的作用之一。伯格勒甚至认为，女性时尚就是一种“改良的皮肤”。[16] 本书的好几位作者都强调理解赤裸的重要性。赤裸或说是在“文明”社会中处于“非自然”状态的问题，取决于赤裸和着衣的二元对立。[17] 如果赤裸是一种时尚，那它就不再值得人们关注，它值得关注正因其否定了时尚在社会文化认同方面的花招和角色。

曾有宗教团体裸体抗议违背其信仰的法律。公众和媒体注意到他们是因为大多数人都穿着衣服。被人看到过多肉体可能被视为一种道德侮辱、既不恰当也很丑陋，更别提全裸了：这不是时尚。信徒易受攻击的、裸体的形象——并非运动员或模特，同他们穿着古朴典雅、历史悠久的 19 世纪农村服装的形象形成了令人震撼的对比。他们的裸体并非什么古典高雅艺术，与亚当·盖奇、薇琪·卡拉明纳斯所描述的作为怀旧和道德理想的古希腊—罗马理想形体相去甚远，而是一种政治工具。信徒的典型中年人的皮肤太过真实，在这种语境之下，裸体是一种提醒，它提醒我们凡人必将死亡，提醒我们时尚界试图隐藏、加强和美化的恰恰是这样一副身躯，它令人不安，因为它正是这样一个有关我们真正是谁、是什么的严酷事实——凡人必有一死。

时尚是性别和性的最独特的标志之一，婴儿刚出生就被打上了记号。正如安纳玛丽·万斯凯所描述的那样，性别是由社会构建的。当衣物看上去模糊了性别和社会角色且打破传统时，它们就成为妨碍。因此，20 世纪 20 年代的现代飞来波女郎（flapper）[4] 就成了第一次世界大战前爱德华时

[4] 飞来波女郎多指 20 世纪 20 年代西方新一代的女性。她们的典型形象是穿短裙、梳妹妹头发型、听爵士乐，张扬地表达她们对社会旧习俗的蔑视，被公众视为化浓妆、饮烈酒、驾驶汽车等轻视当时社会和性别习俗的人。该词原意为“刚刚学会飞的小鸟”。——译注

代[5]的秀美女性的对立面，她们被看作一种全新的女性，裸露腿部、胸部平坦和留着短发。她们肉体上的自如是西方女性此前从未经历过的，并且她们被认为由于身着短裙，所以更易获得性爱。到了 20 世纪 60 年代，随着避孕药的出现及迷你裙的风行，针对滥交的同样的焦虑点又被提了出来。

这让我们回想起另一种引发争议的服装：女式长裤。20 世纪 60 年代末，纽约社交名流南 · 肯普纳（Nan Kempner）因为着装不符合要求，曾被美国西 55 街的高级餐厅 La Côte Basque 拒绝接待。而她当时正穿着最新款的高级时装——圣罗兰的长裤套装。于是她脱掉长裤，让原来穿着的束腰长夹克套装变成了一条超短裙，从而规避了该店的着装规定。[18] 露出大腿根部的超短裙是可被接受的，而遮盖了更多身体但“具有威胁性”的男士长裤则不行。这种情况在今天看来可能很荒谬，但它充分说明了社会对女性地位的理解，这种理解跨越了所有的收入阶层，甚至是非常富有和著名的人。（图 0.6）

反之则是穿裙子的男人，这正是 2003 年在大都会艺术博物馆（MMA）举办，由让 · 保罗 · 高缇耶赞助的“勇敢的心：穿裙子的男人”展览的焦点。展览着眼于设计师和个人对裙子的挪用：“作为向男性时尚注入新意的一种手段……违反了道德和社会规范，并且……重新定义理想的男性气概。”[19] 展览的标题借鉴了 1995 年上演的人气电影《勇敢的心》（*Brave Heart*），片中由好莱坞认可的男子汉梅尔 · 吉布森（Mel Gibson）同一大批其他演员饰演的 13 世纪的苏格兰硬汉都穿着苏格兰裙（kilts）。然而，更让人感兴趣的是现实中由男性无分叉服装运动（the Male Unbifurcated Garment Movement）发

[5] 指英国国王爱德华七世在位的十年，即 1901—1910 年。这段时期社会比较稳定，文学艺术繁荣。——译注

图 0.6 模特伊曼（Iman）、设计师卡尔文·克莱恩（Calvin Klein）和社交名媛南·肯普纳（Nan Kempner），后两人都穿着长裤出席 1987 年 10 月 1 日在纽约举行的“Fete de Famille Ⅱ”艾滋病慈善活动。Photo: Ron Galella/WireImage.

起的百位男性游行。他们的游行距离并不长，只是在古根海姆到大都会艺术博物馆间行进了几个街区，甚至没有吸引到捣乱者。一名记者不屑地写道：“考虑一下穿裙子男性的困境。当他路过时，学童们会窃笑，建筑工人会为他难过。

完全陌生的人会认为自己有权批评他的衣着。他可能会被解雇。他可能会被殴打。他的妻子可能会因为另一个穿着宽松长裤的男人而离开他。”然而，尽管文章存在相当古板的介绍内容，记者还是对这次游行没有引起人们的注意感到惊讶，这反而揭示了一个事实：2004 年，在美国大都市中，男人穿裙子并不是什么问题。[20]

另一种男士服装——带有垫肩的夹克，适用于从第二次世界大战到越南战争的战争时期，很早就与那些讲究服装的女同性恋者联系在一起。而在颜色和质地上都太过“女性化”的衣物则像沃德指出的那样，会与同性恋者联系在一起。不过就如安纳玛丽·万斯凯所写的，这些刻板印象都是由性学家在两次世界大战的间歇时段构建出来的，男性身体成为女性身体的镜像，两者在强硬和柔弱之间波动。第一次世界大战后那种柔软和垂坠的织物质地结构，以及诸如针织套衫和无上浆领等休闲设计的时尚会被认为是娘娘腔的表现。这正是卡伦·穆尔哈伦（Karen Mulhallen）和艾琳妮·甘默尔（Irene Gammel）在讨论小说《了不起的盖茨比》（*The Great Gatsby*，1925 年）时所确认的一种外观。

时尚、街头文化和音乐的融合是安吉拉·麦克罗比（Angela McRobbie）所确认的时代文化（图 0.7）。[21] 这种 20 世纪 70 年代末和 80 年代的“人造”的性别扭曲可以在大卫·鲍伊（David Bowie）、马克·博兰（Marc Bolan）和乔治男孩（Boy George）的舞台和日常服装中看到。20 世纪 50 年代出现的青少年叛逆休闲时尚——牛仔裤和 T 恤，乃至皮夹克——都与摇滚乐的兴起息息相关。迈克尔·杰克逊（Michael Jackson）从 20 世纪 80 年代开始，就依靠时尚来模糊性别和种族界限。麦当娜的具有重要意义的书《性》（*SEX*）

以及她在1990年的“金发雄心”(Blonde Ambition)日本巡演中所穿的让·保罗·高缇耶的S&M束胸和女式贴身内衣，如今已经成为传奇，以至于她在2012年的MDNA巡演中还制作了类似的新版本。在接下来的关于地位的章节（第五章），我们进一步讨论这些时尚运动的意义。安纳玛丽·万斯凯最后提出了关于“后人类阶段”的理念，在该阶段中，孩子和宠物所穿的小巧服装可以互换。亚历山大·麦昆(Alexander McQueen)和艾里斯·范·赫本(Iris van Herpen）这些设计师们使用喷压塑料制成“纺织原料”，这种原料正在混淆传统的性别边界、性以及只有人类才穿的服装。

权力就是地位，正如简·泰南（Jane Tynan）所诠释的那样，它是复杂的，与时尚密不可分。只要对标准有一个得到认可的共同的文化理解，任何东西都

图0.7　1995年夏天，怀孕的劳瑞-安·理查德斯（Lowri-Ann Richards）在威尔士的农场里穿着薇薇恩·韦斯特伍德的宽松长裙（1982—1983秋冬系列）。Photo: courtesy of Lowri-Ann Richards.

能被赋予地位。为了理解这一点，纵览从高级时装到牛仔裤和制服的经典标志性时尚是很有帮助的。泰南讨论了其中传达出的有关何种地位的信息，并研究了与这些时尚相关的权力结构。时尚的力量标志着身份，传达了阶层、经济地位、群体认同、角色、性别和政治。服装的区别，乃至所谓的亚文化风格，正是其核心和潜在的民主功能之一，我们谈到的工薪阶层依然被服装明确定义。泰南向读者展示了牛仔裤的例子，最初这是一种工人们在重体力劳动中穿着的服装，后来却演变成休闲服和设计师服装，运动服也是如此。胶底帆布鞋有自身复杂的文化，可以适用于高性能的运动，也可以用于街头服饰以及角色扮演。

对制服作用的理解是一个复杂而耐人寻味的迷宫，泰南对此的论述同本书其他作者有许多共同点。制服的力量清楚地表明了团体的从属关系和等级，这既可能是积极的，也可能是消极的。在此，泰南检验了法西斯和共产党人的制服，发现其正如前面“身体”章节所强调的那样，时尚的政治性也被放在了首位。泰南还根据年龄考察了一些社会群体，包括研究较少的儿童时尚。正如她所指出的，今天的童装市场是一个庞大的时尚市场，它被细分为更小的年龄组，有专门的生产线。父母甚至可以在一个专卖店如 GAP 品牌店里为整个家庭购买服装。在此之前，消费者只有在大型百货公司中走遍位于不同楼层和区域的各个店铺才能实现。这表明了炫耀性消费的过程和意义是如何随着时间推移而改变的。

在 20 世纪的西方，基于天赋神权的旧等级制度被打破。新的服装数量之多，价格范围之广，都令人难以置信，因而时尚极其富有多样性。战后的时代，时尚的传播路径既有呈现出自上而下的，也有呈现出自下而上的。随之而来的是人们前所未有地能近距离接触时尚，能从高级定制到快时尚、二手、复古和道德时尚[6]的巨大风格范畴中进行选择。在现代工业运输系统以及如今后工业化的互联网和无人驾驶飞机的支持下，消费变得如此容易且触手可及。时尚的“价值”来源于对时尚的公共社会的认同——无论是对其商标、纺织原料还是对其剪裁。时尚依靠的是容易识别的身份，而地位的构建则有着无数种途径，其中包括风格、品牌归属和职业——在无数种定义群体身份的方式中，时尚扮演着一个核心角色。

在讨论时尚中关于民族性的根源、概念和虚构时，西蒙娜·塞格雷·赖纳赫针对有关现代时尚的讨论提出了几条重要的修正。其中一个核心区别是衣服制作和穿着方式的不同。在西方殖民主义者的眼中，西式剪裁的时尚被认为比垂褶式服装更为现代和“文明”。垂褶式服装的穿着效果并不是固定的，每次穿着时都会重塑（外形）。一匹布是万能的。它跨越了文化和性别。它可以是女式头巾、女式披肩、部分或整个身体的包布，如莎笼（sarong）、笼吉（lunghi）或纱丽（sari）[7]。西式定制服装形式固定。它由布经过裁剪、重组并缝制而成，只能以一种方式穿着。它具有局限性，如果它是高级成衣，那就需要满足一定体型比例；如果是高级定制或量身定制，那就只能满足某个人。格奥尔格·齐美尔（Georg Simmel）[8]解释说，时尚是一种文明的力量，标志着

[6] 道德时尚（ethical fashion）是一种理念，指在服装设计、生产和销售环节减少对人类和地球的损害。理论上，所谓的道德时尚能使在供应链上工作的所有人受益，并为每个人创造一个更好的未来，而不仅仅是为中段的高层人士。——译注

[7] 莎笼是一种裹身长裙，在腰部用塞或卷布料的方式固定，主要是马来群岛和太平洋岛屿上的男女穿着；笼吉、纱丽为流行于东南亚与南亚的传统服装，笼吉为男式，纱丽为女式。——译注

[8] 格奥尔格·齐美尔：德国社会学家、哲学家，形式社会学的开创者。——译注

我们的进步和改善，他所说的“时尚”特指西方的定制服装（图 0.8）。[22]

图 0.8 诗人卡伦·穆尔哈伦穿着 1999 年日本设计师川久保玲（Rei Kawakubo）的女式外套和不对称的套头衫，材质为羊毛斜纹布、棉塔布和斜纹布，马鬃衬里和衬布。卡伦·穆尔哈伦捐赠。 Photo: Royal Ontario Museum © ROM.

因此，是殖民计划创造了西方的“‘时尚’及对应的‘服饰’”或真实的民族性区域服装。正如赖克（Reich）所写，这是一种在文化上构建出的西方和其他地区的分野，通过寻求文化真实性将“我们”与他者区分开来。显然，任何文化中的服饰都不是固定的，因为变化才产生时尚，而西方则通过拒绝接受任何理解差异化的尝试，从而延续了一种浪漫的东方主义幻想，即凝固的“真实的”民族时尚。有一点至关重要，那就是意义取决于语境，这意味着学者在确定时尚策略时需要更为谨慎。例如，对面纱有许多诠释，可以将其视为拒绝世俗现代化或社区、宗教归属的标志，它同时具有多重的和具体的含义。西方时尚的殖民史以及对国际上东西和南北关系的历史表述及差异有着争论。了解这场辩论是如何形成的，对于研究成为文化大杂烩的当代时尚很重要。这可以从自 20 世纪 60 年代借用世界各地的“民族”服装的嬉皮士时装到 20 世纪 80 年代在巴黎展示的日本设计师身上看到。正如赖克所指出的，当下时尚界的全球化，就反映在国际时尚学校中学习的多元文化的学生身上。

杂糅，或者说文化挪用，是有关现代时尚创建的陈腔滥调，但使用这个概念可能会引发争议。我们的历史和文化是通过不断地文化交流，持续创造出新的作品和观念而形成的（图 0.9）。强有力、高度自反、浮躁易变的时尚界行进在被世界政治强调的文化挪用的灾难性急剧下滑的趋势中。在纽约，米格尔·阿德罗韦尔（Miguel Adrover）被誉为呈现出全球时尚融合的设计新星，他甚至使用了二手材料。他在 2001 年 2 月展示的 2001—2002 秋季系列“遇见东方”中，让长长的中东卡夫坦（kaftan）[9]、头巾和披肩出现在双性化的男

[9] 卡夫坦：阿拉伯男式长袍。——译注

图 0.9　华裔设计师谭燕玉 (Vivienne Tam) 设计的数码印刷御用水袖长袍，2011 年秋。该系列参考了中国清朝的宫廷服饰。谭燕玉捐赠。Photo: Royal Ontario Museum © ROM.

女模特身上。这是“一个成熟的中东系列……弥漫着香火味的帐篷市场里有着各色物品，从长可及地的卡夫坦，搭配女用头巾（turban）和黑色罩袍（chador）的外套，到拼搭着哈伦裤（harem pants）[10]和焦特布尔（jodhpurs）的运动上衣，分层的印花束腰外衣和漆黑的长袍”。[23]一位记者评论道，阿德罗韦尔成功的关键是“拥有挪用不同文化元素，将其用于创造完全崭新事物的能力。虽然大多数纽约本地人早就培养出破解刻板印象和社会规范的才能，但阿德罗韦尔知道，有时候最终还是外国人搞对了一切”。[24]

然而，判断对错是时尚新闻工作的核心。当年秋天，阿德罗韦尔的2002春季系列——一个关于“民族之旅”的乌托邦，就在美国遭遇“9.11”双子塔恐怖袭击的前一天展出。这次他的时装被解释为“正义的服装”。他的模特出场时从头到脚大部分身体都被遮盖住，穿着呆板的卡夫坦和严肃的裤套装——它们虽然做工精细并且显然耗费工本，但故作质朴的效果是致命的。他表达个性是对的，但将主题放在妇女几乎没有权利的那些国家，显得很不严肃。[25]阿德罗韦尔的意图是“探索旧西班牙的乡村理想与现代服饰的碰撞。正如媒体所记录的那样，这是对塔利班文化的一种浪漫的看法——在美国人于自己地盘上遭受攻击的前几天，这已经是足以让人厌恶的话题”。“这是一个糟糕的时刻。”阿德罗韦尔后来这样承认道，“人们将它搞混了。我也因此遭了罪，被中央情报局调查了。我曾以为纽约是人们聚集在一起的地方，但突然间，我们在人身自由方面倒退了十步。”[26]不久后，阿德罗韦尔失去了后援，离开了时尚界。也就是说，在美国，中东的风格和影响在某一时刻还是种异国情调、具有吸引

[10] 哈伦裤，一种扎脚管长裤，起源于伊斯兰国家宫廷女子的穿着；焦特布尔，一种小裤管马裤，原为印度西北部城市焦特布尔的当地民族服饰。——译注

力，但在几个月后就变成了政治指控，被认定为恐怖分子和非美分子的标志。文化挪用和交流的语言充满了政治、民族、宗教和社会陷阱，正如它也曾是建立地球村的丰富多彩和富有成效的途径。赖克的结论是，“真实的”时尚就发生在当下，无论交流多么复杂，都必须就其本身进行评估和理解。

巴伦 - 邓肯研究了时尚杂志的力量、视觉表现以及时尚的呈现，她追溯了技术进步，并且回顾了摄影师、杂志、广告、电影和视频如何应对新工具的出现，创造出戏剧和超现实的效果。在现代，时尚的呈现方式从清楚地记录服装的忠实的真实生活图像，转变为让时尚本身难以辨读的图像，它们更多是在捕捉一种情绪，或展示一种甚至可能不包括产品的时尚愿望。原本对身体的静态描绘，变成了置于运动中的动态描绘，成为适合展示运动服和健身服装概念的现代方式。20 世纪 60 年代的影视动态镜头变得如此经典，以至于今天仍然被人们模仿。在安东尼奥尼（Antonioni）的电影《春光乍现》（*Blow-Up*, 1966 年）中描绘的有关现代摄影艺术家[11]的隐喻，也一直是现代版本中的艺术家及时尚典范。20 世纪 60 年代的照相馆将肖像与时尚合并为一，另一方面也创造出一种新的时尚世界和视觉语言。时尚摄影大师赫尔穆特 · 牛顿（Helmet Newton）对摄影带来的威慑、美化、记录和评论力量进行了出色的探索，他的照片省略了一些镜头，让观众在前后场景的暗示中构建出故事。

时尚的公众形象在广告牌上爆炸性地展现，在城市公交车上穿梭，从而创造出一个无处不在的时尚营销世界。巴伦 - 邓肯对布鲁斯 · 韦伯（Bruce Weber）拍摄的卡尔文 · 克莱恩的内衣广告进行了讨论。韦伯所拍摄的撑杆跳

[11] 指《春光乍现》中的主人公。——译注

高运动员的健美身体[12]，在当时引发了西方各界震惊：这不仅是因为美国时代广场上广告牌的规模，更因为他在公共空间对男性身体进行了公然赞颂，不再像男同性恋色情片或 *GQ* 杂志中的“胆怯”一页那样躲躲藏藏。该主题是我们这个时代的核心，并且在有关身体和性别的章节中得到了重申。数字摄影及其传播的加速同它的便捷性一起，已经改变了我们的视觉世界——正如巴伦-邓肯所说，其已经让我们从以前的较为正式的印刷和电影媒介中实现了“去中心化”。现在的时装秀同时装本身一样，不过是一个谁来代替出场的问题。自拍和它的新装备自拍杆，已经成为一种专属自己的摄影流派。巴伦-邓肯总结说，新的焦点是“时尚的事实本身，而不是它的虚构”。

现代小说和时尚文本也是甘默尔和穆尔哈伦的创作主题，她们所撰写的有关文学中的时尚意义的优美章节（第八章），抓住了能形象地在人的脑海中塑造人物性格和情绪的时尚的感官重要性。性别、地位、性、形象塑造、道德、消费、面料和时尚的风格都在文学中相互交织。该章提醒我们，对纺织面料、正确着装、阶级和性别在时尚、礼仪中的相关性的理解都是暂时性的。

时尚标志了你是谁——无论内在还是外在——以及你在社会中的地位。它会强化和背叛这些象征意义。甘默尔和穆尔哈伦指出，它暴露了杰伊·盖茨比（Jay Gatsby），“这个自食其力的人，只是黛西·布坎南（Daisy Buchanan）豪门世家中的社会局外人。”[13] 伊舍伍德（Isherwood）笔下的萨莉·鲍尔斯（Sally Bowles）[14] 将黑色衣服的意义表现得淋漓尽致，她对黑色时装的选择

[12] 巴西裔运动员托马斯·瓦尔德马·辛特诺斯（Tomás Valdemar Hintnaus）。——译注

[13] 盖茨比、黛西均为小说《了不起的盖茨比》的主人公。——译注

[14] 萨莉·鲍尔斯是由英裔美国小说家克里斯托弗·伊舍伍德（Christopher Isherwood）创作的虚构人物，其原型是歌舞表演家吉恩·罗丝（Jean Ross）。——译注

是其身为波希米亚人的标记，欧内斯特·海明威（Ernest Hemmingway）也将香奈儿的小黑裙描述为一种现代和性感的时尚风格。甘默尔和穆尔哈伦指出，处理得当的时尚是一回事，但搭配错误的时尚传递了另一种信息。因此，霍莉·戈莱特丽（Holly Golightly）[15] 缺乏尊重和不合社会规范的骑马装引起了人们的困惑。不过现代读者可能理解不了此点。杜鲁门·卡波特（Truman Capote）所描述的东西在今天可以被理解为酷、格调、原创，并让霍莉成为一名让人羡慕嫉妒恨的“尤物”[16]，不过正如甘默尔和穆尔哈伦所诠释的那样，小说的重点压根不在于此。因此正如作者所言，在阅读旧小说时，了解其背景、历史、礼仪和社交外观才是理解时尚的核心。年轻的历史学家需要意识到这些细微差别。

时尚的艺术性刻意使用，会成为真实性的一种映像，这点可以用帕蒂·史密斯（Patti Smith）[17] 的复古服装以及对铜绿审美的“回顾过去”式精选原品来解释。史密斯对二手男女服装的创造性和毫无敬意的应用，是她生活的波希米亚圈子文化的一部分，而时尚也在她的自传体写作中扮演了重要的角色。性别、变装、阳刚之气和女性气息，这些相互重合的问题纠缠在一起，有时或许也能像有关詹姆斯·邦德问题的解答那样公开且简单。这可以同亚当·盖奇、薇琪·卡拉明纳斯对战后的单身汉和强悍坚毅的户外运动者，以及安纳玛

[15] 霍莉·戈莱特丽是美国作家杜鲁门·卡波特于1958年出版的小说《蒂凡尼的早餐》中的人物，后来小说被改编成电影，该角色由奥黛丽·赫本（Audrey Hepburn）饰演。——译注

[16] 原文为“‘It’ girl”，指英美社会中拥有其他女孩想要的一切，让其他女孩嫉妒又暗中羡慕，想要成为的完美女孩。——译注

[17] 帕蒂·史密斯：美国词曲作者和诗人，被誉为“朋克摇滚桂冠诗人”和“朋克教母”。——译注

丽·万斯凯对花花公子的考察一起解读。甘默尔和穆尔哈伦延续了对电影《美国精神病人》（*American Psycho*，1991年）的批判，这部电影是对枯燥得惊人的品牌商品的罗列，并同后现代的身体与性的讨论相吻合。显然，文学是时尚研究中一座刚刚被挖掘出来的宝库，而时尚对描述公共和私人历史，以及我们对过去、现在和未来的想象极为重要。

那么，时尚的未来是什么，哪些将会是研究和实验的关键领域？朱莉亚·特威格（Julia Twigg）写道，年龄是一个被忽视的社会类别，何谓“老年”，此问题在各种历史和文化中的定义不同。[27] 在法律体系中，成人和儿童的定义混乱且变动无常，而时尚市场则在不断寻求新的细分市场。但有一个群体尚未被时尚界接纳，这个群体正是那些出于受伤、疾病和年迈的缘故而使用轮椅的人。我们生活在一个拥有数量庞大的老龄化人口的时代，而他们的时尚需求从未得到解决。加拿大设计师伊奇·卡米莱里（Izzy Camilleri）的IZ自适应服装为此提供了一种补救措施。该系列为坐轮椅的客户提供了他们负担得起的时尚服装，包括裤子（如牛仔裤）、衬衫和裙子，还拓展到了西装、婚纱和皮夹克。这些设计看上去很传统，但在剪裁上具有革命性的改进，以适应通常是坐姿而非站姿、呈现为L形的身躯。传统服装在坐姿方面会产生的问题已经得到解决，卡米莱里去掉了会在腹部产生难看褶皱的面料，调整了裤子的剪裁，使其背后不会被踩到，并让衣服的下摆在坐姿时保持平整。她通过与用户交谈、采用巧妙的非传统打板制作，减少了时装的问题。这些时装是变革性的，给处于设计边缘的穿着者赋权，并且验证了本书中讨论的许多问题（图0.10）。

有一个永恒而价值百万的问题：“下一个大的时尚或未来的趋势将会是什么？”没有人知道答案。朗格在1959年写道：“预言总是危险的，然而在服装未来发展趋势的问题上，我们有着漫长的过去以及鲜明的当下，它们将会帮助我们得出结论。”他预测在不久的将来，将为极其年老者开发出一种带有“鼓胀的海绵橡胶附属物”的老年服装，让这些老者在摔倒后能够真正地“反弹”回来。他还谈论了男装的可能性，但随后写道：“但谁敢预言女性时尚的未来趋势呢？”[28]

我们不知道这个问题的答案，不过，即使我们无法预测未来，我们还是知道本书清楚地强调了这样一个事实：时尚是重要的，时尚也是复杂、强大的，并且我们因为时尚具有的灵活性和可移植性而对其留恋不已。由于过于简单，我们反而无法做出某种表述——无非着衣、不着衣，以及处于两者之间。今天，

图 0.10　IZ 自适应皮夹克，该设计方便人在坐轮椅时穿着。Photo: Izzy Camilleri/IZ Adaptive.

有关可持续时尚的道德和实用性方面的关键问题正日益得到改善，并且此种改变涵盖了从生产到分销和消费的整个时尚周期。然而，我们离一个零浪费的时尚系统还很远。如何管理不同及多民族特征混合的身体，如何应对和理解年龄问题，以及如何获得包括时装在内的能帮助我们生活的医疗保健资源，这些问题仍有待考虑。全球化时代让我们与他人联系在一起，但也让我们彼此失去联系并且碎片化，许多团体和国家则致力于通过时尚这一强大的工具来确认它们的身份。

研究时尚为我们提供了巨大的洞察力，让我们可以思考自己身在何处以及在任何特定时间和地点的想法。通过了解时尚的复杂性、社会的偏见，以及在三面镜中看到多种观点，我们可以更深入地了解我们的世界，并以更多的好奇心、同情心、包容心和快乐来更好地理解我们所处的地域及彼此的差异。

目　录

第一章　纺织品

苏珊·沃德

无论是什么时代，纺织品同时尚之间的关系都是复杂、多层次和不断变化的。20 世纪尤其如此，因为在 20 世纪，世界范围内的文化、经济和工业都发生了深远的改变。考虑到这个大背景，本章将会讨论整个 20 世纪时尚服装的纺织品制造和使用的总体趋势。本章内容的重点放在趋势方向发生改变或新趋势出现的时刻。在讨论时，笔者借鉴了许多探讨艺术、经济、技术和文化变化是如何对纺织品在时尚中的使用产生影响的已有研究成果。

作为一个成长于 20 世纪 70 年代，在所谓的“纤维大战”中学习缝制服装、逛面料店的人，笔者在本章采取了一种更为务实的方法。对每一段时期，笔者都会对有关可获取的纺织品种类以及由此构建出的服装种类提出一些简单的问题：哪些是最为重要的新型纤维、面料和表面处理方式？这些纺织品使哪些新的廓形或服装种类成为可能，它们是否改变了现有的风格？从服装或时尚的角度来看，有哪些新的廓形、面料使用方法或全套行头需要被引入？这些新风格需要什么样的纺织品？作为回应，又有哪些纺织品被开发出来？

要回答这些问题，我们就需要了解设计创新与领导风格、科学与技术创新，以及经济、生活方式还有地缘政治发展之间瞬息万变的相互作用。涉及的问题包括实用性、风格、美学和性能——什么是纺织品能做到的，而需要它们做到的又是什么，以及这些问题在 20 世纪内是如何转化的。

这样一来结果往往令人感到惊讶。首先，许多为人熟知的时尚里程碑似乎在这段历史中“消失”了。这并非因为它们不重要，而是因为它们并没有从根本上涉及新颖的纺织品或某种具有创新性的纺织品使用方式。例如，夸张的肩部设计是从 20 世纪 30 年代中期到 40 年代几乎所有女性时尚服装所具有的普遍特征，但这种风格与任何特定种类的纺织品都没有关系。这种外观能（而且事实上也是）通过使用传统的结构方法和已投入使用的面料——从硬纺羊毛到流质人丝绉——轻松实现。其次，整个世纪的面料发展历程似乎讲述了两个最重要的故事。人造纤维的广泛应用即所谓的“纤维革命”，改变了纤维和纺织行业乃至全世界的衣橱。它启动了一个持续到 21 世纪的进程及争论。伴随这场革命出现的是针织品和针织物的崛起。正如玛丽·雪瑟（Mary Schoeser）[1] 指出的那样，在过去的几个世纪里，针织技术的发展“造成了纺织品和服装的最引人注目的根本性改变”。这种变化大部分都发生在 20 世纪，据估计，今天人们穿的服装中每五件就有一件是针织品或由针织面料制成。[1]

[1] 玛丽·雪瑟：纺织原料领域的权威，英国纺织协会的名誉主席。——译注

时尚纺织品的创新和影响来源于很多方面，因为纺织和时尚行业业已包含了一个庞大、相互影响、高度结构化的系统。创造和普及“新”纺织品及其外观的方法可以有许多种。比如，巴黎女式高级时装设计师的时尚领导力，依赖于纺织品制造商不断开发出新的织物设计、颜色、结构和纹理。反过来，这些制造商又依靠由纤维生产者、纺纱工、染色工和印花工组成的发达行业网络制造出新的纺织效果，并且依赖于高级时装设计师创作出能以最佳方式展示他们的纺织品效果的服装。[2] 虽然几乎没有消费者买得起巴黎高级时装店那高调、结合时尚和纺织品的产品，但他们依然是时装和纺织品的重要潮流引领者。设计师同生产商之间类似的动态关系在时尚产业链各个层面中都有所体现，并且当其他地方开始取代高级时装店成为时尚风格源头时，这种关系依然持续。在我们讨论的主题中所提到的设计师和公司都是这样的范例：他们不是独一无二的创新者，也不是在某个特定时期做出重大贡献者，他们被选中只是因为他们体现了一种趋势或者他们在纺织品应用方面有特别的创新。

两次世界大战之间

人造纤维和现代织物结构的崛起

第一次世界大战期间，世界经济和工业发生了巨大的变化，这也是人造纤维历史上的标志性转折点。战前，德国是合成染料的主要生产国。1915 年 3 月 1 日，英国对德国港口实施封锁，使得世界上最好的煤焦油染料及其他化工产品的供应被切断了。正如杰奎琳·菲尔德（Jacqueline Field）和雷吉那·布拉什奇克（Regina Blaszczyk）所讨论的那样，随后发生的“染料危机”对纺织行业异常发达的美国制造商来说尤其具有破坏性。[3]染料的短缺，加上战时对诸如药品和炸药等产品需求的刺激，使得美国化学工业高速发展起来，为人造纤维的工业级大规模生产奠定了基础。

在20世纪之前，几乎所有的纺织品都是由对植物和动物纤维进行机械加工后得到的纱线制成。最常用于制衣的天然纤维可用棉花和亚麻等植物加工而成；也可以从羊毛、山羊绒和其他动物毛发提取，还可以从蚕茧中获得（即丝）。而术语“人造”或“人工”纤维则是用来描述自然界中没有的纤维，虽然有些是通过化学方法从自然材料中提取出来的。这种纤维通常是使用一种化学溶液或液体制造，从中可提取或纺出纤维或丝状物。

首批成功制取的人造纤维发明于19世纪，它是由一种在植物材料（诸如木浆）中发现的天然聚合物——纤维素发展而来的。它们被称为“纤维素”或“半合成”纤维，包括粘胶纤维（也称为粘胶人造丝，或简称为人造丝）和乙酸酯纤维（纤维素醋酸酯，俗称醋酸纤维）[2]，以“塞拉尼斯”（Celanese）作为商品名销售。与之成对比的合成纤维不是出自天然材料，而是通过让较简单的化合物形成（合成）更为复杂的化学结构来制作。首个合成纤维是于1938年推出的尼龙（即聚酰胺）。其他对时尚纺织品起重要作用的合成纤维包括丙烯酸和聚酯纤维[3][4]。

从纤维素中提取人造纤维，在战前就已经是欧洲国家成功的工业根基，但美国制造商一直对人造纤维持怀疑态度，因为他们在生产和使用棉花、羊毛和蚕丝方面非常成功。这种情况在战后迅速改变。20世纪20年代初，生产

[2] 即醋酸纤维。——译注

[3] 即腈纶和涤纶。——译注

所谓“人造丝”（1924 年后又被叫作“嫘萦”[4]）的美国化工企业成为美国纺织业的主要参与者。人造纤维在 20 世纪 20 年代获得了越来越多的认可，这主要是由重要的纤维制造商如美国杜邦公司（DuPont）和英国考陶尔兹公司（Courtaulds）进行的市场调研和推广工作所推动的。[5] 在美国，嫘萦和醋酸纤维最初主要被用作袜类和针织品生产中廉价的丝绸替代品，或同天然纤维混用。到了 20 世纪 20 年代末，全嫘萦布开始出现，并同价值日益攀升的高级成衣业同步增长。由于嫘萦在 20 世纪 20 年代末的价格大约只是丝绸的三分之一，因而这种面料吸引了精打细算的美国服装制造商，并极大地拓展了大众市场上可买到的“丝质”服装的范畴。[6]

从个人定制和家庭缝制的服装到高级成衣，这种转变给时尚和纺织业带来了全方位的重大变化。[7] 之前直接面向消费者和裁缝，向他们推销面料的纺织品制造商，现在则依赖于服装业的客户，并且不断承受着降低成本的压力。[8] 在 1929 年股市崩盘导致的大萧条中，服装维持低廉价格变得愈发重要，如此便导致美国丝绸业连同世界上许多纺织品和成衣厂一起陷入崩溃。

在两次世界大战之间，各种花式织物在时尚界也重获青睐。1915 年的染料危机激发了人们对用新材质来作为颜色替代品的兴趣，并且促使制造商尝试使用未染色的生丝和柞蚕丝（tussah）——一种之前很少用于高级时尚面料的不规则、廉价纤维。[9] 其结果就是出现了一种被称为“运动丝”的有粗糙纹理的丝织品，这种“运动丝”与更倾向于实用氛围的战时时尚相吻合，并在战争期间被大量生产。[10] 在 20 世纪 10—30 年代，法国奢侈纺织品公司罗迪耶

[4] 英文为“rayon”。——译注

（Rodier）成为花式织物创新的主要来源。罗迪耶在 1914 年推出一种具有卵石花纹的开司米混纺面料“卡莎”（kasha），它不仅耐用且弹性十足，还具有柔软、保暖、透气和抗皱的特点。它很快就在国际上获得了成功，并在随后的几十年里成为该公司的主打产品之一。[11] 卡莎最初是用于运动服，但到了 20 世纪 20 年代初，它同其他具有粗糙纹理的罗迪耶面料一起被用于冬季套装、小礼服和晚宴服。[12] 到了 20 世纪 20 年代中期，罗迪耶在具有现代主义几何图案和新颖色彩效果的粗纺和混纺羊毛面料生产方面也成为公认的业内领导者。[13]

有着罗迪耶设计的纹理和图案的粗纺羊毛面料，以及传统的具有粗糙纹理的机织羊毛面料如英式粗花呢，在 20 世纪 20 年代末到 30 年代越来越多地被用于制作定制礼服、西装和大衣。随着女式服装的剪裁变得越来越复杂，世界各地的设计师都开始使用此种纺织品，以求将人们的注意力吸引到剪裁之上，并由此创造出精妙的视觉效果；其中，20 世纪 30 年代的伦敦设计师在使用条纹和格子羊毛面料方面尤为娴熟。[14]

服装——针织品、运动服和廓形

对时尚来说，纺织品行业发生的一个重要转折出现在第一次世界大战刚开始之时，平纹针织面料被当作一种高级时尚面料引入。在此之前，羊毛和 / 或棉质的平针织物主要用于内衣。这一时尚创新通常归功于法国服装设计师嘉柏丽尔·“可可”·香奈儿。1914 年，她使用羊毛和丝质平针织物——其中许多正是由罗迪耶生产的——创制出无内衬女士套装以及宽松的套头式针织衫，据说灵感来自渔民和男性马球运动员所穿的针织衫。[15] 嘉柏丽尔·香奈儿的设计实用、舒适、优雅，非常契合战争年代简洁利落的审美，同时也切合了女

性衣橱中日趋重要的运动服装风尚，以及所谓的“观赏性的”运动服装风格。（图 1.1）

图 1.1　宽松的羊毛或真丝平纹针织套装是巴黎时装设计师嘉柏丽尔·“可可”·香奈儿的标志，从此照片可见她身穿 20 世纪 20 年代中期的几何图案套装的样子。Photo: Sasha/Getty Images.

到了 1917 年，“香奈儿”的名字已经享誉大西洋两岸，而平针织物也已成为制作日常礼服和定制服装的一种“经典”面料。[16] 在接下来的一个世纪里，针织面料在衣柜中的地位将更加重要。嘉柏丽尔·香奈儿将一种实用主义的、“特殊用途”的纺织品引入时尚设计的词汇中，为随后几十年里其他设计师在使用其他面料方面树立了一个样板。

除了针织纱制品 [5] 制成的服装外，在 20 世纪 20—30 年代，手工和机器编织的针织套衫被男性和女性更为广泛地穿着。服装设计师让·巴杜（Jean Patou）为推广这种时尚做了很多工作，而他也因自己于 1924 年开始设计的，具有大胆几何图案和条纹的针织 V 字领毛衣、配套开襟羊毛衫和泳衣而闻名。这些产品很快就被复制——特别是在美国，而且促成高端时尚针织品进入面向大众市场的产业。巴杜也是最早意识到运动服装新的重要性的人之一，他于 1925 年在自己的高端时装店中开设了一家名为“Le Coin des Sports”的运动时装精品店。[17] 针织羊毛紧身泳衣男女都能穿，在美国詹特森针织·米尔斯公司（Jantzen Knitting Mills）的引领下，一个规模庞大的产业成长起来，为大众市场生产各种时尚款式。由一件合身的短袖圆领针织衫和配套的长袖开襟羊毛衫组成的两件套羊毛衫套装在 20 世纪 30 年代中期开始流行，并在接下来的 30 年里成为女性衣橱里的标准配置。

巴黎时装设计师艾尔莎·夏帕瑞丽（Elsa Schiaparelli）于 1927 年以自己名字首次推出包括手工编织的针织套衫在内的服装系列，这帮助她迅速建立了声誉。该系列中最著名的就是一个后来被美国和奥地利制造商广泛仿效的错

[5] 原文为“knitted yard goods”，此处疑为“yarn”的笔误。——译注

觉画（trompe-l' oeil）蝴蝶结设计。[18]针织品设计师还在乡村工作者和职业运动员的服装中找寻功能和时尚灵感。搭配着源自不列颠岛北部渔民和农夫着装的厚重罗纹开襟羊毛衫，男士V领针织套衫和采用费尔图纹（Fair Isle）[6]、菱形图纹设计的针织背心，成为非常时尚的运动服及休闲运动服。时尚界还接受了20世纪20年代末由网球明星如法国人勒内·拉科斯特（René Lacoste）等带来的用流行的棉质提花织物制作的运动衫。

时尚纺织品的另一个转折点出现在20世纪20年代末至30年代初，当时长裙和更合身的廓形开始流行。女装的腰线回到了自然腰部，男孩子气的身材为回归的女性曲线所取代。为了创造出雕像般的流线型外观，女装的剪裁变得更加复杂、精致、贴身。正如时装设计师雅克·海姆（Jacques Heim）在1931年所表达的那样，这些新服装的剪裁方式既起到了构造作用又实现了装饰功能，从而打消了穿着者对细节的过分挑剔。[19]20世纪20年代初，巴黎服装设计师玛德琳·维奥内特（Madeleine Vionnet）开创性地使用了斜裁面料。斜裁在各种服装中都得到了普遍应用，最时髦的就是那些带有流畅褶裥的面料，如绉丝、雪纺绸和“透明”（或雪纺）丝绒。将精致的丝质平针织物以新古典主义的褶裥和精细褶皱来排列，是玛德琳·维奥内特的同事——服装设计师阿里克斯［Alix，后来被称为格雷夫人（Madame Grès）］的专长。晚装面料尤其强调表面质地以及有光泽同无光泽的表面形成的反差；绉缎结合了两者之长，成为玛德琳·维奥内特最喜欢的面料，而且她经常会将正面和反面面料并排使用。[20]

[6] 费尔图纹，又称费尔毛衣，得名于苏格兰费尔岛（Fair Isle）当地服饰中一种色彩鲜明的几何图案。——译注

20 世纪 30 年代的纺织品创新

在很大程度上，20 世纪 30 年代的合体廓形得以实现是基于美国橡胶公司（US Rubber Company）于 1931 年推出的一种重要的人造纱——橡胶松紧丝（Lastex）。这是一种弹性纱线，由覆盖于棉花、嫘萦、丝绸、醋酸纤维或羊毛之中的挤压橡胶芯组成。它既可用于针织品，又可用于机织品，并且很快就被用于制造束腰紧身衣及其他内衣。由橡胶松紧丝织的弹性面料制成的光滑女式衬底取代了笨重的鱼骨胸衣，并促进了斜折剪裁紧身设计的成功。

弹性纱线的引入彻底改变了泳装行业，并刺激了各种新奇的防水面料的发展。由于美国加利福尼亚的泳装制造商同好莱坞工作室和明星结成了促销联盟，这些创新甚至包括了生产迷人的面料，诸如防水弹力绒、醋酯嫘萦和在 B.V.D. 公司出品的泳装中使用的橡胶松紧丝织的“海水经缎”面料（图 1.2）。[21] 这是一个

图 1.2 橡胶松紧丝的推出激发了可以用于泳装的迷人、新奇面料的发展，例如好莱坞电影明星埃丝特·威廉斯（Esther Williams）在 1944 年的宣传照片中所穿的有光泽的弹力缎。Photo: Eric Carpenter/John Kobal Foundation/Getty Images.

纤维科学、纺织技术和时尚携手并进，产生真正的创新的时代。

在 20 世纪 30 年代和 40 年代初，人造丝绉和其他流体平纹织品，包括印花和平针制品，成了大众市场中女装的主打面料。第一次，人造纤维进入制造高级时装系列的纺织品行列，而以前人们从不考虑这些高级时装的原料成本是否应降低。夏帕瑞丽喜欢用不同质地的面料来设计她的高级时装，并在早期就采用了新开发的新奇面料，如 1934 年引进的大胆、起皱的“树皮”人造丝绉，还有由纺织品制造商科尔科姆贝特（Colcombet）为她开发的易脆、透明的“罗多芬（Rhodophane）”面料。同年，她用这种面料制作了一件“玻璃披肩”；这些具有创新性的面料成为她塑造前卫形象的关键。[22]

毫无疑问，最重要的纺织品发展是杜邦公司在 1938 年宣布发明了第一款真正的合成纤维——尼龙。[23] 第一批提供给消费者的尼龙产品——尼龙丝袜，几乎是一夜成名。这种新的长筒袜透明、耐用，可以加热定型以使其更为合身，并且能减少美国对从日本进口丝绸的依赖，因而广受欢迎。1940 年 5 月，尼龙丝袜上市的第一天就售出了大约 75 万双。[24] 凭借这一成功，杜邦公司在战后成为合成纤维领域的世界领导者。

20 世纪 40—50 年代——纤维和生活方式的革命

战时：1939—1945 年

在第二次世界大战期间，纺织品使用的变化与供应问题有关：与所有纺织品及原材料一样，时尚面料在全世界范围内都处于短缺状态。人们自由购买新的服装和面料的行为被制止，改为实行配给制。爱国公关运动鼓励妇女“修修补补将就着穿”。各国政府都通过了相关法规，如英国的“实用计划”（the Utility scheme）和美国的 L-85 号令都旨在通过限制裙子和外套的长度与面料用量，禁止多余的服装细节如额外的褶皱和口袋盖，减少服装生产中必不可少的材料的用量。[25] 在这些限制下，女式时装的特点呈现为合身、讲究纤细线条，并且强调简单和实用，而不会讲究需要更多面料的过分装饰的细节。

在美国和大多数欧洲国家，羊毛、丝绸、皮革和新开发的尼龙被预留给军事和国防使用。对于民用服装，最常用的替代纤维就是粘胶纤维，但其他新材料如由牛奶蛋白制成的酪蛋白纤维（aralac）也投入了生产。同时，人造纤维制造商也在继续开发新的纤维和工艺，以满足战时军事需求，诸如南太平洋所需防腐萨纶（Saran，一种合成纤维）蚊帐和用于制作降落伞的防裂尼龙等材料。随着战争接近尾声，包括美国杜邦公司和陶氏化学公司（Dow Chemical）在内的制造商，也将相当大的一部分精力投入为他们的产品开发新的战后市场之中，从而掀起了改变全球的纺织行业的合成纤维热潮。

战后工业发展

战后，欧洲和亚洲竭力重建他们的纺织和服装业，同时还需要应对原材料和投资资本的持续性短缺。[26] 而美国的情况要好很多，制造商迅速采取行动，对“人造纤维革命”带来的新可能性加以利用——而早在 1948 年就有人开始使用“纤维革命”这个术语。[27] 在接下来的 20 年中，被注册了商标的新纤维、纱线、工艺以及成品出现得如此之快，以至于许多服装和零售行业人士都感觉似乎很难跟上新发展。[28] 这些新兴的、不常见的合成纤维的制造商——特别是杜邦公司——制订了全面的促销计划，旨在创造需求，并对从精纺、机织和针织产业到成衣的购买者或穿着者的销售链的每一步都提供技术和销售支持。[29] 类似的宣传活动在西欧尤其重要，因为当地在战争期间生产的劣质粘胶纤维已经让消费者对合成纺织品产生了相当大的抗拒心理。[30]

有时候，行业推广以及消费者认可的核心问题集中在新材料所能带来的美学特征或时尚外观上。卢勒克斯（Lurex），这款1946年引进的合成金属线，就以其重量轻、价格低、耐洗等特点，使附有金线或银线的面料变得更加实用并得以广泛使用。杜邦公司还强调由他们生产的纤维制成的面料所具有的时尚外观，故而邀请法国主流服装设计师将这些产品纳入他们设计的系列中。[31]（图1.3）

然而，更多的时候，面料或成品的主要卖点是新纺织品所具有的“高性能”特征：它们在弹性、耐用性、舒适性、抗皱性尤其是方便打理方面优于已有纺织品。[32] 在少有家佣的时代，人们对织物的这些性能特征是非常向往的。更多的消费者需要自己清洗和打理他们的衣服，并寻求从日常洗涤的传统苦差事中解放出来。像杜邦这样的公司则于1948年推出了一种腈纶纤维：奥纶（Orlon），使得摸起来与羊毛类似但洗后又不缩水的女式针织套衫（包括20世纪50年代无处不在的女式两件套毛衣[7]）的生产成为可能。与此同时，杜邦在1951年推出的一种聚酯纤维涤纶（Dacron）则具有弹性和高度抗皱性。这两种纤维，既单独使用又同其他纤维混合使用，都可以热定型以保证尺寸稳定，还可以永久起皱或打褶。[33] 从20世纪50年代初到60年代中期，人们开发了几种不同的树脂饰面材料，赋予棉织物类似“免烫快干”的特性，并使“免

[7] 通常为一件连衣裙加一件针织开襟衫。——译注

图1.3　由巴黎时装设计师克里斯汀·迪奥于1954年推出的这套晚宴套装，由抗皱尼龙和人造丝绒制成，成为20世纪50年代高度结构化廓形的典范。Photo: Hagley Museum and Library.

烫”的棉衬衫和羊毛长裤成为可能。[34] 杜邦公司于 1958 年推出的注册了商标的弹性纤维莱卡（Lycra）[8] 是另一项突破，继续改变了传统面料和服装的性能、舒适性和易打理性。

服装——“新风貌”形制和战后的运动服

在“纤维革命”爆发的同时，有两大潮流风尚对战后时尚纺织品的走向产生了影响。头一个趋势与紧身腰部和大喇叭形裙摆的时尚廓形有关，这种廓形自 1947 年迪奥的“新风貌”系列后开始流行。到 20 世纪 50 年代初，女式连衣裙和套装显得比战前更具结构性。为了创造出这些外形，更庄重和通常清爽的面料，如塔夫绸、罗缎、丝网眼纱、织锦丝绸和重缎再度回到了时尚界，并取代了 20 世纪 30 年代的流体绉。用于量身定制服装的羊毛面料变化没有这么明显，但与战前的同类面料相比，其更有立体感和结构感。尼龙、醋酸纤维和其他新的合成纤维重量轻、结实、弹性好，非常适合于那些通常以易于护理的尼龙网衬裙（或“克里诺林衬裙”）为基础的新廓形。在此期间，男装没有发生什么激烈的变化，但此时也能用合成混纺和全合成面料制作“免烫快干”男装衣服。

战后时尚纺织品的第二个主要趋势与运动装的流行有关，特别是美国先锋高级成衣设计师所倡导的舒适、休闲风格。自 20 世纪 30 年代开始，克莱尔·麦卡德尔（Claire McCardell）通过她为大众市场设计的精湛而优雅的泳装、连衣裙和单件衣服，倡导推广了针织运动衫。麦卡德尔还经常使用棉质

[8] 斯潘德克斯（Spandex）的商标名，斯潘德克斯又名氨纶、伸缩尼龙等。——译注

方格花布等实用性面料，并被誉为将斜纹粗棉布[9]作为时尚面料加以推广的提倡者，就像嘉柏丽尔·香奈儿在40年前用平针织物所做的那样。美国设计师邦妮·卡辛（Bonnie Cashin）则以其独特的材料组合而闻名，比如皮革和羊毛粗花呢以及用仿麂皮织物镶边的羊毛针织品。[35]在此时期，包括卡塔莉娜（Catalina）和加利福尼亚科尔（Cole of California）在内的加利福尼亚泳装制造商也在他们的产品线中添加了其他休闲服装，“加利福尼亚风貌”影响了全世界的休闲时尚风格。[36]针织品设计师和制造商在战后经过改进的针织机的帮助下，于20世纪50年代开发出了更多的针法和表面纹理，同时开发出了新的款式，如1954年“彻底改变了这个行业”的首批T恤裙——到1967年，估计已经售出了1 000万件。[37]

到了20世纪50年代，美国“马歇尔计划”提供的援助使得欧洲战后重建加速，美国零售商和记者也表现出极大的兴趣，意大利设计师和高级成衣制造商的创新工作也在国际上崭露头角。意大利的度假服装和针织品强烈地影响了运动服时尚的发展。[38]最著名的意大利运动服装设计师埃米利奥·璞琪（Emilio Pucci），于20世纪50年代初推出了棉和丝质山东绸做的卡布里裤（capri pants），随后在1960年推出了“埃米利奥形”的加长版（混合了丝质山东绸和弹力卷曲变形纱海兰卡）。这些款式在各种价位上被广泛复制。1959年，他又推出了休闲、百搭、便携的印花服装和纯丝平针织的套头衫。这些产品成为乘喷气式客机到处旅游的富豪的地位象征，并成为20世纪60—70年代的标志性风格。[39]

[9] 即牛仔布（denim）。——译注

运动服装风格对男装也产生了很大影响。不打领带的休闲运动衬衫是革命性的，战后在人们的衣橱中占有更为重要的地位。同传统的男式衬衫相比，它们采用了更为柔软、多样的面料，给男士衣橱带来了新的色彩。譬如，带有光泽的印花人造棉是短袖阿罗哈衬衫（aloha shirts）[10] 的首选面料，这种夏威夷风格的衬衫在战后被复员军人带到了美国本土。到了 20 世纪 50 年代中期，部分受意大利风格启发的针织运动衫和针织套头衫越来越多地取代了非正式穿着的梭织衬衫。[40] 休闲西服通常采用譬如羊毛粗花呢或棉制灯芯绒等质地不平的面料制成，会同非配套的长裤搭配在一起穿着，在 20 世纪 50 年代成为流行的正装替代品，并且将不配套服装混搭的运动装理念引入了男士的职业衣橱之中。到了 20 世纪 50 年代末，一些男士开始用高翻领毛衣而不是标准的男士衬衫来搭配他们的休闲西服，这种造型一直流行到今天。

运动服市场的扩大也鼓励传统的美国工作服制造商，如彭德尔顿（Pendleton）毛纺厂和李维斯公司（Levi Strauss & Co.）拓展并创造出新的、同时适用于男女的方格绒布和粗斜棉布的时尚单品系列。[41]

20 世纪 60—70 年代

服装——结构和针织品，蓝色牛仔裤和休闲套装

在 20 世纪 60 年代，传统的“自上而下”的时尚体系开始瓦解，该体系一般是由如巴黎的服装设计师等公认的风格领袖产生新的理念，然后慢慢将理

[10] 阿罗哈衬衫，即夏威夷衬衫，名字出自夏威夷问候语阿罗哈（aloha）。——译注

念传播到大众市场，时尚市场变得更加多样化和碎片化。专门由青年人设计且针对青年人的街头装和精品服装兴起，并成了新的发展方向；另一发展则诞生于十年后，同蓝色牛仔裤被采用并作为一种几乎被普遍接受的时尚息息相关。在整个 20 世纪 60—70 年代，随着时尚及其来源变得越来越多元化和全球化，创新逐渐来自诸多方面，而且一个紧接着一个。不过，在时尚界使用纺织品方面，还是出现了尽管同时发生却不尽相同的几个趋势。

20 世纪 50 年代晚期，伴随着 1957 年所谓的女式无袖裙或“麻袋”裙的推出，一种重要的时尚方向也出现了，女性的连衣裙和女式洋装开始采用更具结构性、有着建筑形式、衣服与身体之间的空间较大的设计。[42] 这一趋势以服装设计师克里斯托瓦尔·巴伦西亚加（Cristóbal Balenciaga）的极具影响力的半紧身套装、女式长罩衫或束腰连衣裙，以及宽松的长衫和大衣为典型代表。巴伦西亚加的设计的成功依赖于他所使用的面料在重量和塑形方面的特性。他的许多最具代表性的设计都是由丝质加萨尔（Gazar）[11] 制成的，这是一种由瑞士制造商亚伯拉罕（Abraham）于 1958 年创制出的一种用高捻度纱线的紧密编织来增加弹性的面料。[43] 到了 20 世纪 60 年代初，类似的外形简约、四四方方的套装和结构化的女装进入了主流时尚，随之而来的还有更多生产它们所需的结实面料——包括传统的和新开发的。这种时尚是一个特别明显的例子，充分说明了时尚服装的剪裁和外形与时尚纺织品的成分和结构之间的密切联系，同时还说明了时尚和纺织业之间经常出现的共生关系。

20 世纪 60 年代中期，服装设计师安德烈·库雷热（André Courrèges）

[11] 加萨尔是一种饰有闪光金属片的透明丝织物。——译注

和皮尔·卡丹（Pierre Cardin）加强了这种结构化趋势，他们在1964年推出了线条简洁、有着未来主义的太空时代系列，成为20世纪60年代青年文化所接受的摩德（Mod）风格[12]的缩影。曾为巴黎世家（Balenciaga）工作多年的库雷热展示了一种激进、简单的迷你裙和外套，这种服装内衬了厚重的羊毛华达呢和有着密集斜纹的马裤呢。所需面料的厚度通过接缝和口袋的间面线被进一步强调，而这一细节也被人广泛模仿（图1.4）。44

高级定制服装是用手工将面料层叠在一起制成的，但使用一种密实的双面面料也可以达到类似的效果，这种面料正是在此时期崛起的双面针织面料。羊毛双面针织面料于20世纪50年代首次由意大利制造商针对奢侈品贸易推出。到20世纪60年代早期，世界各地都在生产双针织物，并用于各种合成纤维。在美国，双针织物通常用于高级成衣。45 在这十年间，适用于制作结构化服装的许多其他面料也很流行，其中包括金属锦缎面料、厚重的粗花呢与马海毛西服料、重织物结构的克林普纶（Crimplene）[13]和笨重的合成针织品；其中某些面料还在背面添加了一层聚氨酯泡沫体，使其更具体量感。46

太空竞赛[14]也激发了人们对明显人工合成、带有未来主义特征的材料的兴趣，如乙烯基、塑料、密拉[15]和聚氨酯（图1.5）。1968年，皮尔·卡丹推出了一种可能是与美国联合碳化物公司（the Union Carbide Corporation）合作开发的特殊的真空成型高凸浮雕的面料，名为“卡迪纳”（Cardine）。47 英

[12] 摩德文化，英文原文全名为“Modernism”或“Modism”，大多简称“Mod”，其仰慕者则被称为摩德族（Mods）。20世纪60年代起源起于英国伦敦，并迅速成为一个青少年亚文化。——译注

[13] 一种由英国化学公司（ICI）在英国生产的“卷曲 ”聚酯纤维。——译注

[14] 指冷战时期美国和苏联为取得宇宙探索领先地位而进行的竞争。——译注

[15] 一种聚酯薄膜。——译注

图 1.4 这是由时装设计师安德烈·库雷热于 1966 年设计的迷你裙和外套，其展示了他对服装结构的强调，以及对干净、密集的线条、厚重面料和顶缝线的创新使用。Photo: Reporters Associes/Gamma-Rapho via Getty Images.

图1.5　20世纪60年代，许多设计师尝试使用乙烯基（PVC）和其他“太空时代”材料。 这件1969年的羊毛和PVC绗缝套装是由时装设计师皮埃尔·卡丹设计的。Photo: Evening Standard/Getty Images.

国设计师玛丽·奎恩特（Mary Quant）和美国设计师鲁迪·吉恩莱希（Rudi Gernreich）都在20世纪60年代初大量使用乙烯基材料［聚氯乙烯（PVC）］和透明塑料制作连衣裙和雨衣；PVC成为奎恩特在1964年的“光亮面”（wet look）系列中采用的标志性面料。[48] 其他具有新奇的金属质感、覆有涂层和覆盖薄片的面料，以及色彩鲜艳和明显合成的化纤花式裘皮，在这十年中也非常流行。法国设计师帕科·拉巴纳（Paco Rabanne）在他的一些早期系列中完全摒弃了纺织品，用链甲片或金属链及塑料唱片制作服装。或许，穿后即丢的一次性纸衣服的新奇时尚的短暂狂热在1966—1968年达到极致。这些用来制衣的“纸”通常是由木质纸浆和棉纤维混合而成的无纺布，但有的一次性服装也用制作绝缘宇航服的银箔材料[49] 以及杜邦公司生产的塑料特卫强（Tyvek）[16] 制成。

另一种持续到20世纪60—70年代的趋势是针织服装和面料的重要性有了稳步提高。穿着20世纪60年代宽松服装的年轻女性放弃了束腰带和吊袜带，而长筒袜则被完全包裹腿部的弹力紧身边袜裤（或连裤袜）取代。这也让超短裙得以问世，因为吊袜带和丝袜顶部之间的空隙消失了。五颜六色、起纹理的紧身衣裤，以及其他一件式的针织弹性服装如紧身连体衣、低领口紧身衫裤和连体袜（或女式紧身连衣裤），成为皮尔·卡丹、玛丽·奎恩特和安德烈·库雷热等设计师的“摩德”造型的一个必不可少的组成部分。鲁迪·吉恩莱希，以前曾是一位舞蹈家，在20世纪50年代以他设计的无内衬平针织泳装而闻名，到了20世纪60—70年代，他继续作为针织品方面的创新者为美国制造商哈蒙针织品（Harmon Knitwear）公司设计具有几何图案的厚织

[16] 一种高密度聚乙烯合成纸。——译注

羊毛织物系列。这些织物的特点是由几部分配成一套服装（例如，上衣、短裙和长袜），他将其称之为“整体造型”（total look）效果。[50] 他也是第一批广泛使用亚光弹性针织品（先是丝绸，后来是尼龙）的现代设计师之一，到了20 世纪 70 年代，这种面料变得无处不在。

20 世纪 60 年代末到 70 年代中期，针织品变得更加合身，其分层的风格令人怀旧地回想起 20 世纪 20—30 年代的针织品。意大利设计师奥塔维奥（Ottavio）和罗西塔·米索尼夫妇[17] 设计的色彩丰富、贴身、图案密集的针织连衣裙和套装就是这一趋势的典范。他们在巴黎举办了第一次走秀后就受到了全世界的关注。[51] 针织面料成为 20 世纪 70 年代的主打面料，用于日装、单衣和晚装（图 1.6）。著名的针织裹身裙是由黛安·冯·芙丝汀宝（Diane von Fürstenberg）在 1976 年推出的，而侯司顿（Halston）则以极简的平滑针织晚礼服而闻名。

慢跑、网球、迪斯科舞和有氧运动时尚的相继流行为有吸引力的弹性运动服拓展了市场和时尚场所，让针织品也变得更加注重身材。[52] 到 1979 年，丝绒和毛圈织物的慢跑和热身服作为非正式的街头服装被人们接受。第二年，美国设计师诺玛·卡玛丽（Norma Kamali）展示了一个极有影响力的高端日装和晚装系列，使用了灰色、白色或黑色的棉质绒头织物——通常更多地被称为运动衫材料。在此之前，绒头织物只有男性运动员训练和热身时才穿。卡玛丽将健身时尚带到了大街上，也带到了办公室和时髦餐馆里。

与此同时，紧接着 20 世纪 60 年代初的青年时尚之后，一系列不拘一格

[17] 英文为“Rositea（Tai）Missoni”。——译注

图 1.6　平滑的平纹针织是 20 世纪 70 年代日装和晚装的主要面料。这件 1974 年由美国设计师切斯特·温伯格（Chester Weinberg）设计的礼服的面料是由杜邦公司的奎阿纳尼龙制成的。Photo: Hagley Museum and Library.

的反主流文化时尚作为一种对普通的大众市场风格的反弹而发展起来。棉牛仔裤自 20 世纪 40 年代以来一直在青少年中流行，在 20 世纪 60 年代则爆炸性地流行起来，到 20 世纪 60 年代末，牛仔裤和棉 T 恤衫的组合已经成为一种全球化的青年时尚。牛仔裤被广泛采用，激发芬兰设计师安妮卡·里玛拉（Annika Rimala）在1967年为芬兰玛丽美歌（Marimekko）品牌设计了中性和全年龄段的“塔萨莱塔”（tasaraita），即一种水平条纹的棉T恤衫。它是一个至今仍在生产的经典设计。[53] 到20世纪70年代初，牛仔裤不再是年轻人的专属。[54] 第一条昂贵的“设计师专门设计的”牛仔裤出现在20世纪70年代晚些时候，它由深色的、未褪色的粗斜棉布制成，剪裁贴身；卡尔文·克莱恩设计的牛仔裤并没有使用新粗斜棉布，而只是呈现了将牛仔裤作为一种奢侈品的精加工、品牌推广和营销方式。相比之下，传统牛仔裤只有经过“磨合”并通过磨损和缩水处理来适应穿着者的身体后，才会被认为是时尚的，而其最受欢迎的外观是多年的穿着磨损才达到的做旧效果。作为回应，“砂洗”牛仔裤在20世纪70年代晚期问世，它是首款通过浮石弄皱成衣形成售卖时就带有“磨损”效果的服装。[55]

男装在20世纪60—70年代经历了戏剧性的变化，这是因为男性的时尚选择范围扩展了。20世纪60年代初，皮尔·卡丹推出了极为简洁的无领夹克，在被披头士乐队穿着后变得家喻户晓，他推出了类似的线条简单的尼赫鲁服。卡丹在20世纪60年代的“宇宙军团”（Cosmocorps）系列中为男性和女性设计了极简的、类似制服的整套束腰外套。与他设计的其他外套一样，这些外套用罗纹针织装饰的高翻领衫代替了衬衫，这种风格在整个20世纪60年代变得越来越流行。[56] 此外，在始于20世纪60年代中期，发源于伦敦精品店（如Granny Takes A Trip）的所谓“孔雀革命”中，更多的在以前多与女式晚装相关的面料包括割绒和金属锦缎也进入了男装市场。[57] 莱卡和其他合成纤维也越来越多地用于贴身的男士休闲装。[58] 到了20世纪70年代中期，这一趋势达到顶峰，出现了昙花一现的“假口便装”时尚，即搭配衬衫样式夹克的休闲装，其面料从粗斜棉布到聚酯纤维双层针织布不等，颜色为柔和的浅灰蓝色，与羊毛套装完全不同。不仅仅是年轻人，刻意追求时尚的中年男子也会穿这种衣服。[59]

纺织品——太空时代的合成物、弹性和天然纤维的复兴

在整个 20 世纪 60 年代，纺织品制造商继续推出新的人造纤维和成品，包括前面提到的新颖的“太空时代”材料，并为他们已有的产品寻求新的市场。杜邦公司于 1959 年推出的莱卡纤维（又称斯潘德克斯弹性衣料或弹性纤维）极大地拓展了弹性纺织品的潜力，而在此前，弹性纺织品依赖于包裹了橡胶芯的弹性纱线（如橡胶松紧丝）。莱卡是一种比橡胶芯更有弹性的轻质弹性纤维，最初开发莱卡是为了改良妇女的束腰带，但在 20 世纪 60 年代，它将“弹性”引入了各式各样的男女服装之中。[60] 莱卡就像 30 年前的橡胶松紧丝一样，彻底改变了泳装行业，并促成了舒适、轻便的内衣的诞生，如 1964 年鲁迪·吉恩莱希的“无罩”（No-Bra）系列，即一种没有形态、结构、填充物或钢圈的胸罩。[61] 在 20 世纪 70 年代，莱卡弹性的改善也成为前面提过的，受有氧运动和迪斯科激发的运动服装时尚的核心。另一个值得注意的创新品牌纤维是奎阿纳（Qiana），这是一种类似丝绸的尼龙，被广泛用于针织和机织织物。这是由杜邦公司在 1968 年推出的，用它制成的面料被广泛地推广到家庭缝纫市场。[62]

20 世纪 70 年代人造麂皮（Ultrasuede）[18] 出现，这是首款成功用超细纤

[18] 人造麂皮：官方中文名为“奥司维”。——译注

维制成的面料，可以说它既标志着战后“纤维革命”的结束，也标志着20世纪80年代出现的高新科技合成材料行业的起点。人造麂皮由日本东丽工业（Toray Industries）公司于1971年推出，被认为是一种突破性的“未来面料”，它结合了合成纤维的易护理特性和类奢侈品的表面，并且（与当时市场上的大多数合成材料不同）具有“呼吸”能力。由于生产需要复杂的制造工艺，因而起初它只是一种昂贵的奢侈品面料，设计师侯司顿于1972年将其用在一件他本人设计的衬衫裙上并且大获成功后，这种面料就成了一种地位的象征。[63]

到20世纪70年代初，人们反对人造纺织品的反应已经形成，部分原因是合成纤维的生产（绝对）数量大。1950—1966年，合成纤维在世界纺织纤维市场的份额翻了一番，在1966—1976年，人造纤维的产量继续增长了8倍。[64]这也造成了20世纪60年代的反主流文化中产生了一种对所有事物追求“自然”的时尚。到20世纪70年代末，涤纶双层针织品已成为人造物和品位差的象征，并被年轻人认为是过时的。[65]其他重要的影响因素是不断增长的环保运动，它将世人最新的注意力集中在水污染问题及其他与纺织业有关的负面环境影响上。[66]最后，1973年的能源危机使得以石油为基础的合成纤维的生产变得更为昂贵，从而降低了它们对服装制造商的吸引力。

天然纤维的再发现也得益于天然纤维生产商为拯救自己陷入困境的产业而做出的一致努力。1964年，国际羊毛局（IWS，International Wool Secretariat）推出了一种羊毛图形标志，作为100%纯新羊毛制品的质量保障标志。[67]1960年，在美国的零售纺织品中，全棉制品占78%，但在1975年降到34%的低点。到了1970年，美国市场上几乎只有牛仔裤、T恤和浴巾等还是全棉制品，这促使美国棉花种植者成立了一个名为美国棉花公司（Cotton

Incorporated）的推广组织以解决棉花市场份额下降的问题。1973 年，该组织推出了棉印（Seal of Cotton®）标志，以此作为促进工业创新和构建消费者需求的全面计划的一部分。[68] 这些保证质量的标志广泛出现在广告活动和交叉宣传推广活动中，成为应对化学公司长期以来竞争品牌推广和将纤维名称注册商标等手段的直接（和及时）武器。

20 世纪 80 年代至今

纺织品和服装——天然纤维、高科技纺织品和可持续性

自 20 世纪 80 年代以来，时尚和纺织业变得更加碎片化、多样化和全球化，看似矛盾的趋势往往同时发挥作用。创新和全球交流的步伐急剧加速，人们已经很难找出具有特定影响的设计师或纺织品进展了。在高端时尚中使用的新的和实验性的面料曾是一种特有现象，但现在则几乎已成为普遍趋势，因为纺织品和时尚设计师之间的合作已经变得越发寻常。然而，时尚纺织史中许多最新的发展还是被视为遵循着三个相互关联的趋势：天然纤维及其面料的复兴；高性能“科技纺织品”的发展；“可持续”时尚概念的诞生。

在 20 世纪 80 年代初，时尚界朝使用天然纤维材料发展的趋势进展顺利；针对 100% 的纯棉衬衫的新“耐久压烫”处理技术已经被开发出来，纯棉床单也成功地重新进入美国市场。[69] 在一个炫耀性消费的时代，昂贵的、难打理的羊毛和亚麻布成为新的象征地位的面料，而天然 / 合成混纺面料则成为价格较为低廉的选择。在时尚界，意大利设计师乔治·阿玛尼（Giorgio Armani）就是这一转变背后的关键人物，他在 20 世纪 70 年代末推出了采用了奢侈天然纤维面料的无结构外套，为男装带来了新气象（图 1.7）。[70]

其他著名的设计师，包括英国设计师劳拉·阿什利（Laura Ashley）以及美国人拉夫·劳伦（Ralph Lauren）和卡尔文·克莱恩，在复古怀旧感的激发下也使用了传统的天然纤维面料诸如印花棉和结子花呢来创造时尚，并且（就像当初用斜纹粗棉布做名牌牛仔裤一样）在那些极成功的广告活动中将它们作为奢侈纺织品进行销售。[71] 在美国，随着 1980 年丽莎·伯恩鲍姆（Lisa Birnbaum）写的半开玩笑半认真的《权威预科生手册》（*The Official Preppy Handbook*）[19] 的出版，天然纤维服装和面料与豪门世家、上层社会生活的联系进一步加强。[72]

与此同时，尽管人们普遍讨厌合成材料，但由于有氧运动狂热达到了新高，莱卡材料的低领口紧身衣和紧身裤在 20 世纪 80 年代初还是获得了越来越多的认可。女影星简·方达（Jane Fonda）通过她最畅销的健身书籍和视频，成为普及这种“外形”的关键人物。[73] 同时，紧身莱卡被法国设计师阿泽丁·阿拉亚（Azzedine Alaïa）当作高级时尚面料重新推出，他在 1981 年展示了他的首个高级成衣系列。阿拉亚创作出一些有着精致结构的服装，他会将一些面料直接垂挂在身体上，常常是摆布厚重的人造棉平针织品并将其缝合在一起，让它们像柔软的盔甲一样缚紧穿着者的身材。[74] 由莱卡弹性面料制成的便于活动的运动服，如低领口紧身衣和自行车运动短裤，作为日常时尚穿着的行为贯穿 20 世纪 80 年代，同时激发了时装设计师的灵感；到 20 世纪

[19] “Preppy”原指预科学生，美国富人家庭的孩子在私立高中毕业后，会在预科班过渡一下再进入名校。而《权威预科生手册》即指导这些未来的“新贵”预科生的时尚指导杂志，后被想跻身上流社会的年轻人奉为时尚圣经。——译注

图1.7　20世纪七八十年代，由意大利设计师乔治·阿玛尼推广的无结构羊毛和亚麻套装，在时尚界复兴天然纤维方面发挥了重要作用。Photo: Erin Combs/Toronto Star via Getty Images.

90 年代，背衬原本通常用于潜水服保温的氯丁橡胶的针织弹性面料也被法国设计师让·保罗·高缇耶等用于男女时装系列。[75] 在这一时期，关于服装和纺织品特定功能的传统规则被打破，用于日装、晚装、工作服、休闲和运动服的面料都演变得可以互换。如今，设计师们可以自由选择任何最能体现他们的审美和设计意图的纺织品，而跨越这些界限往往也会激发时尚创新。

20 世纪 80 年代初，一种崭新且极具影响力的时尚纺织品开发方法在日本兴起，当时三宅一生（Issey Miyake）、山本耀司（Yohji Yamamoto）和川久保玲等时尚设计师的作品首次引起国际关注。日本的设计涉及设计师、纺织工程师和发明家之间的紧密合作，并大量地将传统工艺技术——诸如手工编织和染色——同最新的合成纤维和现代制造技术——诸如热定型和针刺法——结合起来。纺织品设计师新井淳一（Junichi Arai）和须藤玲子（Reiko Sudo）的工作就是一个范例，他们在 1984 年成立了纺织品公司 Nuno。Nuno 的设计师们会尝试使用那些往往是从其他行业借鉴来的新材料和工艺。他们用极具想象力和让人意想不到的方式将材料、结构和表面处理融合在一起，同时直接与时装设计师合作创造出独特的纺织品，而这些纺织品又往往是服装设计的起点。[76] 这些设计师在 20 世纪 80 年代做了很多工作，推翻了人们对合成纤维的负面看法，并将其作为高品位的艺术纺织品重新介绍给西方人。[77]

日本的设计师们也创作出了一些具有开创意义的时装系列，这些系列挑战了西方人对纺织品和服装的区分，将设计和制造的过程统合起来。三宅一生与纺织品设计师皆川魔鬼子（Makiko Minagawa）合作开发的“三宅褶皱”（Pleats Please）系列于 1993 年推出，化纤针织布要裁剪成比预期尺寸大三倍。然后将缝合好的服装放入打褶的机器中，由于聚酯纤维的热性能和热塑性，打褶机能将服装打褶并“收缩”到可穿着的尺寸。而随之生产出的服装有着永久性的褶皱，易于收纳和护理，并且由于褶皱能像松紧带一样扩展和收缩，因而还适合各种体型和尺寸。这些衣服就像传统的日本和服一样，只有在穿着时才会呈现出三维形态。三宅一生工作室经常尝试在打褶前对服装进行裁剪和折叠，以求产生更多的戏剧性变形效果（图 1.8）。[78]

图 1.8　日本设计师三宅一生设计出永久褶皱、热定型聚酯服装，比如 1994 年设计的这款“飞碟”连衣裙，挑战了纺织品和服装的传统区别。Photo: Niall McInerney.

三宅一生革命性的“一块布成衣”（A-POC,A Piece of Cloth）系列首次展出于1999年，该系列是通过“单形生产过程”制造的。在该过程中，计算机控制的针织机构建了一整块针织面料，而成衣则可以根据穿着者的喜好以多种方式剪裁。[79]

部分是因为受到了日本发展的启发，天然纤维和合成纤维之间的传统二分法的界限在20世纪80年代晚期相继被打破。此时，新一代的高科技人造纤维，或者说“科技纺织品”，开始在时尚舞台上出现。过去，大多数情况下用于制作服装的合成纤维和新面料技术是作为现有（天然）材料的廉价或有更好性能的替代品，或者是作为一次性的新奇事物被开发的，比如20世纪60年代短暂流行过的“太空时代”面料。但从20世纪80年代开始，人们更加重视开发具有全新的、“非天然”美学或功能特性的纤维和纺织品。[80]

许多新材料，像戈尔特斯（Gore-Tex）、保暖涤纶抓绒材料（Polartec polyester fleece）和隔热材料新雪丽（Thinsulate），都是为竞技体育或冬季登山等运动而开发的具有专门用途材料，但这些“高性能”纺织品和材料很快就进入了时尚和日常衣橱。新的“性能”概念指的是纺织品在穿着时会如何表现；这标志着该概念同20世纪50—60年代时有所变化，当时的“性能”指的是衣服的洗涤效果，以及衣服是否容易护理。新型高性能超细纤维因其所具有的美学品质以及改善传统织物的舒适性和多功能性方面的潜力而备受重视，在20世纪90年代也开始用于时尚领域，并与其他合成和天然纤维混合使用。例如，让人回想起人造麂皮的具有柔软表面的防水超细纤维织物，现在也经常被用在时尚外套中。[81]

自20世纪80年代以来，伴随天然和高科技纺织品进步而来的最为重要的新发展就是生态影响和可持续性问题。20 世纪 70 年代，环保主义者还主要是在关注纺织品制造过程中产生的废弃物，而如今对此的思考已经扩展到纺织品从生产纤维到最终被清理的整个生命周期。[82] 面对现代廉价、粗制滥造和一次性的“快时尚”增长的趋势，越来越多的制造商、设计师和消费者正在制定策略来创造“可持续的时尚”。[83]

一种方法是通过创建如 20 世纪 60 年代的羊毛标志一样贴在服装上的生态品牌和认证标签，来教育消费者，让他们了解服装对环境的影响。国际环保纺织协会（Oeko-Tex Association），就是这样一个由纺织品研究和测试机构组成的国际联盟，已经在这方面建立了显著的案例，于 1992 年推出了“国际环保纺织标准 100”（Oeko-tex Standard 100）标签，2013 年又推出了“可持续纺织品生产”（Sustainable Textile Production，STeP）认证。[84] 其他的方法则集中于能产生较少污染的生产方法或能重新利用工业和消费后废品的方法，如美国公司迈登迷［Malden Mills，现为普澜特公司，（Polartec，LLC)］于 1993 年推出的一种利用回收的塑料汽水瓶制成的涤纶摇粒绒，赛奇拉（Synchilla）。最近，普澜特与包括巴塔哥尼亚公司（Patagonia）在内的制造商和零售商合作，搜集使用过的绒头织物服装和面料碎片，并将其再利用到新的绒头织物服装上。[85] 最后，研究的焦点集中在开发由再生天然材料人造丝的洐生品和乙酸酯纤维制成的新纺织品上。例如，包括天丝（Tencel）在内的莱赛尔纤维（Lyocell fiber）[20] 就像人造丝一样是由木浆制成的，但是在它

[20] 莱赛尔为该类人造纤维的统称，由纤维素纤维组成，纸浆溶解后通过干式喷射湿式纺纱将其重组制成，生产过程中不会用到有毒的二硫化碳。天丝为奥地利兰精公司（lenzing）生产并拥有专利的一种莱赛尔纤维。——译注

们的制造过程中使用的是无毒溶剂，不会产生危险废物，而且最终产品能够生物降解。[86]

结　语

在 20 世纪，随着新纤维和纺织品制造方法的发展，用于时尚的纺织品的种类都发生了许多转变。时尚纺织品的范围大大超出了第一次世界大战前大多数人的体验，彼时他们主要穿着的都是用编织的天然纤维面料制成的衣服。许多变革都是由人造纤维的创新以及全球化学工业的急剧增长推动的；而这种增长的过程和速度又在很大程度上是由两次世界大战启动的。其他的转变，诸如从编织品到针织品的转变，以及棉质牛仔裤几乎被普遍采用，则是在生活方式、态度和经济趋势的相互作用下产生的，包括某些特别的设计师和制造商能够影响和回应这些趋势的方式。

关注这些纺织品在时尚中的应用为人们提供了一个具有启发性的视角，通过它，我们能看到并开始理解 20 世纪的时尚及它们发展的文化背景。这种关注也引出了一个结论：在 20 世纪，化学和纺织工业对新材料的开发，以及“非时尚”纺织品出现在时尚词语中，让纺织品成为时尚创新的主要驱动力之一。

第二章　生产和分销

韦罗妮克·普亚尔

在整个 20 世纪的进程中，时尚的领导地位和设计方向都在奢侈品的基础上演变成一种大众现象。[1] 时尚既是模仿也是差异化。在 20 世纪初，作为模仿和区别的标志，时尚的社会二元性依然存在。模仿的涓滴模式，即时尚潮流由精英阶层发起，然后沿着社会阶梯向下被不那么富裕的社会群体效仿，当这种潮流变得过于流行时反而会因此被精英阶层放弃。但该模式被一种多方向性的模仿取代，因为发起潮流的群体不再局限于上层阶级，如今，潮流引领者来自不同的文化背景和地理中心。

时尚的全球化和民主化进程会随着时间推移而被改变。在 20 世纪，时尚从一个以巴黎为中心的等级系统，变成了一个由许多首都和中心组成的全球性产业，为所有人生产所有价位的时尚。[2] 时尚之都是时尚产业中必不可少的创意生态系统，而它们在第二次世界大战后成倍增加并呈现多样化。如今的巴黎不再是女装中心，伦敦也不再是男装中心，因为米兰、孟买、东京和安特卫普也都壮大了自己的基础设施，时尚设计和生产在这里蓬勃发展。[3]时尚是为所有人大规模制造的，不过这并没有让区别对待的社会现象在一夜间消失。高端商品同纽约市中心运河区密室里售卖的看上去时尚实则为“山寨”的货品的区别还是非常明显的。[4]在全球化的世界里，时尚的生产和分销有着比以往更为多样化的模式。

时尚史主要聚焦于与生产和分销相关的两大困境：第一个问题是关于时尚的物质生产的经济和社会背景；第二个问题则是围绕时尚的传播而产生的各种紧张关系——谁在生产、购买和复制它。时尚既是物质的——服装，也是非物质的——设计理念。时尚行业中的无形部分对有形生产有着强大的影响。对新款式的需求给制造商带来了灵活的专业化需求压力。[5]时尚的物质和非物质层面在 20 世纪的时尚产业史中交织在一起，凸显了时尚的民主化和大规模生产中内生的紧张关系。（图 2.1）

图 2.1　法国造型师保罗·波烈绘制的海边模特图片，1920 年，刊登在时尚杂志 *La Gazette du bon ton* 上。Photo: Photo12/ UIGvia Getty Images.

在19世纪，巴黎是公认的世界女装时尚设计和生产之都，而伦敦则被认为是男装的领导者。在时尚设计方面，欧洲城市领先于北美城市，但从20世纪初开始，美国的生产能力得到了发展，纽约成为最先进的服装工业化生产之都。[6]

著名时装定制作坊创制的时尚在社会和经济层面被上上下下的阶层效仿。国际买家每年两次访问时尚中心，采购设计，并在最新材料中寻找灵感，然后以原始模式、高级定制的模式或加工好的仿制品的形式数以千计地出售这些设计。女性则根据自己的收入接受各种最新时尚，而社会上不那么富裕的阶层也能穿上同样的设计。时尚民主化的变化发展在西方世界并不均衡，美国在高级成衣的制造方面发展得比其他国家更快、更灵活。[7]同女装相比，男装时尚的创意周期则显得更为缓慢和微妙，但经历了同样一种生产速度和价格及款式范围的多样性。

零售分销

纺织专家莫里斯·德·坎普·克劳福德（Morris De Camp Crawford）曾指出，在20世纪10年代，美国大多数服装是家庭制作的，而该世纪见证了其从家庭缝制到高级成衣与邮购的转变。工人阶级和中下层阶级在家里根据通过杂志广泛传播的商业制衣纸样制作衣服。商品目录和邮购服装有助于新设计的增加和传播。对大众消费者来说，家庭生产的衣服统治着他们的衣橱，较为富裕的消费者则由女裁缝按照订单和尺寸定制衣服，她们通常是以个人业务或小型企业的方式运作。到了20世纪40年代，有人担心美国妇女将不再缝制衣服——即使在当时仍有25%的服装面料在柜台出售，从而证明许多妇女仍然出于经济或休闲原因而从事缝衣工作。[8]

转向高级成衣的根源可以追溯到19世纪的新兴商店和百货公司。[9]新的百货商店提供一站式购物，因为向顾客提供了无限的选择，他们因此无须分别光顾各家商铺。面料商场允许顾客亲自复制图案，或购买适当的面料交给女裁缝。百货公司创造了一个让社会阶层在其中交融的新领域。售货员和女性与客户群的会面导致性别和社会的界限越来越模糊，在城市景观中创造了一种新的消费文化。[10]

巴黎的高级定制及其生态系统

虽然百货公司在时装分销方面很有影响力，甚至成为一种大众文化现象，但最时尚的服装设计创作仍由代表少数精英的巴黎高级时装设计师，或由以巴黎模式为基础建立沙龙的本地高端时装设计师把持。高级时装作坊是女性时尚的实验室，其特点是富有创意、享有声誉并位于巴黎[11]。高级时装作坊的内部架构在很大程度上继承了19世纪的。大多数情况下，企业以首席设计师的名字命名，而行政总监则在他的“阴影”下管理企业。两者之间的共生关系非常微妙，因为高级定制时装的创造往往是一个代价昂贵的过程。

面料在新设计的创造中扮演了重要角色。在法国，面料生产集中在各个城市。里昂的丝绸、圣埃蒂安的缎带、鲁贝和图尔昆的羊毛、加来的蕾丝都是高质量的材料，对高级时装设计师产生了重要的影响[12]。法国工厂还会生产一些满足高级时装设计师明确要求的独家面料。反过来，一种新的高级时装设计在世界市场上被销售和复制的量越多，也就意味着设计面料的销售量越多。面料制造商为了确保未来的销售，会在高级时装设计师开始制作时装系列之前就向他们展示自己的产品。面料制造商以寄销的方式将订单交给他们的高级时装设计师客户，这意味着高级时装设计师每年只需结算四次，并且只为他们用掉的面料结款。这种安排有利于高级时装设计师进行试验，但对面料生产商来说相当艰难。作为交换，面料厂认为高级时装带来的广告效应还是相当可观的。[13]

高级时装工作室及其工人

高级时装工作室是有创意的设计师尝试新形式和新材料的地方。创造性是很难进行理性分析的，在获得最终版型之前，其过程中可能会产生材料和许多工时的损耗。因此，时尚的发展在设计人员和企业经济管理之间存在着一种创造性的紧张关系。在巴黎，存在着一个重要的工人群体，既有合格的制板师、女裁缝师和裁缝，也有非熟手师傅、缝纫工和帮工，他们培育了创新。不熟练的工人可以在旺季需要的时候提供额外的劳力。熟练的工匠们则提供了刺绣、轧花、装饰羽毛、缝纫等专业技能，为大服装设计师们提供了范围大到令人难以置信的专业服务。到 20 世纪 20 年代末，其中一些企业老板，如吕西安・勒隆（Lucien Lelong）和嘉柏丽尔・香奈儿雇用了数千名员工。[14]（图 2.2）

每个作坊的创作过程各不相同，反映出他们不同的背景和训练水平。浪凡（Lanvin）和薇欧奈（Vionnet）专注于设计中从构思和造型到最终产品线的所有阶段。浪凡甚至在南泰尔（Nanterre）建立了染色厂以创造属于她自己的颜色，例如她标志性的蓝色，据说灵感来自画家弗拉・安吉利科的委拉斯开

图 2.2 《在女帽店》，埃德加 · 德加 (1882—1905 年) 的作品。巴黎时装业受益于拥有大量从事时尚相关工作的劳动力，这创造了一个独特的生态系统，其霸权风格一直持续到 20 世纪中期。Photo: Fine Art Images/Heritage Images/Getty Images.

兹绿，以及向她女儿致敬的波利尼亚克（Polignac）[1] 玫瑰色。[15] 玛德琳 · 维奥内特不进行缝制，而是将她的造型披在一个尺寸较小的木制人体模型上。嘉柏丽尔 · 香奈儿和勒隆则采用不同的工作方法，他们的角色更接近于艺术总监。他们给服装设计师 [2] 团队下达指示，然后由团队计划如何实现他们的想法。高级定制服装是个性化的，需要手工和缝纫机进行基本缝合。浪凡甚至巧妙地运

[1] 弗拉 · 安吉利科（Fra Angelico）为文艺复兴早期画家；委拉斯开兹（Velasquez）为文艺复兴后期、巴洛克时代及西班牙黄金时代的一位画家；波利尼亚克（Polignac）源自法国一个古老贵族。——译注

[2] 原文为法文“modéliste”。——译注

用机器刺绣来装饰大片面料。[16]

20 世纪 20 年代标志着新型服装设计师的成功，他们的企业的特点是以一种资本主义的家族模式运作，这意味着其中几乎没有股东，董事会成员通常都是藉由家族关系联合起来的，比如浪凡[17]。绝大多数高级时装作坊的金融资本都在法国人手中[18]。1929 年，记者乔治·勒菲弗（Georges Le Fèvre）评估了一个大型高级时装作坊每年的生产成本大约为 600 万法郎。在这 600 万法郎中，设计的 300 个系列时装花费 200 万法郎，每年需要如此生产两次。剩下的 200 万法郎被分配给了高级时装作坊的日常开销，其中最重要的成本就是纺织原料和毛皮库存。[19]

女装设计师们进行创新以试图应对时尚界的悖论：如何在宣传时尚的同时保护新的设计？自高级定制时装的公认创始人查尔斯·弗雷德里克·沃斯（Charles Frederick Worth）开始，高级时装就着手于让其产品系列化。[20] 在 20 世纪的头几年，尽管数量有限，高级时装作坊还是尝试着为制造业和百货商店做一些特殊设计。高级时装作坊开发了一系列的配套产品，例如保罗·波烈在 1911 年推出了香水“玫瑰之心”（Parfums de Rosine），并很快同马丁尼工作室（Ateliers Martine）合作进行室内设计，从而实现了多样化。[21]

高级时装作坊为其员工提供福利，以确保这些拥有高技能的劳动力的忠诚度较高。勒隆设有一个食堂，每天为数百名工人提供食物；在薇欧奈，员工能获得医疗和牙科服务，还有为他们的孩子提供的托儿所，这是一位女性雇主为她的女工着想的结果。[22] 然而，这些家长作风式的福利措施并不能完全弥补这个行业的艰辛。高级时装业是一个季节性行业，主要困难之一就在于工作的无规律性。在新品发布和交货的时节，工人们经常被迫加班以完成订单。

法律事务和版权问题

19 世纪以来，在法国以及外国市场上都有假冒的巴黎时装。[23] 维也纳和柏林周边的中欧是拷贝和传播时尚的重要产地，特别是以出版物的形式提供巴黎时装的印花和纹样供人复制。巴黎为职业买家建立了等级制度，该体系以谁花钱多为标准。这意味着美国买家成为第一个被允许进入高级时装作坊观看和购买时装系列的人，因此通常也是第一个复制最新设计的人。在纽约的工作间里，工人团队为庞大的美国市场复制了巴黎的设计和款式。

巴黎获得时尚实验室的地位是由于巴黎的设计经过考验和测试。发端于巴黎的设计有机会从美学角度来取悦顾客，因而才有机会进入销售。对制造出可能卖不出去的时装这种内在风险进行管控的愿望，促使专业的时尚预测专家发展。纽约人首先创建时尚趋势咨询和预测办公室，并将预测的趋势提供给制造商和百货公司。[24] 专家们，其中最突出的是托贝·科勒·戴维斯（Tobé Coller Davis）和阿莫斯·帕里什（Amos Parrish）为今天的像李·爱德科特（Li Edelkoort）这样的趋势预测办公室铺平了道路。[25] 托贝和帕里什售卖供订阅的趋势报告，并举办零售商可以付费参加的研讨会。他们的服务是为国际市场量身定做的，不过价格不菲。因此，时尚买家，特别是那些为低价位产品线服务的买家，试图降低其设计成本也就不足为奇了。买家们的一个共同策略是合作，并在几个制造商之间分享、使用所购买的款式。

由于缺乏版税制度和国际统一的时尚设计方面的法律保护，服装设计师想保护其作品的知识产权变得更为艰难。19 世纪以来，这一直是问题所在，在 20 世纪 10 年代，服装设计师卡洛姐妹（Callot Soeurs）和保罗·波烈在此方面变得更加积极，并试图打击对其创作的恶意复制行为。稍后，在 20 世纪

20 年代初，玛德琳·维奥内特也加入了打击时装盗版的官司中（图 2.3）。[26]

包括法国和美国在内的多个国家都建立了设计注册制度，通过先验性研究来证明和保护设计的知识产权。根据这一制度，注册设计的人在一段不短

图 2.3　爱德华·史泰钦 1930 年为 *Vogue* 杂志拍摄的玛德琳·维奥内特晚礼服照片。玛德琳·维奥内特是最受美国买家尊敬的设计师之一，也是人们最爱效仿的设计师之一。Photo: Edward Steichen/Condé Nast via Getty Images.

的时间内拥有其知识产权。[27] 注册可以在保护版权或保护工艺美术（法国为 *dessins et modèles*）的法律框架内实施，但在美国，它仍然是一种商业行为，从未被定为法律。在美国，尽管国会讨论了许多法案，但版权法并不包括对时装设计的保护。今天的情况仍然如此。其他的保护体系是存在的。商标法在执行时可以保护品牌或标志，但对于保护原创服装和配饰设计的创意无济于事。设计专利法过于累赘且执行缓慢，无法正确适用于时装。[28] 同样的问题在最近发展起来的时尚市场特别是亚洲国家中也持续存在。[29]

纽约和大规模生产的发展

20 世纪初，高级成衣在美国达到了繁荣和成熟的新阶段。对催生像硅谷这样的技术集群发展条件的研究，开启了有关为何有些环境会比其他环境更有利于成功的讨论。[30] 为什么时尚的中心和时尚之都在某些地方发展起来而不是在其他地方？例如，为什么是纽约在两次世界大战的间隔期发展为美国的时尚中心，而不是洛杉矶？时尚产业的地理环境同工业、工人和工厂有关。[31] 洛杉矶和好莱坞工作室是不同的、重要的创意活动中心。在这里，像阿德里安（Adrian）和伊迪丝·海德（Edith Head）这样的天才引领着戏剧电影的服装制作，他们也因富有创意的时装系列而获得人们认可。1938 年，伊迪丝·海德成为派拉蒙电影公司的首席服装设计师，她也成了首位担任此职的女性。[33] 好莱坞吸引了诸如勒隆和嘉柏丽尔·香奈儿这样的法国服装设计师，他们都曾访问过电影制片厂并开展合作，为其设计服装。不过，屏幕形象和戏剧风格的实际需求证明了该方面的限制对法国设计师也具有相当的挑战性。洛杉矶发展成为美国的第二个款式中心。加利福尼亚的设计师们特别擅长开发运动装和高度可穿戴系列，包括露埃拉·巴莱里诺（Louella Ballerino），她在建立自己的产品线之前就开始从事服装批发业务，还有之前是舞蹈演员的鲁迪·吉恩莱希(Rudi Gernreich)，他因在战后推出无上装泳衣(monokini)[3]而闻名。33

纽约也有自己的更高端设计师，如海蒂·卡内基（Hattie Carnegie）、伊丽莎白·霍斯（Elizabeth Hawes）、克莱尔·麦卡德尔（Claire McCardell）和内蒂·罗森斯坦（Nettie Rosenstein）。卡内基原名汉丽埃塔·卡伦盖瑟(Henrietta Kanengeiser)[4]，于1889年出生于奥地利的维也纳。1909年，她与商业伙伴罗斯·罗思（Rose Roth）以"女帽匠卡内基"为名在纽约创建了她的第一家商店——一家女士帽店。卡内基在20世纪10年代买断了合伙人的产权。1923年，她在第49街开了一家精品店，销售维奥内特、香奈儿及其他巴黎高级时装店的季节性更新系列。卡内基明白有必要为她的品牌积累资本，但也有必要面向其他价格范围进行多样化发展。在20世纪20年代末，她的旁观者（Spectator）运动系列零售价已经低至16.5美元。在美国树立起成熟的卡内基品牌后，她将自己的良好声誉建立在制作精良的高标准服装之上。34（图2.4）

纽约时尚业的特点就在于它能为大众生产其能负担得起的时装。质量良好的工厂生产的衣服给工人的生活带来了重要变化。1900年，制衣业中还有64.8%的工厂使用的是脚踏式缝纫机，到1911年，随着电动机器的普及，服

[3] 鲁迪·吉恩莱希于1964年推出了这种女式无上装泳衣，整件泳衣只包括一个从腰部延伸到大腿上部的下身部分和两条细带子，"由鞋带固定，在脖子上形成一个吊环"。——译注

[4] 海蒂·卡内基的本名。——译注

图 2.4　1934 年 1 月，海蒂・卡内基设计的带大蝴蝶结的蕾丝连衣裙。这条裙子是由位于纽约的企业生产的，该公司也销售进口的高级定制服装和巴黎时装的复制品。Photo: Edward Steichen, with the permission of Getty Images.

装业中只有 20% 的工厂还在使用脚踏式机器。高级成衣的制作是一场劳动力革命，而不是技术革命。车间里的缝纫机比家用的更专业，速度也更快，但其技术在本质上别无二致。发生改变的是劳动标准化。服装业的质量和价格的多样性依赖于庞大的劳动力。工作的节奏、所用材料的质量和劳动条件创造了不同的工作环境。[35]

曼哈顿服装区为美国本土市场生产了80%的服装。该行业分为两类：定制（或曰披风）及西服套装行业，以及垂褶服装即女装行业。20世纪20年代的直筒连衣裙是当时美国服装业的主打产品。[36] 区分这些款式几乎相同但价格不同的服装就看面料质量、产量以及在生产设计的各种操作中所耗费的时间。根据服装的价格对制衣商进行分类，但其生产步骤是相同的。设计是由起板师制作，然后会对图绘样板按多种尺寸进行分级。纸样被高效地铺放在布层上以节省材料并降低成本。同某件衣服款式相对应的裁片会被按"捆"包装起来。跑差再将这些捆绑好的捆装货送到操作员手中。这些操作员大多是按件计酬的妇女，正是她们用机器缝制成衣。组装好的衣服随后被送到精加工部门，在此处，妇女们为衣服缝上纽扣、挂钩、锁眼，并进行其他手工操作。然后，衣服被熨烫，准备交付给商人。[37]

这种工作通常由"批发商"和"承包商"分担。批发商决定款式并购买主要材料。有些批发商有自己的雇员负责裁剪布料，有些则是将裁剪工作转包出去。然后，批发商将工作分配给承包商。这些承包商被组织成负责组装服装的小型生产单位——作坊，平均有25名雇员。[38] 当一个实业家把他的全部或部分生产委托给第三方自备的作坊时，分包商就会成为劳动条件问题的核心。[39] 批发商倾向于让承包商之间产生竞争，从而降低他们的成本。由于缺乏对作坊的直接控制，同时有着廉价生产的压力，这种生产方式导致工人工资减少，并让工人们承受相当大的压力。[40] 南希·格林（Nancy Green）经过详细研究，比较了纽约和巴黎的服装制造业的历史，研究显示出这种情况在20世纪是如何产生波动的，她还得出结论：生产条件的正向发展并不能保证稳定的收入。[41]

生产事故和道德困境

在美国，特别是在纽约，劳动力的组织化程度相对较高，有大量的工会工人。1911 年 3 月发生的，造成 146 名纽约市服装工人死亡的三角女士衬衫工厂火灾（Triangle Shirtwaist Factory fire）[5]，成为劳工管理谈判中具有政治、社会和象征意义的标志性事件，并在工作条件的改善中起到了决定性的作用。纽约州的管理法规得到了立法机构的进一步加强。相关的管理机构核实了法规在车间的执行情况。在两次世界大战的间隔期，纽约服装工人的工资是世界上最高的。不过，该行业对经济的变化仍然很敏感，确保正当的劳动条件仍然是工人和企业之间紧张关系的主题，特别是在低级别的制造业中。[42]

整个 20 世纪中，一直试图降低成本的制造商，将他们的生产地进行了转移。首先是从大的中心地域转移到工人不太可能大量加入工会的边缘地区，然后是海外。从 20 世纪 60 年代起，西方跨国公司将他们大部分的生产地迁往亚洲，导致许多发展中经济体的诞生，记者亚当·戴维森（Adam Davidson）将其取名为“T 恤衫阶段”。[43] 这为当地带来一个工人专业化程度提高的新阶段。但 T 恤衫阶段也带来了很多重要的道德和社会问题，其中最紧迫的便是童工、最低生活保障权和制造业的危险工作条件等问题。关注当代劳动条件问题的消费者和非政府组织在 21 世纪重新唤起了一场可以追溯到 19 世纪的消

[5] 纽约三角女式衬衫工厂火灾发生于 1911 年 3 月 25 日，是美国纽约历史上最大的工业灾难，火灾导致 146 名服装工人被烧死或因被迫跳楼而死，死者大多数是女性。——译注

费者权益运动（consumer advocacy movements）的辩论。[44] 其中，亚洲国家排在首位，因为今天亚洲出口的服装和纺织原料占全世界的 58.4%。然而，国际劳工组织的公约并没有约束力，因此也不足以确保工人的权利。在一个中间商试图削减生产成本的行业中，对下级承包商的监督问题始终存在。[45] 服装制造商比以往任何时候都更需要应对款式快速变化的局面。分包是一个系统，大量小作坊为了订单而相互竞争，导致在工人工资和管理费用上承受很大的压力。我们在两次世界大战的间歇期的西方世界所看到的服装业内生的结构性问题，重新出现在战后的新兴市场中。2013 年春，位于孟加拉国达卡郊区萨瓦尔（Savar）的拉纳购物中心（Rana Plaza）服装车间大楼倒塌，造成 1 129 名服装工人死亡。这座建筑是用不符合建筑规范的混凝土建造的。缺乏生产标准，难以执行规范，并在生产和管理的各个层面难以进行严格的监管，这些问题对快时尚产业来说仍然是挑战。[46]

服装和纺织原料生产所带来的道德困境并不容易解决。研究人员强调，对这种发生侵害行为国家的生产进行抵制并不一定是最佳策略，因为最终受到最大伤害的是酬不抵劳的工人，而不是那些雇主。在 T 恤衫阶段之外的国家也会遭遇经济困难，甚至可能更困难，他们错过了在当地创造就业机会的时机，后来也会希望赶上这个让工人专业化程度提高的阶段。[47]

设计的独家经销权

不过，让我们回到两次世界大战的间隔期来理解设计的独家经销权。买家们每年飞往巴黎两到四次，观看高级时装系列，从中寻找灵感。国际时尚买家并不都是抄袭者。像纽约的海蒂·卡内基这样的时装设计师、制造商和零售商都热衷于以最为公开和合法的方式购买巴黎的原创作品。他们可以在美国、加拿大及南美、欧洲国家设立总部，并且认为他们的角色就是高级时装沙龙同当地市场之间享有特权的中间商。他们为合法的复制权一次性地支付费用。他们收到购买的服装时，也会收到一张说明单，上面注明了纺织原料样品、纽扣、拉链、带扣、缎带或其他任何必须的材料，以便让人按照原样复制该服装(图2.5)。[48]

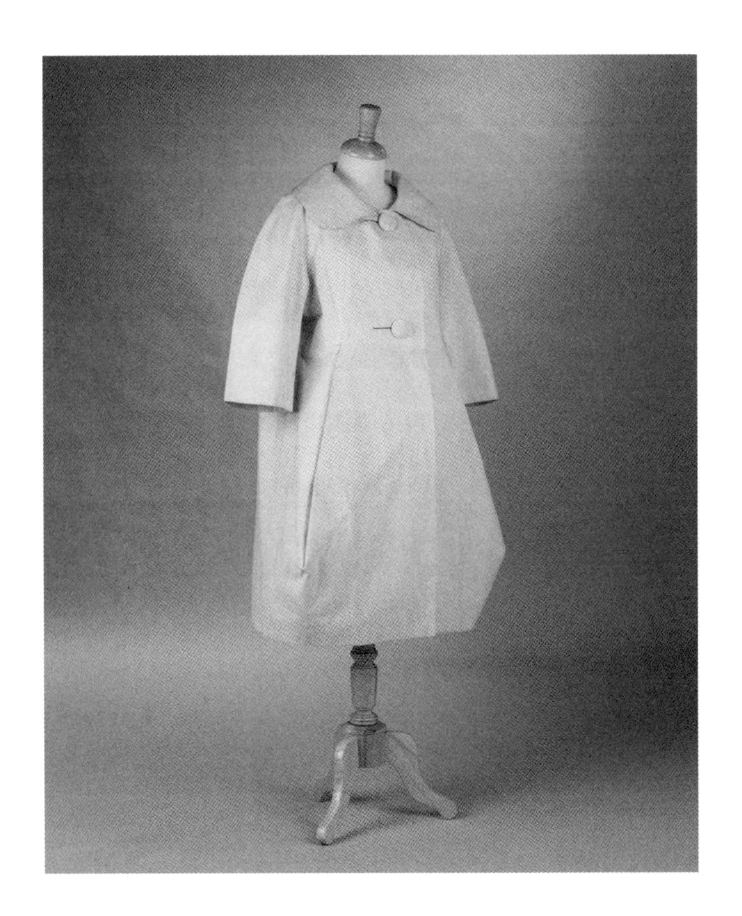

图 2.5　1959—1960 年卡斯蒂略（Castillo）为珍妮·朗凡（Jeanne Lanvin）设计的薄麻布（平纹细布）外套，由巴黎授权给一家美国制造商进行仿制。加拿大伊顿捐赠。Photo: Royal Ontario Museum © ROM.

为高端商店和高品质制造商工作的时尚买家热衷于维持巴黎时装设计师对高级时装传播的控制，从而确保高级时装的声誉。对时尚方面的工业家来说，困难之一就在于在所有新出品的高级时装原创设计中进行选择。他们在寻找会成功的产品，或正如格林所指出的，“在供应和需求之间寻求结合点”。[49] 这种不确定性导致了纽约服装区的企业家们所说的“设计风险”。大量生产商过去常说，他们在新设计上进行“赌博”。而美国的服装制造商在占总量5%~10% 的服装模型上赚取了大约 75% 的利润。[50]

专业组织

时尚系统有许多部门，专业化使其具有权威性。社会学家川村由仁夜（Yuniya Kawamura）用“生态系统”这个词来描述时尚企业化的局面。这个概念呼应了罗兰·巴特（Roland Barthes）的“时尚系统”，这位法国学者用此术语来开展对时尚语言的研究，包括其制度原则。[51] 生态系统的概念更深入，它强调时尚的创造力并非取决于单个设计师，时尚只有在整个结构都能提供让行业壮大的正确土壤时才能发展。时尚创意需要媒体、一个从博物馆到前卫电影都欣欣向荣的艺术和文化场景、适当的经济支持、熟练的工匠和灵活的供应商。生态系统的概念有助于解释时尚是在有形和无形技能的交叉道路上发展起来的。

商业协会和雇主联合会在专业和经济上都占有重要地位。[52] 在所有行业协会中，最久负盛名的是法国高级时装、高级成衣和时装设计师联合会，它自1973 年以来领导着巴黎高级时装公会、男式时装公会以及同样成立于 1873 年的高级成衣和时装设计师联合工会。法国的辛迪加集合了该行业的各个分支，这些分支在 20 世纪的大部分时间里都由独立协会代表。联合会的起源是成立于 1868 年的巴黎高级时装公会。

巴黎高级时装公会于 1911 年重组，当时高级时装公司希望标榜自己从法国制造商中独立出来。它发展成了一个旨在维护限定设计的排他性组织。法国制造商和百货公司直到 1944 年才被允许观看高级时装秀或在高级时装秀上采购。公会帮助服装商会员组织工作、准备走秀的日程表、登记买家和记者，并且保护独创性。沃斯（Worth）、维奥内特、勒隆和浪凡等品牌在两次世界大战的间歇期活跃于公会活动的最前沿。[53] 今天，巴黎高级时装公会还拥有老派的高级时装作坊和崭露头角、有着大好前途的人才，其中仅 2015 年就有赛尔詹・库拉（Serkan Cura）、祖海・慕拉（Zuhair Murad）、殷亦晴（Yiqing Yin），以及最近重兴的夏帕瑞丽工作室。[54]

时尚专业人士的力量催生了新的组织。1928 年，一群从事时尚、美容和媒体行业的妇女在纽约成立了时尚集团，作为全国纺织品零售协会的一个分支机构。该集团旨在促进妇女在时尚行业的利益，当时该行业还是一个由男性制造商、设计师和零售商主导的行业，他们依靠妇女的劳动力来把女装推广和销售给女性。时尚集团鼓励整个美国时尚行业专业化，并发展成为一个强大的媒体平台。该集团在纽约的一个茶室非正式地举办了首次会议，有 17 名妇女参加。所有的创始成员都是知名度极高的人才。其中有《纽约时报》的记者维吉尼亚・蒲伯（Virginia Pope），新闻界的时尚编辑，美国 *Vogue* 杂志的艾德娜・乌尔曼・蔡斯（Edna Wolman Chase），当时在 *Harper's Bazaar* 工作的卡梅尔・斯诺（Carmel Snow），以及 *Ladies' Home Journal* 的茱莉亚・科伯恩（Julia Coburn）。时尚集团是美国本土新兴时尚设计师的聚集地：运动装先锋克莱尔·麦卡德尔（Claire McCardell）、女帽制造商莉莉·达奇（Lilly Daché）[55]、好莱坞设计师伊迪丝·海德（Edith Head）和高级成衣专家阿黛尔·辛普森（Adele Simpson）。知名零售商的代表是多萝西·沙弗（Dorothy Shaver），她后来成为洛德和泰勒百货公司（Lord and Taylor）的总裁——她也是首位在美国达到此职位的女性。[56]伊丽莎白·雅顿（Elizabeth Arden）和赫莲娜·鲁宾斯坦（Helena Rubinstein）是以美容业代表的身份参加的。时尚预测师托贝（Tobé）也是这次创始会议的成员。[57]除了纽约总部，该组织于1932年在克利夫兰成立了第一个区域分部，随后1935年在洛杉矶，1940年在华盛顿特区和美国其他许多地区成立分部。1956年，巴黎分部成为时尚集团首个在海外成立的分部。[58]今天，该协会仍然存在，并有6 000名成员。[59]

像这样的专业协会在时尚行业的生产和分销中起到了必不可少的作用。巴黎高级时装公会试图为高级时装的发展创造理想的条件，而在纽约成立的时尚集团则着重追求媒体专业知识和妇女职业发展。

第二次世界大战中的时尚

1939年，"静坐战"[6]使得法国时装业的未来问题被重新提了出来。被动员参战的服装设计师们又被迅速送回国内，重开了他们的时装店。勒隆时任

[6] 原文直译为假战（Phoney War），指第二次世界大战爆发后闪击波兰到西线战役爆发前（1939年9月—1940年4月），纳粹德国和英法在西线名义上已经宣战，但实际并无大规模军事行动的阶段。后世普遍认为，英法"静坐战"是其绥靖政策的延续，其目的是祸水东引。——译注

巴黎高级时装公会的主席，他鼓励自己的同行们照常营业。1940 年春，法国被部分占领[7]，巴黎与大部分外部市场的联系被切断。巴黎高级时装的未来似乎并不明朗。在许多国家，人们不得不忍受包括纺织原料和纤维在内的原材料短缺，因为这些都是战争需要的物质。交战国或被占领国当局都制定了旨在精简和限制服装消费以及节约材料的政策。包括物品回收在内的做法和“修修补补将就着穿”的风气重新回到了消费的前沿。[60]

此时，几乎没有服装设计师离开巴黎，生产依然在继续进行。斯基亚帕雷利去了美国，但她的巴黎精品店在战争期间仍然营业。香奈儿关门，据说是因为嘉柏丽尔・香奈儿在 20 世纪 30 年代中期的大罢工中与工人的关系紧张，她不愿意继续开下去。作为巴黎高级时装公会的主席，勒隆被赋予领导创意工业分部组织委员会的时装集团职责，而该委员会则为德国占领军建立的操纵法国经济的一个社团组织的分部。勒隆参加由极端通敌分子主办的“圆桌午餐会”的行为，凸显了他在占领时期所扮演角色的模糊性和困难性。[61] 他在战时的活动一直是后世争论的焦点：他是在同敌人合作，还是在负责任地让尽可能多的法国雇员继续工作，避免他们被驱逐到德国从事强制性工作？重要的是要在相对应的历史环境中考虑这个通敌问题。在考察其他国家时，我们看到，时尚业往往可以在极端条件下为人们提供一种生存手段，特别是对后方的妇女而言。[62] 美国时尚专家克劳福德（M.D.C. Crawford）虽然激烈反对纳粹主义，但也强调了勒隆在战争期间负责任的态度和理性的领导能力。[63]

一项在 1944 年决定并在 1947 年颁布的重大策略就是，参加巴黎高级时

[7] 法国沦陷后，德国占领了法国北部及西方的沿海地区；意大利在东南方占领了一小片区域，而维希政权保有南方的非占领区。——译注

装公会的高级时装作坊向法国高级成衣制造商开放展示，从而结束了持续30多年的排斥政策。现在，法国制造商同其他所有国际买家一样，也能看到这些高级时装了，即便他们是最后被允许看到其系列的。这为法国高级成衣业的兴起铺平了道路。[64]

战后的法国

在战争结束时，挂在每个人嘴边的都是同一个问题：巴黎能否重新确立像战前那样的时尚设计中心地位？曾在勒隆手下做学徒的年轻设计师克里斯汀·迪奥成为巴黎时装复兴的体现。1946年夏天，克里斯汀·迪奥遇到了纺织工业家马塞尔·布萨克（Marcel Boussac），后者为他提供了一份工作，让他在一家巴黎老牌高级时装店菲利普与加斯顿（Philippe et Gaston）担任首席设计师。克里斯汀·迪奥则回答说他更愿意拥有属于本人的新企业。布萨克同意了，并为新作坊提供了大量的资金支持。这位年轻的设计师还获得了布萨克的一些经理的专业帮助。1947年春天，克里斯汀·迪奥向国际媒体和买家展示了他的“新风貌”（New Look）系列，取得了巨大的成功。他以宽大的裙摆和细腰外套为特色的审美，完全打破了配给制度下盛行的狭幅剪裁。或许消费者也是想要这样，因为在第二次世界大战前的最后几年，细腰廓形一直都处在尝试中。[65]设计师预测消费者需要忘掉战争，而这也在克里斯汀·迪奥的设计中得到了体现。不过，当克里斯汀·迪奥展示他复兴的沙漏形轮廓时，还是遭遇了一些反对意见，其中反对最激烈的是来自美国的消费者，他们仍然受到战后配给制的影响，对这种过度使用面料的做法感到震惊。

克里斯汀·迪奥在整个20世纪50年代创造了一场循环往复的美学革命，每一季都推出新的廓形，通常会用一个字母（如A、H或Y形系列）或诸如“Envol”这样的词来描述。国际买家和制造商再次购买巴黎的原版高级时装，然后以不同的价位生产复制品，以满足渴望再次追随巴黎最新设计的客户。[66]

迪奥工作室制定了国际扩张政策，并启用了包括品牌授权在内的新管理系统，法国服装设计师雅克·法特（Jacques Fath）、皮埃尔·巴尔曼（Pierre Balmain）和皮尔·卡丹（Pierre Cardin）也随之效仿，尽管他们都不像克里斯汀·迪奥那样有着雄厚的资金支持[67]。克里斯汀·迪奥在纽约（1948年）和伦敦（1952年）开发了新分店和生产线，以保证自己对为具体市场专门设计的产品的复制过程有掌控权。20世纪50年代早期，克里斯汀·迪奥与古巴、加拿大、墨西哥和委内瑞拉的零售商达成了独家协议[68]。而我们在英国时尚企业家诺曼·哈特奈尔（Norman Hartnell）以及其他设计师的发展路径中都发现了类似的策略[69]。

20世纪60年代的革命

美国已经成为专业媒体和高级成衣制造领域的领导者。时尚专业人士预测趋势，并将其包装成书（潮流图书）[8]，然后出售给从事时尚行业者。新涌现的法国设计师，如玛伊梅·阿尔诺丹（Maïmé Arnodin）、丹妮丝·法约尔（Denise Fayolle）和弗朗索瓦·文森-里卡德（Françoise Vincent-Ricard）

[8] 原文为法文“cahiers de tendances”。——译注

同他们的前辈顾问有着很大差别，会直接为百货公司和零售商设计服装系列，就像吉斯兰·德·波利尼亚克（Ghislaine de Polignac）为巴黎老佛爷百货（Galeries Lafayette）所做的那样。[70] 随着“美为人人”概念的提出，时尚民主化兴起了。[71] 法国高级成衣设计师，如丹尼尔·埃什特（Daniel Hechter）、艾莉·雅各布森（Elie Jacobson）、艾曼纽·坎（Emmanuelle Khanh）、米谢勒·罗西耶（Michèle Rosier）和桑丽卡·里基耶（Sonia Rykiel），都茁壮成长起来。[72]

与此同时，巴黎高级时装则面临着越来越大的困难，运营费用飙升，公司数量减少。服装设计师们模仿克里斯汀·迪奥开创的创业模式，纷纷建立了自己的高级成衣产品线，并成功获得了不同的投资回报。[73] 为香水和化妆品系列取得特许授权和注册商标被证明是确保高级时装经济可行性的最佳策略，但这又导致大量特许合同都持有同一个高定品牌，其结果就是到 20 世纪 70 年代末，设计师或品牌的形象都被贬低。一些过度授权策略的受害者需要多年时间才能恢复其品牌形象。[74]

其他对法国形成竞争的欧洲时尚中心也已出现，意大利成为一个重要的时尚和工业设计中心，这里提供高端的手工制品，有着强大的设计能力，产品价格却低于法国的款式。到 20 世纪 50 年代末，意大利已经形成了一个强大的针织品市场。在这种背景下，新兴的时尚之都蓬勃发展，有时会在一个国家出现好几个竞争者。例如，在意大利，早就存在的工业和文化遗产让佛罗伦萨、罗马和米兰成为潜在的时尚之都。经过几十年的友好竞争，米兰脱颖而出，成了世界时尚之都之一。[75] 伦敦也成为著名的时尚之源。经过战时的限制和战后的艰难重建时期，时尚与流行文化和亚文化共生发展。它不再是那种由少数关键的设计师或地区作为唯一设计来源的自上而下的设计模式。此外，这场革命还延伸到时尚的销售方式和销售对象之中。婴儿潮一代创造了他们想要穿着的时尚。[76]

然而在当时，还是纽约才称得上高级成衣的时尚之都。大部分纽约的工人都加入了工会，这使得纽约服装区的生产成本维持在相对较高的水平。从事廉价产品线生产或希望降低管理成本的制造商可以依靠两种策略。一个是迁往海外；另一个是雇用新移民，这些新移民通常技术不熟练，也没有加入工会。犹太人、意大利人、多米尼加人、波多黎各人和中国人在移民浪潮中接踵而至，成为支撑起纽约服装业的新工人。批量生产和灵活的专业化生产的老方法被继续使用，但时尚的步伐加快了[77]。生产周期也加速了，以满足年轻消费者对更快、更直接时尚的高度需求。（图 2.6）

图 2.6　四条男女时装裤和工作服牛仔裤，由加拿大制造商 J.P. 哈米尔父子（J.P. Hammill & Son）和威格（Wrangler）生产，约生产于1960—1975年。罗伯特・沃森捐赠。Photo: Royal Ontario Museum © ROM.

时尚自上而下的传播方式被一个来自多个方向的原版模仿系统取代。20世纪60年代的精品店以新零售方法和新商业文化中心的形式出现，以销售那些由年轻人设计并卖给年轻人的新时尚。在伦敦，玛丽·奎恩特（Mary Quant）、奥西·克拉克（Ossie Clark）以及由设计师芭芭拉·赫兰妮可（Barbara Hulanicki）经营的比巴（Biba）商场就是这些新型店铺的先驱，他们的时装迎合了那些自己赚钱并对流行音乐、泡吧和化妆品感兴趣的年轻一代。1955年，玛丽·奎恩特以1万英镑的资金在切尔西开了她的首家精品店，名为"巴扎"（Bazaar），并采用巴特里克（Butterick）的缝纫样式制作衣服。她的衣服实现了时尚民主化和阶级颠覆，用她自己的话说就是："曾几何时，衣服是一个女人的社会地位和所属收入群体的确定性标志。但现在不同了，势利眼已经在时尚中过时了，在我们的商店里，你会发现公爵夫人与打字员正推搡着争买同一件衣服。"[78] 伦敦的精品店改变了已有的零售模式，取消了商店柜台和员工制服，从而颠覆了客户和零售商之间明确的角色划分和彼此分离的状态。店主和客户都享有如今可以互换的共同的品味和文化参照[79]。伦敦精品店的这种模式也被世界各地的精品店效仿。（图2.7）

到了20世纪60年代，时装业的物质生产部分已经全球化。西方服装业将越来越多的纺织原料和服装生产转移到了劳动力工资更低、工作条件更灵活的发展中国家。这一现象表明，资本家旨在以较低的成本为大众市场进行生产，这给西方制造业带来了相当大的影响。此外，欧洲还不得不迎接挑战，花费巨资更换战前遗留下来的老化的工业设备。[80]

图 2.7　1972 年，保罗・莎士比亚（Paul Shakespeare）身穿约翰・沃登（John Warden）为制造商巴加特勒（Bagatelle）设计的西装，购于加拿大时装店 Le Château。保罗和朱莉・莎士比亚捐赠。Photo: Royal Ontario Museum © ROM.

迈向今日时尚结构

新的创意中心随着新时尚之都的出现而倍增，同时这些时尚之都又是在其政府的鼓励下发展起来的，并且在欧洲一体化的背景下，越来越多地区的各级政府都将时尚视为能促进创意、工业和旅游业发展的宝库。其理念认为，已经将制造业转交给发展中国家的欧洲老牌纺织中心可以通过生产设计创意及其附加值的方法来获得新生。政府动员促成这些项目，就像比利时政府在 20 世纪 80 年代为促进本国设计师发展所做的那样。新的时尚之都将取代老工业区。制造业迁往海外，但欧洲仍然可以在设计、媒体、营销和零售方面创造价值。在关停了大部分的工厂生产之后，如今的西方将转向它们在时尚产业的非物质方面的创造力。

1989 年后，前东欧集团国家加入西方市场，为新时尚中心的生产、分销和发展提供了新的扩张可能性[81]。来自前东欧集团的国家寻求发展他们的时尚产业，并承袭时尚生态系统周而复始的特性，鼓励发展他们自己的时尚之都和时尚周，譬如乌克兰的基辅力求模仿西方的时尚产业结构[82]。一方面，俄罗斯、印度和中国快速增长的财富也为全球品牌的发展开辟了新的市场，而奢侈品集团也迅速投入其中。另一方面，亚洲作为世界制造工场，其崛起也带来了一个问题：亚洲国家是否或何时能成为时尚设计的活动中心？[83]20 世纪 80 年代的日本创作者已经在借鉴日本的传统技术和规范，让其与西方的剪裁结构相融合重新塑造服装制图，再加上他们对时代精神的深刻感知，从而实现持久复兴。高田贤三（Kenzo Takada）、森英惠（Hanae Mori）、川久保玲、山本耀司，以及他们之后的整整一代人，都把巴黎作为他们创意的推广平台，因为巴黎仍然拥有让新创作者及其品牌合法化的特权地位（图 2.8）。[84] 所谓的日本革命为解构时尚的设计师铺平了道路，尤其是以安特卫普六君子和马丁·马吉拉（Martin Margiela）为代表的比利时人。[85]

在过去的 30 年里，时尚创意的再映射已经在时尚学校的地理分布中有所反映，其中安特卫普艺术学院（Antwerp Academy of Fine Arts）、布鲁塞尔的拉坎布雷国家艺术学院（La Cambre）以及伦敦的中央圣马丁学院（Central Saint Martin）是最著名的时尚名校，吸引了来自世界各地的人才。高级时装自查尔斯·弗雷德里克·沃思（Charles Frederick Worth）[9] 这个具有象征意义的人物开始，就一直培养着其国际化的根基。然而在 20 世纪后期，时尚可能变得比以往任何时候都更为国际化，如 1983 年卡尔·拉格菲尔德（Karl Lagerfeld）被聘为香奈儿的首席设计师，约翰·加利亚诺（John Galliano）1995—1996 年加入纪梵希，1996—2011 年加入迪奥，2014 年至今任职于马吉拉，亚历山大·麦昆（Alexander McQueen）1996—2001 年加入纪梵希。[86]

在最近，像中国的上海滩（Shanghai Tang）服饰和日本迅销公司（旗下品牌包括优衣库和棉之柜 [10]）此类不同的亚洲集团的活力，已经显示出它们在重塑战略和回应消费者需求方面的重要能力。[87] 以西班牙 Zara 和荷兰 C&A 等巨头为代表的欧洲公司则打破了全球边界。Zara 的垂直整合及微调方法体现了一种独特的历史现象，即已经演变成一种价格能为人负担得起的快时尚消费文化。[88] 在过去的几十年里，这种文化遭到同快时尚的生产环境和社会成本有

[9] 查尔斯·弗雷德里克·沃思：英国时装设计师，创立了沃思工作坊（House of Worth），该工坊成为 19 世纪和 20 世纪初最重要的时装作坊之一。许多时尚史学家都认为他是高级时装之父。——译注

[10] 棉之柜，原文为“Comptoir des Cotonniers”。——译注

图 2.8 2011 年 10 月 1 日，巴黎，一名模特在 2012 春夏成衣展示会上展示日本设计师川久保玲（Rei Kawakubo）的“Comme des Garçons”系列。Photo: François Guillot / AFP /Getty Images.

关的争议。[89]

在这样一个大规模生产和大规模消费的背景下，时尚的伦理问题在过去的10年里又全面爆发了。[90]公司必须增加利润、提高产量和削减成本，这样形成了一种恶性循环，而时装业是其中一个关键参与者。生产可以做到价格多低、速度多快？消费者会继续支持快时尚吗？时尚系统是否已经过时？我们如何开辟一条进入21世纪中期的新路？许多问题仍然没有答案，譬如消费者的力量和他们在博客和社交网络等新平台上的反馈影响如何？[91]时尚行业的可持续性是什么？价格我们能做到多低？对于消费者来说，价格是多少才算太贵？而对于经济发展的未来，我们是否可以将一些时尚产业重新转移到西方？所有这些迫切而重要的问题对时尚生产的未来都至关重要。

第三章　身　体

亚当 · 盖奇，薇琪 · 卡拉明纳斯

关于相对稳定的理想身体，这个概念听上去就像是一个矛盾的修辞。在西方文化框架下，当人们提到理想身体就会想起那些有关古希腊雕像的刻板印象：男性的是雕刻得轮廓清晰的肌肉组织，而女性的则是流畅的光滑外观，并且所有比例都处于和谐的平衡，这便是所谓的“希腊式理想形体”。相应地，理想身体则支持着“经典”的服饰，如果有人要成为一副“好的衣服架子”，那么这个人的身体就得有着不至于让服装的整体流畅外形发生扭曲的完美比例。虽然关于什么样的身体才是理想身体的想法一直都在变化，但我们可以说，这种变化从来没有如 20 世纪和 21 世纪时发生的这么大。

19 世纪和 20 世纪初维多利亚和爱德华时代那种身材丰满，胸衣紧绷的女性身体在20世纪20年代被“飞来波女郎”[1]造型取代，这种造型也被称为“波耶尼”（boyene）[1]。有着高大身材、无腰身的男孩廓形的女性主宰了时尚文学和艺术圈，她们经常把发型梳成“波波头”（bob）或“童花头”（pageboy）[2]，并配上香烟和单片眼镜。到了20世纪50年代，理想的女性身体又被经过流行时尚强化的丰满圆润的身材取代。妇女们经常穿“两件套”（twin set）[3]，包括一件经过设计、紧紧贴身的开襟羊毛衫和能让胸部显得更大、腰部显得更细的针织套衫。法国设计师克里斯汀·迪奥在1947年春季推出的“新风貌”系列重点突出了腰部、臀围，还强调胸部。到了20世纪60年代，由玛丽莲·梦露（Marilyn Monroe）和杰恩·曼斯菲尔德（Jayne Mansfield）等好莱坞明星塑造的流行的丰满女性身体被英国时装模特崔姬（Twiggy）宛如面黄肌瘦的孩子般的造型取代。崔姬被称为20世纪60年代的“尤物”（It Girl），她的大眼睛、长假睫毛和短发，搭配崭新的双性化服装风格，成为西方流行文化中的理想美女，犹如20世纪20年代的形象被激发、复兴一般。在20世纪80年代，虽然瘦弱的双性化外观仍然存在，但人们也强调健康和健身，肌肉发达的身体也受到重视。这个时代见证了诸如娜奥米·坎贝尔（Naomi Campbell）、克劳迪娅·希弗（Claudia Schiffer）和辛迪·克劳馥（Cindy Crawford）等名模的崛起，此时媒体对理想身材的描述是高和苗条；到了20世纪90年代，苗条的外观已经被瘦到“营养不良”的外观取代，甚至得名“海洛因时尚”，并因卡尔文·克莱恩投放的内衣、牛仔裤和中性香水“CK One”

---

[1] 飞来波女郎是指20世纪20年代西方新一代的女性，详见前注。——译注

[2] 波波头又名蘑菇头，为一种枕骨部位比较厚重的一种短发；童花头为一种发梢向内卷曲的女式短发型。——译注

[3] 指由一件连衣裙加一件开襟衫组成的女式两件套针织衫。——译注

广告宣传而流行。20 世纪 90 年代的瘦骨嶙峋的身体很快就被一种新的有着健康的、肌肉发达的理想身体，以及可以通过使用美容整形手术来“完善”的理想身体取代。

理想身体的转变不仅仅是对女性的规训。男性的理想身体也从维多利亚和爱德华时代的苗条廓形转变为 20 世纪 50—60 年代的肌肉发达的身体，好莱坞明星詹姆斯·迪恩（James Dean）、马龙·白兰度（Marlon Brando）和法国演员阿兰·德隆（Alain Delon）就是其中的典型代表，他们这种形象曾通过《花花公子》（*Playboy*）和《好色客》（*Hustler*）等杂志而广为流行。20 世纪 70—80 年代，在万宝路男士香烟广告宣传活动中营造出了一种超级阳刚的理想男性形象，他们被描绘成满脸胡楂，粗犷而英俊，独自或同其他男人一起在野外活动。理想的男子气概被表现成天性自然和野性难驯的同义词。20 世纪 80 年代，随着所谓“新男性”专门的男性零售店以及像《竞技场》（*Arena*）这样的时尚杂志的增加，男性气质走向商业化。到了 20 世纪 90 年代，都市型男让位于新千禧年的性别模糊一代，理想的男性气质和女性气质在走秀台上被变性模特伊西斯·金（Isis King）、安德烈（安德蕾娅）·佩伊奇[4]以及做男装模特的女性凯西·莱格勒（Casey Legler）等人同时展示出来。本章将研究理想的时尚身体在 20 世纪和 21 世纪随着时间的推移而演化的方式，并将论证理想的时尚身体会在文化层面上被刻上历史和政治含义，由此发生变化。同身份一样，理想的时尚身体的内涵也不是固定的，也会受到文化习俗印记的影响。

[4] 英文为“Andre（Andreja）Pejic”，她 / 他在变性前名“安德烈·佩伊奇”，变性后改用女性名“安德蕾娅·佩伊奇”。——译注

理想身体

在 20 世纪早期，理想的女性身体被描述为高大、苗条、丰乳肥臀，这种成熟的外观是通过紧身衣实现的，这种紧身衣会显著地缩紧和拉拽腰部，常常会导致女性因缺氧而晕倒。美国插画师查尔斯·达纳·吉布森（Charles Dana Gibson，1867—1944 年）创造了一种融入了当时的美人标准的理想女性形象，其被称为吉布森女孩（Gibson Girl）。这种所谓的吉布森女孩被描绘成时髦且活力十足，她属于上层社会，举止得体、坚定自信且独立，她的发型是当时的流行风格，要么是梳蓬帕杜头（pompadour）或布芳特头（bouffant）[5]，要么是梳着发髻，让卷发散落在肩上。大约在 1910 年，一种新型的年轻女性服装开始流行，代表了一种新的理想身体。人们的注意力从臀部和腰部转移到柔和的线条和窄小的臀部之上。巴黎服装设计师保罗·波烈因提出从浮夸和累赘的爱德华时代时尚过渡到多功能、宽松的服装时尚而深具影响力。保罗·波烈与他的妻子——他的缪斯女神丹妮丝·布莱（Denise Boulet）一起，设计了具有古典和东方主义风格的服装。在回忆录中，保罗·波烈声称自己用简单化和强调色彩来对抗 18 世纪那种烦冗服饰的影响。[2] 保罗·波烈将让女性身体从裙衬和紧身内衣中解放出来的功劳完全归于他自己，尽管这点也在玛德琳·维奥内特、卡洛姐妹、马尔盖纳－拉克鲁瓦（Margaine-Lacroix）和福图尼（Fortuny）的设计中得到了体现，他们是 20 世纪初英国茶会女服新热潮的领军倡导者。[3] 在他们的设计中，或松垂或收紧的身体顶部搭配有一

[5] 蓬帕杜头是一种高卷的女式发型，布芳特头是一种以头发蓬松、高耸为特点的女式发型。——译注

条围巾，或类似围巾的帽子，多多少少有点像东方式头巾（turban）[6]，通常用珠宝或羽毛点缀装饰。保罗・波烈的 1911 春季系列是一场东方盛宴：异国情调的面料、东方式头巾、冠羽的头饰和“裙裤”（jupe-culotte）以及哈伦裤（harem pants），这些都成为他的标志。裙裤（Jupeculotte）又被称为苏丹裙（jupe-sultane）或长裤裙（jupe-pantalon）[7]，是与灯笼裤（bloomer）相对应的更有研究价值、更优雅的裤装，有时它的面料会打褶和收拢，以让鼓起、膨胀和收缩的效果达到最大。它们与连衣裙改革及运动服灯笼裤有着极大的相似性，这意味着它们在进入巴黎社会时并非一帆风顺。

这一点在好几个参考文献中都得到了印证。其一是对哈伦裤的影射，两腿之间的物理性裂开，强调了性色彩。两腿的分离也意味着女性可以跨腿坐下和站立，这似乎向社会暗示着一种有关她们力量的宣言（尽管这种用来承受分娩痛苦的力量很容易被否认）。穿着裙衬和紧身胸衣的 S 廓形爱德华时代女性，在大量时尚杂志中被描绘成小手小脚的形象。相对于她们，身着哈伦裤的女人就是经受过分娩并掌控了自己身体的强壮而威严的女性。

此外，哈伦裤一方面被当作日常便装推荐，但同时也与支持解放和选举权的妇女所穿的激进的灯笼裤和服装联系在一起。灯笼裤和哈伦裤混淆了两性之间的缝纫线——此时有关穿着者性反转的言论比比皆是——而在高级时装的辉煌殿堂里，妇女运动可以说是严格禁止的（尽管保罗・波烈绝对不是女权主义者）。毫无疑问，这种对妇女运动的恐惧导致该廓形被诋毁为“粗俗的”。

[6] 此处的东方指中亚地区及印度，“turban”是穆斯林和印度人常用的裹头巾。——译注

[7] “jupe-culotte”“jupe-sultane”“jupe-pantalon”均源自法语，同哈伦裤一样属于裙裤。按剑桥字典的解释，“culotte”一般长及膝。哈伦裤又称为后宫裤，源自中东、中亚王朝后宫女子的穿着，其长度一般能到脚踝。——译注

对其他人来说，正如瓦莱丽·斯蒂尔（Valerie Steele）[8] 所指出的，“哈伦裤”被认为是下流的，因为色情和异国情调被不可分割地联系在一起。通过突出腿部，它们变得很不体面。[4]

同时代的一位反对穿着哈伦裤的服装设计师就是保罗·波烈的女性对手简·帕昆（Jeanne Paquin）。她对此持反对态度可能并非出于我们在前面所讲述的保留意见，更多的是为了宣示她与竞争对手的不同及单纯的个人品味偏好。帕昆非难保罗·波烈设计的裤子的丑陋线条，认为其让廓形在底部变得耷拉、萎靡而不是收细。东方主义在时尚和服饰中的挪用是一场文化战争，有其错综复杂并且令人费解的历史，不仅带来身体解放的效果，还延伸了想象中的新视野的前景。[5]

保罗·波烈为第一次世界大战后那些寻求简单线条和微妙效果的主流现代先锋奠定了平台。而让·巴杜和嘉柏丽尔·香奈儿两人所倡导的动态、健美和有光泽的躁动的身体，很快就给慵懒的东方文化身体带来冲击。20 世纪 20 年代中期，让·巴杜很轻易地成为他所处时代中最著名和最有影响力的设计师之一。他不仅在让时尚模特融入时装行业的过程中发挥了很大作用，还开辟了女性服装的新范畴。他用自己的店铺“Le Coin de Sports”（运动角落）打破了正式和非正式服装之间的二分法，将运动、游戏和体育活动引入时尚概念中。1925 年，就在他开店的同一年，帕图创造了可以说是第一款的中性香水“Le Sien”（他的或她的）——此概念及其营销方式特别在最近 30 年中得到了恢复。来自“运动”概念的信息是，服装——和 / 或香水——的特点就

[8] 瓦莱丽·斯蒂尔，美国时尚史学家，美国时尚技术学院博物馆馆长。——译注

是摆脱累赘，以便让人得以努力超越日常社会和工作活动的水平。相对于香水进入这一领域，以及牛仔裤和有领衬衫等服装进入同时代时装系列这些问题，更令人震惊的是“运动”更多的是作为一种理念，而非一种可测试的工具。但体育——不管它作为身体活动还是仅仅作为一种暗示，正是女性能进入现代公共生活的竞技场。伴随着他的香水问世，帕图宣布：“体育是男女平等之地。”[6]

在第二次世界大战开始之前的 20 年里，千变万化的关于健康和大胆的理想身体理念不断出现。1929 年，一个旨在改变公共健康、卫生状况和着装而进行活动的团体——男装改革党（Men' s Dress Reform Party, MDRP）成立了。它是优生学运动（eugenics movement）的衍生物之一，主要纲领是卫生着装规范，认为当时男式衣服太紧且不卫生，推荐穿着百慕大短裤或苏格兰短裙。它认为，在现代工业条件下，为了达到卫生目的，人们应该多穿着采用轻质、可清洗面料制成的短裤和宽松的内衣；凉鞋应该比普通鞋子更受欢迎，戴帽子应只为了防雨和防晒。[7]

20 世纪 20 年代的飞来波女郎具有苗条和灵动的身体，她们在小黑裙中找到了最理想的服装搭配。虽然小黑裙是由帕图引领开创的，但它与嘉柏丽尔·香奈儿的关系更为密切。帕图最大的竞争对手——嘉柏丽尔·香奈儿是一个无与伦比的模仿者。她也喜欢朴素的着装风格，并以一种被认为是男性化风格的短发而闻名（图 3.1）。

嘉柏丽尔·香奈儿确保她的设计处于一个等式——简单等于优雅——的中心位置。她的设计强调女性的男孩气质和苗条的廓形，强调微妙而不夸张。在 1931 年访问美国期间，嘉柏丽尔·香奈儿观察了（时尚行业）大规模生产的过程。帕特里夏·坎贝尔·华纳（Patricia Campbell Warner）写道：“20 世

图 3.1　约 1926 年，嘉柏丽尔・香奈儿设计黑色真丝缎子带阿朗松（alençon）本色蕾丝的晚礼服。 乔治・古德芬（Georges Gudefin）夫人捐赠。©The Museum at FIT, New York.

纪20年代男孩式飞来波女郎风格，让位于一种新的廓形——长裙和贴身的苗条造型的服装，它模仿纽约最新的摩天大楼：克莱斯勒大厦和帝国大厦。”[8]可以理解的是，在小黑裙的大规模生产中，人们能找到其与福特主义生产[9]的相似之处，这也让人想起福特主义者的那句名言：“顾客可以选择他想要的任何颜色，只要它是黑色。”[9]（图3.1）

对嘉柏丽尔·香奈儿来说，小黑裙在叙事的种类方面是各种可以用来推动广告的最理想的服装托辞。这些叙事围绕着生活方式、健康、所有同“运动”相关的休闲和财富。根据华纳的说法，20世纪30年代美国时尚受到两大发展的影响，一是为运动而设计的服装，后来成为运动装；二是一种新理想身体，其与描述了新时尚理想的好莱坞电影所塑造出的瘦削、苗条的运动型外观相关[10]。按某些重要的修辞的说法，新的黑裙就是基于“少即是多”的现代主义模式，即那些对自己财富有着相当自信的人据说并不需要展示自己的财富。而这种服装能体现出一种有行动力和代理权的女性，她不是充当装饰品的女人或婚姻中的某种动产。在这种情况下，小黑裙也是那些事实上没有如此这般能力的女性的便利工具，而事实上，即便小黑裙有这种功效，她们也未必能轻易扮演那种成功的女性。它以各种价位生产。

大萧条和第二次世界大战

第一次世界大战的社会后果是毁灭性的。在广大地区，由于男子被征召参

[9] 指当时福特最新发明并应用于汽车行业的流水线生产方法。——译注

战，男性人口急剧减少。1920 年，在欧美国家，几乎所有人都对战争造成的死亡有所了解或目睹了死亡[11]。战争的影响是如此严重，以至于像电影这种逃避现实的东西盛行，它们帮助世人掩盖战争所带来的饥饿、无家可归和对死亡的恐怖。

像小黑裙这种为社会和经济提供伪装的东西，在 1929 年后的大萧条时期成为一种不可或缺的商品。这是一个迅速摧毁财富和制造其他财富的时代。在美国，宪法对饮用和销售酒精饮料的禁令即所谓的禁酒令，于 1920 年生效，最终在 1933 年解除。大萧条打断了时尚和休闲的简短实验，这种实验曾在“喧嚣的 20 年代”（roaring twenties）达到了一种狂欢的程度，并在克里斯托弗·伊舍伍德（Christopher Isherwood）的小说《再见柏林》（*Goodbye to Berlin*，1939 年）中得到体现。当时相对简朴的着装对接下来的十年经济紧缩大有裨益。该时期的身体形象在广告、沃克·埃文斯（Walker Evans）等艺术家的纪实摄影以及文学作品得到了最恰如其分的体现。在威廉·福克纳（William Faulkner）和约翰·斯坦贝克（John Steinbeck）的小说中，我们看到了许多瘦骨嶙峋或相对奢侈丰满的身体的案例。在那个时期，除了极少数享有特权的人之外，多数人将衣着简化为一套“权宜之计”：身体需要充分适应它所在的环境。

法西斯，时尚和理想的雅利安外形

法西斯主义在欧洲的兴起见证了希腊学者的复兴，这在很大程度上是由受极端金融压力驱动的社会造成的，出于不幸但符合逻辑的原因而形成并强加于世人头上。阿道夫·希特勒掌权时，他想要建立一个能与罗马帝国相媲美的德意志帝国，因而必然会选择英雄主义的希腊—罗马复兴主义。通过此时期的三个极权主义政权——俄罗斯、意大利和德国——的例子，我们可以观察到一种明确而共同的特征，即以古典的希腊—罗马形式表达身体之美，并让其反映生活的理想。（图 3.2）

这些美都是高度现实主义的，并保持着有关性别的刻板印象和陈词滥调，女性乳房丰满，男性肌肉发达，有能力从事劳动和战争。在《法西斯时期的时

图 3.2 莱妮·里芬斯塔尔拍摄。裸体掷铁饼运动员的经典姿势，出自 1936 年莱妮·里芬斯塔尔的纪录片《奥林匹亚》（*Olympia*）的第一部分“人民的节日”中的经典场景。Photo: ullstein bild/ullstein bild via Getty Images.

尚》(*Fashion at the Time of Fascism*)中，马里奥·卢帕诺（Mario Lupano）和亚历山德拉·瓦卡里（Alesandra Vaccari）[10] 指出法西斯主义影响现代主义和时尚的方式。控制、理性和秩序是极权主义政权中非常重要的部分，而这些方面在该时代也广泛存在于时尚、梦想和野心、这个时期新的开端中[12]。

早在1933年，纳粹德国就开始尝试定义理想的身体，当时提出女性形象应与国家社会主义意识形态相吻合——女性应接受“真正的日耳曼人形象”。这是一种具有“雅利安—日耳曼民族的”美的形象，即自然、强壮、肤色古铜、健康和饱满。(图3.3)

图3.3　1936年，柏林奥运会上的体操运动员，出自莱妮·里芬斯塔尔的纪录片《奥林匹亚》。Photo: ullstein bild/ullstein bild via Getty Images.

[10]　两人均为意大利维琴察大学教授。——译注

这种形象要求妇女回到妇女获得解放前的母亲和家庭主妇的角色。化妆、染发、外国（尤其是法国）时装和美容品牌都遭到谴责，被认为是颓废和不健康的恶习。宣传工作人员伊丽莎白·博施（Elizabeth Bosch）认为，红唇和腮红适合“东方或南方妇女，但这种人工手段只会篡改德意志妇女的真正美丽和女性气质”[13]。杂志刊登了一些文章，对化妆技术提出建议，反映了对“自然或健康”之美、生育能力和身体健康的强调；市面上还出版了一些指南，对妇女能达到的理想眉毛、嘴唇、皮肤、眼睛和颧骨标准作了阐明。一则广告写道：

> “你真的认为我看起来天生就容光焕发吗？你错了！我也是经常精疲力竭，显得苍白和疲惫。但我手中总是有两个可靠的帮手，有了这两个帮手，我就能瞬间容光焕发，恢复年轻的面容，它们就是卡萨娜（Khasana）腮红和卡萨娜唇膏。当然，你甚至没有注意到我使用了这些美容辅助工具。而这也是重点，我们不希望被说成涂抹打扮过。”[14]

任何歪曲表现的理想的雅利安－日耳曼人身体，如果没有被描绘成希腊—罗马式，就会被视为堕落。当1933年纳粹夺取政权后，前卫艺术家们一败涂地，被赶出德国，而那些有着令人羡慕的技巧的艺术家们则创作了一些毫无说服力但具有完美的古典身体的雕塑和绘画。纳粹的社会工程师、心理学家和官僚们对相貌学这门研究面部特征以分辨智力和性格能力的伪科学进行了研究。[15]

在意大利，贝尼托·墨索里尼（Benito Mussolini）对自己的帝国也有类似的野心，他在1927年开始建造打算命名为墨索里尼广场（Foro Mussolini）

的东西。但在战后，轴心国被同盟国击败，它被改名为意大利广场（Foro Italico）。在 1937 年完成的第一期中，广场周围都是大型的、带有强烈的同性恋气质的裸体或半裸体的男性，其姿势代表各项体育运动。按卢帕诺和瓦卡里的说法，意大利法西斯分子痴迷于标准量度的身体。他们引入了标准的服装尺寸，整形外科手术增加了，锻炼的热潮和对理想体型的强烈意识也出现了。在某种程度上这也是为了主宰身体，打造法西斯心目中的"完美"人类。[16] 欧亨尼娅·波利切利（Eugenia Paulicelli）指出，有趣的是，时尚在意大利民族主义意识中所起到的作用在法西斯当权时期更为明显。尤其是女性的身体在时尚杂志中被操纵，通过不断地引用文艺复兴的案例，提高民族自豪感和认同感。"文艺复兴，"波利切利写道，"被理想化为一个意大利似乎在向全欧洲最强大的地方输出风格和品味的时代"。[17] 在审美缺席的情况下，墨索里尼的确引领了一个与文艺复兴相称的时代，其本身是一个基于希腊—罗马理想的古典主义复兴。

战后的身体：理想的衬衫料子

第二次世界大战后的经济繁荣导致了剧烈的社会重组，出现了规模庞大的中产阶级。虽然欧洲和北美仍然以高度工业化的方式进行经济运作，但到了 20 世纪 60 年代，随着从前需要下层阶级用体力劳动才能完成的任务被家用电器取代，家用电器变得随处可得并且人人负担得起，使得家庭生活发生了不可逆转的改变。从电熨斗到洗衣机，诸多电器召唤出一种更加和谐的家庭生活，为人们提供了更多的休闲时间。不过，家用电器和设备的增加减少了佣人的劳动，增加了人们对“家庭主妇”该做些什么的期望[18]。男人从战争中归来，自然而然地参加工作，继续进行公共生活，而在战争期间工作的妇女则被推回家庭内。战争结束后，要求重新增加人口的呼声导致“婴儿潮”[11]的出现。这一时期的理想女性身体不是运动型，而是丰满多产和优雅型。此时，去健身房也并非时尚的打发闲暇时光的方式，去嘉年华会、舞厅等处于休闲状态的生活才被视为流行。

正是在这一时期，克里斯托瓦尔·巴伦西亚加（Cristóbal Balenciaga）设计了“方形大衣”（square coat），将袖子同覆肩剪裁为一体。巴伦西亚加喜欢流畅的线条，这让他能够通过提高腰围线来改变女性的身体形状，而不像克里斯汀·迪奥那样喜欢曲线优美的沙漏形造型，而沙漏形正是克里斯汀·迪奥的“新风貌”作品中鼓吹的廓形。（图 3.4）

在《女性理想》中，玛丽安·特桑德（Marianne Thesander）写道，克里斯汀·迪奥希望回归优雅的女性气质，“在经历了战争期间女性所遭受的衣服配给、贫困和相当男性化的生活方式之后，这将会是一个受欢迎的趋势”[19]。“新风貌”提倡具有传统女性气质的沙漏形外表，这也是一种怀旧，让人回想起古希腊风格理想身体，就像米洛斯的阿佛洛狄忒——也被叫作米洛的维纳斯——这座希腊爱与美的女神雕像[12]所代表的那样。这座雕塑被认为是安条克的亚历山德罗斯的作品，表现女性是“天生的”大地女神和哺育万物的母亲。克里斯汀·迪奥的新时尚造型让乳房和臀部显瘦，收窄了腰部，是一种不自然的、只能通过紧身胸衣和胸罩才能实现的风格。20 世纪 50 年代有许

[11] 通常指 1946—1964 年出生的人。——译注

[12] 即俗称的“断臂维纳斯”。——译注

图 3.4　迪奥的机织花边晚礼服，雪纺绸带、薄纱，1957 年。 南希 · 怀特捐赠。 安妮 · 福格蒂的真丝提花塔夫绸晚礼服，约 1954 年。威廉 · 梅瑟夫人捐赠。Photo: The Museum at FIT , New York.

多款式的紧身衣和高腰束带，它们在死褶或螺旋骨撑的帮助下，打造出了一种纤细的腰部，有助于增加性感度，并且强调女性的某些身体部位。像 20 世纪 50 年代的好莱坞性感电影明星玛丽莲·梦露和杰恩·曼斯菲尔德，通过穿着紧身针织套衫和铅笔裙来炫耀自己的女性属性，并成为一代人的时尚偶像。

战后制造业和生产行业所带来的经济繁荣促使生活水平提高，同时也让人们的休闲时间和支出增加了。美国的郊区城市化进程和经济腾飞造成了更大的性别分化，因为女性被鼓励回到室内和家庭空间，而男性则被鼓励将更多的时间花在户外钓鱼、徒步旅行及登山上，他们通常同其他男性一起度过他们的休闲时光。对这一时期的男性来说，法西斯—希腊主义——如果可以这样说的话——那种肌肉发达的身体被摒弃了，取而代之的是较为纤细的身材。这一时期的电影明星，从威廉·霍尔登（William Holden）到加里·格兰特（Cary Grant）再到吉米·斯图尔特（Jimmy Stewart）都没有明显的结实肌肉，而是保持良好身材地穿着西装。（图 3.5）

图 3.5　拥有英美双重国籍的男演员加里·格兰特在影片《燕雀香巢》（*Nur meiner Frau zuliebe*）中的剧照。Photo: ullstein bild/ullstein bild via Getty Images.

这时，干瘦、健康的美国式身体象征着鸡尾酒、商务旅行和经济繁荣。太过强壮或露出太多肌肉则会被认为是底层社会或那些从事体力劳动的人，就像罗伯特·米彻姆（Robert Mitchum）在《海角惊魂》（*Cape Fear*, 1962 年）中那样。着装礼仪已经取代了裸露的力量，谈话和行动一样有力，对未来的渴望取代了对古代的怀念。在时尚杂志中，男性的身体被呈现为苗条、健康而轮廓分明，穿着西装、打着纤细的领带、穿着针织套衫。（图 3.6）

图 3.6　加里·格兰特（原名亚历山大·阿奇博尔德·里奇）和伦道夫·斯科特（前）在圣塔莫尼卡的房子里。Photo: ullstein bild/ullstein bild via Getty Images, the Museum at FIT.

根据约瑟夫·汉考克（Joseph Hancock）和薇琪·卡拉明纳斯的说法，在这一时期关于流行文化的出版物中，有两种类型的关于男子气概的表述，一种是时髦自恋的男人，体现为苗条和富裕的单身汉；另一种则是被描述成从事户外运动，坚忍和粗犷，有强烈性欲的传统男性。

“万宝路牛仔”是万宝路香烟广告宣传中使用的形象，构思成型于1955年，通常为一个粗犷的牛仔，或是一群穿着汗衫、西部风格格子衬衫和蓝色牛仔裤的牛仔，在一个虚构的万宝路乡下骑着野马或剪着羊毛。在自然荒野的虚构景观衬托下，万宝路牛仔体现了传统的支配型男子气概、肌肉和阳刚之气。万宝路乡村是“男人的国度”，是一个构建的想象之地。在那里，男性在土地上辛勤工作，同其他男人和他们的马羁绊在一起[20]。

《真》和《骑士》等这类男性探险杂志为男性提供了一个能够逃离家庭领域的空间。这些杂志提供画报和文章，介绍如何通过狩猎野生动物和大型猎物等冒险运动来探索世界各地的异国情调，从而成为一名户外男子。这些杂志提供了一个反叛模式，使他们得以反抗这一时期占主导地位的家庭生活和强烈的家庭价值观的约束。1953年，休·海夫纳（Hugh Hefner）出版了《花花公子》，巩固了消费模式变化及其与享乐主义理想之间的联系。这本美国男性生活方式杂志提倡一种出现于白人中产阶级的新型男子气概——无忧无虑的单身汉。单身汉代表了一种男性从家庭的意识形态中解放出来的新形式。用休·海夫纳的话来说，单身汉是“一个老练、聪明、属于城市的——年轻的花花公子，懂得享受雅致的生活”。[21]这种形象就是《温柔陷阱》（*The Tender Trap*，1955年）中的弗兰克·辛纳屈（Frank Sinatra）、《黄昏之恋》（*Love in the Afternoon*，1957年）中的加里·库珀（Gary Cooper）、《枕边细语》

(*Pillow Talk*，1958 年）中的洛克·哈德森（*Pillow Talk,* 1958 年)、《热情如火》(*Some Like It Hot*，1959 年）中的托尼·柯蒂斯（Tony Curtis）和《金玉盟》(*An Affair to Remember*，1959 年）中的加里·格兰特（Cary Gran）等明星在银幕上的缩影，史蒂芬·科汉（Steven Cohan）认为，“单身花花公子不仅仅是电影喜剧中的一个浪漫男性角色”。

> 由于拒绝接受婚姻给予男性的一揽子特权和责任，因而单身汉形象颇值得怀疑——在性取向上他表现得模棱两可：他既是女士杀手，又是讨厌女性者；既是派对动物，又是孤独的家伙……既处于家庭意识形态的边缘，又是其永存的核心。[22]

身材修长、举止老练，穿着剪裁得体的西裤、开领衬衫和平底便鞋，花花公子式的单身汉提供了一种理想版本的异性恋男子气概，这种气概建立在休闲和消费的基础上。“花花公子是个鉴赏家，是爵士乐、服装、食品、设计和文化方面的专家，他周边的东西都在宣扬他自信的男性气质和无可挑剔的品味。”[23]

与此同时，新兴的战后青年文化体现出青年在服装、音乐和消遣方面的品味明显与他们父母一代划开了界限。十几岁的少女喜欢睡衣派对，去汽车影院，在汽水店或冰激凌店闲逛。男孩们叛逆、四处挑衅，有时还用暴力应对他们正在经历的代际冲突，从电影偶像那里寻求启发，譬如《无因的反叛》(*Rebel Without a Cause*，1955 年）中的詹姆斯·迪恩（James Dean）和《狂野之人》(*The Wild One*，1953 年）的主演马龙·白兰度（Marlon Brando)。迪恩和白兰度身穿蓝色牛仔裤、机车靴和白色 T 恤，袖子下面塞着一包烟，或者不经意地在嘴唇上叼着一支烟，他们成为对传统中产阶级的理想感到迷失并缺乏社会归属感的整整一代年轻男性心目中的海报男孩。在英国，年轻男子正在远离家庭价值观，创造出新的文化表达形式，即亚文化时尚。在这些亚文化团体中，泰迪男孩（Teddy Boys）是一群出身中产阶级的青年男子，他们的着装风格受到爱德华时代套装穿着的启发。他们西服外套通常是暗色调，有着立绒点缀的领子和口袋盖，着直筒裤[13]、锦缎马甲，还有搭配着西式领带的宽松领衬衫。他们主打的发型是长发，将头发打满发油再整体向后梳，额前留出一揪卷发，将其他头发在头后面梳成一个“鸭屁股”形。他们穿着牛津鞋（Oxford shoe）、布洛克鞋（brogue）或被称为“妓院爬行者”（brothel creepers）的仿麂皮乐福鞋（suede loafer）[14]，听着美国摇滚乐，比如比尔・海利与彗星合唱团（Bill Haley the Comets）的音乐。[24]

20 世纪 60 年代是一个伟大的社会和政治变革时期，出现了妇女解放运动、民权运动、同性恋解放运动等，其特点是足以改变文化景观的抗议和动荡。这是一个人们会故意尝试有关毒品、音乐、性、时尚和身体方面的禁忌，并让这种禁忌变得松弛的时代，因而被后人怀旧地称为“反文化时代的十年”。文化运动“黑色很美（Black is Beautiful）”从美国兴起，挑战有关种族和美丽的理念，这些理念原本蕴含在奴隶制和认为欧洲优越的殖民话语中。它呼吁美国黑人不要再试图模仿高加索人的身体特征，如拉直卷发和漂白皮肤，以此

[13] 一种紧身瘦腿裤。——译注

[14] 牛津鞋为一种系带浅帮鞋；布洛克鞋为一种拷花皮鞋；仿麂皮乐福鞋、“妓院爬行者”为一种绒面革厚软底鞋。——译注

努力通过内化种族主义来消除他们的非裔美国人身份。这场运动后来蔓延到世界各地，重新定义了关于美的主流观念。

有关身体意识的另一个重要变化源自1969年在纽约发生的石墙暴动（Stonewall riots），这被男女同性恋者视为一个他们可以为自己的独立和被承认的身份进行富有攻击性地发声的重要标志性事件。随后同性恋者的庆祝——尽管直到今天这种斗争还充满了忧患，也远非一帆风顺——唤起了所有人对身体和服饰的新意识。它导致了一个在20世纪70年代还没有人使用的词“酷儿”（queer）的出现。“酷儿”被用来描述具有不符合“异性恋”惯例的做法、想法和身份的人。女同性恋者的理想身体和风格基本上是双性化的。女权主义者拒绝接受20世纪20—60年代盛行一时的女同性恋中扮演男性和扮演女性的角色概念，因为她们相信这些角色扮演模仿了父权社会中赋予妇女的被压抑的性别角色。相反，女权主义者提倡一种双性化的舒适的着装风格，其特点是肥大的法兰绒衬衫、宽松的夹克衫和布袋裤。她们还会剪短头发，穿着勃肯鞋（Birkenstock）、网球鞋或马靴。

主流时尚中身体的肉体去性别化是对20世纪50年代过度夸大的女性气质的回应，这种气质使理想的女性永远是一种性的对象。因此，主流时尚中新的理想身体转向了瘦小的、像营养不良的孩子以及处于青春期的身材。在“摇摆的60年代（Swinging Sixties）”，艾瑞莎·富兰克林（Aretha Franklin）唱着《你让我觉得自己是个天生的女人》（*You Make Me Fell Like A Natural Woman*，1967年），同年设计师玛丽·奎恩特（Mary Quant）和安德烈·库雷热（André Courrèges）推出了他们的迷你裙（图3.7）。

迷你裙改变了女性的理想体形，创造了一种没有腰部或臀部的直线廓形，

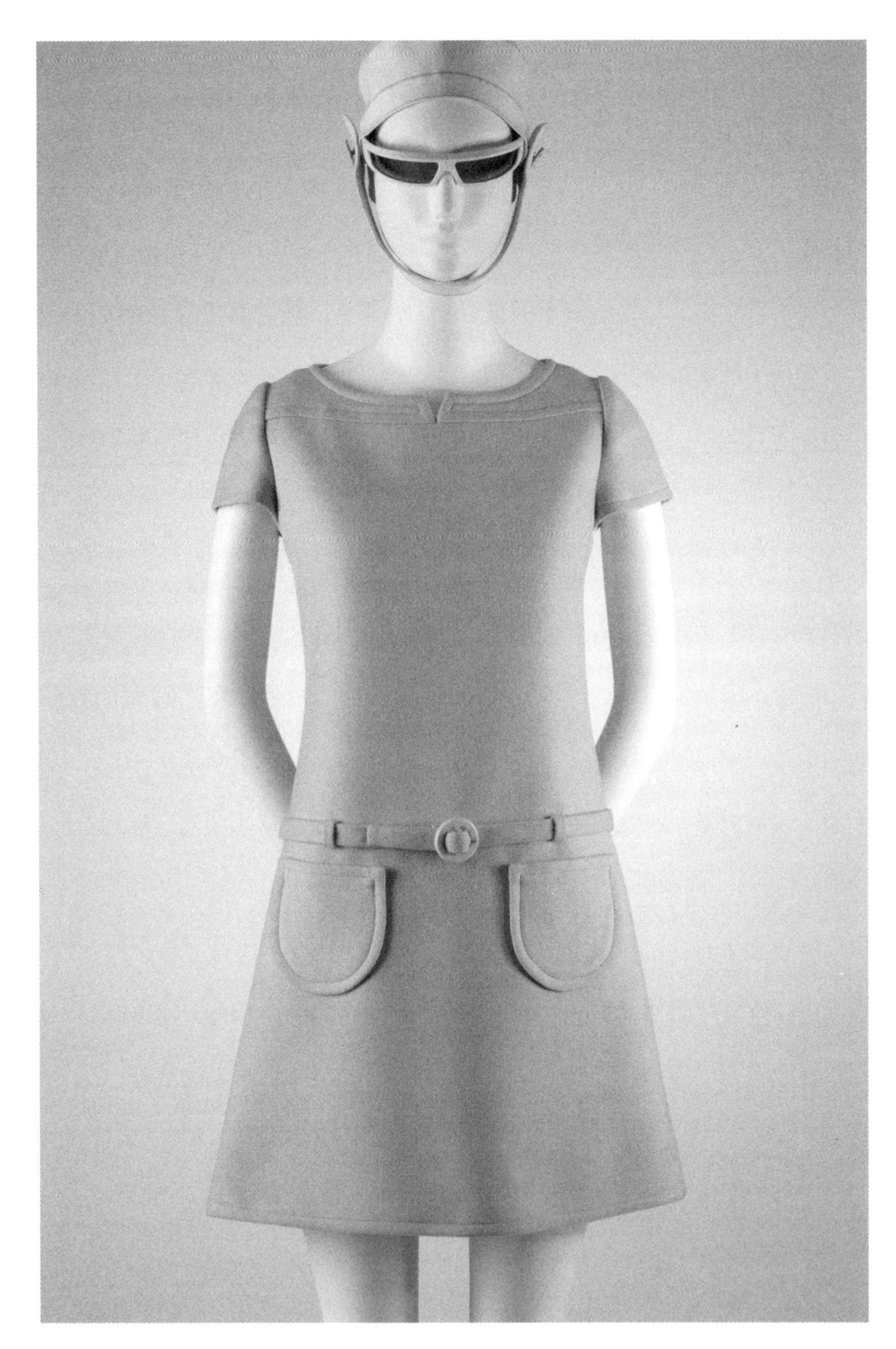

图 3.7 安德烈·库雷热约 1968 年设计的浅灰色羊毛迷你短裙。伯尼·赞科夫捐赠。
Photo: The Museum at FIT , New York.

取而代之的是身体变成了一组几何外形，让人将注意力从身体转移到腿上。英国模特崔姬（Twiggy）就以其瘦削的平胸男孩式的外形成为 20 世纪 60 年代的时尚理想。（图 3.8）

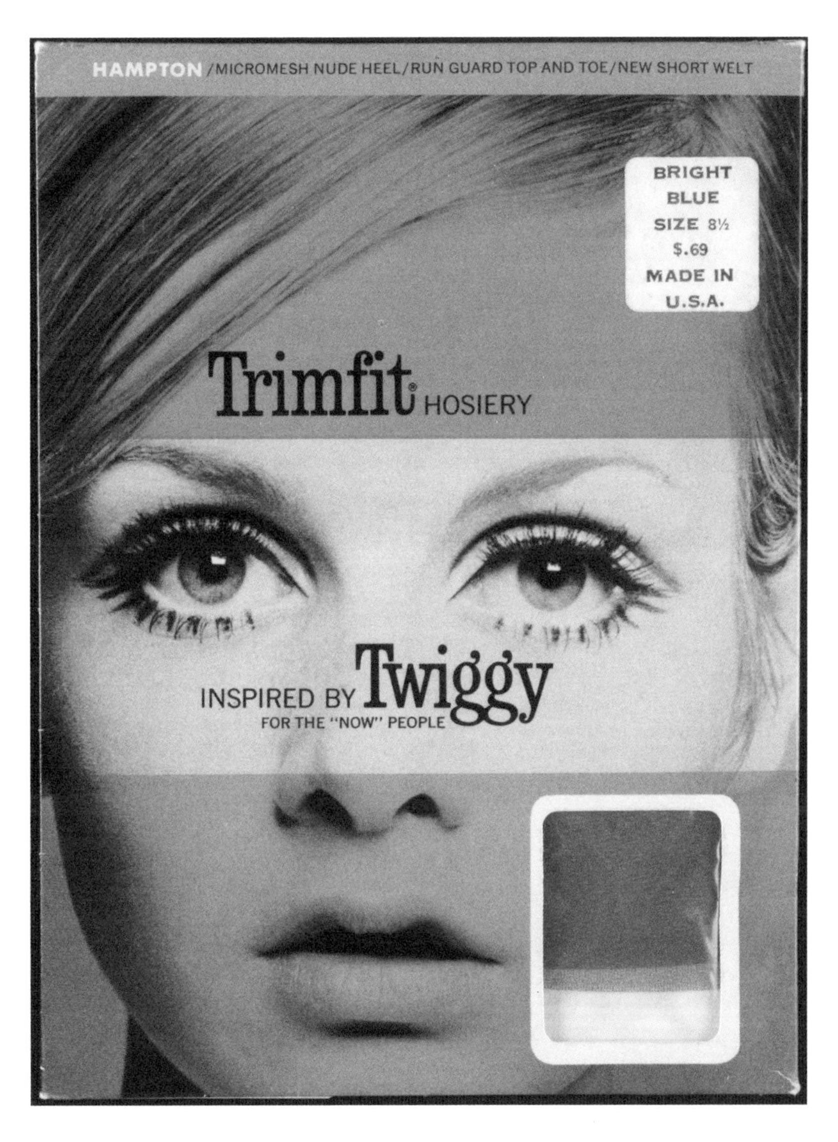

图 3.8　硬纸板包装蓝色尼龙丝袜，Trimfit 连裤袜外包装。出品于 1967—1968 年。多萝西・佞宁・格罗布斯捐赠。Photo: The Museum at FIT , New York.

在这种相对宽松和有着崭新自信的氛围中，非同性恋男性开始意识到自己看起来像同性恋或“坎普”（camp）[15]，而男同性恋者则热衷于摆脱柔弱女人气的刻板印象。从 20 世纪 70 年代开始，男同性恋者开始设计服装风格，使他们能够“融入”主流文化。“其理念是为了看起来更具男子气概，”约瑟夫·汉考克写道，“某种程度上直男被社会秩序接受，从而显得对彼此更有吸引力。”[25] 这是超男性化“克隆”（clone）[16] 的诞生，其标准化的着装风格包括法兰绒衬衫、棒球帽、牛仔裤、军装和登山靴。当 20 世纪 80 年代合成类固醇变得更容易获得时，这种男子气概的文化期盼健美的、全尺度的身体文化。约瑟夫·汉考克观察到：

> “男同性恋者与直男不同……他们用各种仪式来对这些传统的男性形象进行过度补偿和再语境化，其中包括：用举重和日常健身来让他们的肌肉鼓起来；进行大量的修饰养生，让他们的头发、皮肤、指甲和牙齿保持光洁；穿着贴合他们肌肉发达的身体的每一条曲线和缝隙的全套新衣。”[26]

男性同性恋身份的男性化不能被孤立地看作对娘娘腔刻板印象的不耐烦，而应被看作为不同的酷儿身份开辟可能性的试金石；是像异性恋男性一样为同性恋要求男性化，是对“男性化”渴望的再体现。同性恋男子理想身体类型转变的一个突出模式和征兆是插画家托科·拉克索宁（Touko Laaksonen），

---

[15] 在俚语中指一种浮夸的、夸张的、受影响的、戏剧性的表现（或人），常常故意夸张或是闹剧化，同时也常同娘娘腔的或同性恋的特征联系在一起。——译注

[16] 此处隐喻为克隆的原意“无性繁殖”。——译注

也就是常被人称作芬兰的汤姆（Tom of Finland）的插画家绘制的肌肉发达的同性恋男子的插图。托科身着皮衣，“变成”汤姆，并创作出一群兴奋的、“有明显肌肉线条”的男人，用盖伊·斯奈思（Guy Snaith）的话说就是“一个男同性恋的乌托邦”“性感的伐木工、水手、警察和建筑工人，所有人的肌肉都从他们的制服或牛仔裤和 T 恤中迸发出来。托姆兰（Tomland）[17] 是一个幻想的世界，在这个世界里，男性气质被作为最高的理想而高举”。[27] 拉克索宁发明了一个宇宙，在其中，突起的下巴和饱满、紧抿的嘴唇渴望地“注视”着夸张地隆起的二头肌和胸肌——或者用正确的同性恋表达方式来说是“大胸肌、紧实的腹肌和泡泡臀”。[28] 芬兰的汤姆对男同性恋群体的影响巨大，他让许多人从禁忌中解放出来，并允许他们维护“雄性之风”，就像它是一个可以在同性恋和异性恋男人之间分享的想法。

在 20 世纪 70 年代，名人文化严重影响了关于身体的理念。大众媒体不断报道设计师、摇滚明星和他们的缪斯女神，包括伊夫·圣罗兰、凯瑟琳·德纳芙（Catherine Deneuve）、米克·贾格尔（Mick Jagger）[18] 和尼加拉瓜社交名媛比安卡·贾格尔（Bianca Jagger）。比安卡曾骑着白马进入夜总会 54 号工作室（Studio 54），使这家迪厅成为世界上最著名的俱乐部之一。包括莱莎·明奈利（Liza Minelli）、格洛丽亚·范德比尔特（Gloria Vanderbilt）、格蕾丝·琼斯（Grace Jones）、戴安娜·罗斯（Diana Ross）、玛歌·海明威（Margaux Hemingway）、雪儿（Cher）、约翰·特拉沃尔塔（John Travolta）和布鲁克·希尔兹（Brooke Shields）在内的名人都穿着侯

[17] 指托科·拉克索宁作品。——译注

[18] 滚石乐队主唱，比安卡·贾格尔是他妻子。——译注

司顿、卡尔文·克莱恩和比尔·布拉斯（Bill Blass）的衣服涌进俱乐部的大门。这些名人代表了理想的美、魅力、享乐无度以及对奢侈品的渴望。人们将名人和魅力当作时尚的影响因素，并开始关注这些名人所穿的时尚品牌。最重要的是，名人塑造和影响了时尚理想，成为一代人的偶像。随着1977年约翰·特拉沃尔塔主演、比吉斯乐队（Bee Gees）配乐的热门电影《周六夜狂热》（*Saturday Night Fever*）的上映，迪斯科在欧洲国家和美国成为一种主流现象，全球俱乐部都开始模仿54号工作室。当一周工作结束时，迪斯科舞厅和夜总会能给年轻人带来一丝兴奋，每个人都会沉浸在对日常的逃避中。可卡因成为首选的毒品，对打扮和出风头的热情加上男女同性恋的亚文化，产生了一种享乐主义的氛围。54号工作室甚至推出了一个专门的同性恋周日之夜，以及周三的杰瑞·鲁宾商业网络沙龙之夜，从5点一直持续到午夜——这家迪斯科舞厅唯一在下午5点开放的时候。[29] 迪斯科舞动作自信、声音尖锐，与受20世纪60年代启发的具有夸张、八字倾斜线条的时尚相得益彰。迪斯科女装包括亮片上衣和颈部吊带衫、运动上衣、迷你裙、紧身氨纶短裤、宽松的喇叭裤或合身的氨纶长裤、及踝长裙和大腿高开衩的裙子，从过膝靴到细低跟鞋各种鞋都有。男人们穿着大翻领夹克，阔腿或喇叭裤以及高腰马甲。领带变得更宽、更粗，衬衫领子变得又长又尖。1972年，黛安·冯·芙丝汀宝（Diane von Fürstenberg）设计了针织裹身裙，其以日装和迪斯科服装成为流行（图3.9）。

当时用于时尚的紧身面料增强了男性和女性的理想体形，回到了20世纪60年代的苗条（同时最好是高大）的理想身材。摩城唱片公司（Motown Records）在该文化景观领域发挥了重要作用，戴安娜·罗斯（Diana Ross）和至高无上组合（the Supremes）、杰克逊五人组（The Jackson Five）、唐娜·萨默（Donna Summer）、葛蕾蒂丝·奈特与种子合唱团（Gladys Knight and the Pips）、雪橇姊妹（Sister Sledge）和马文·盖伊（Marvin Gaye）等艺术家影响了时尚和款式。

图 3.9 黛安·冯·芙丝汀宝设计的多色印花腈纶针织裹身裙。 黛安·冯·芙丝汀宝捐赠。Photo: The Museum at FIT , New York.

后现代的可塑性身体

我们已经在1970年左右画出了一条分界线，此时酷儿作为一种挑战异性恋和传统的核心家庭准则的政治和肉体上的差异化声明光明正大地出现，并且由此进入了身体的多样化和非常态的概念领域。我们同样也可以在身体历史上画一条新的界线，即1981年西方世界首次诊断出艾滋病的日期。这个日期标志着一系列明确的变化的开始，标志着进入了电子人（cyborg）和技术化身体的时代。身体从此成为一个在偏执和狂热之间摇摆不定，无限修正和转变的场所。托信息革命和媒体炒作的福，身体敏锐地意识到各种威胁因素，诸如空气中不受欢迎的化学物质或食品中的化学添加剂。无论男女，都对身体衰老感到恐惧。这种出于对衰老的恐惧与痴迷于“身体保养”和身体改善的身体交叉重叠——这种有关身体与机器的隐含意义不应该被忽视。健身房文化由此诞生。

20世纪70年代晚期从加利福尼亚兴起的健身在男性和女性、同性恋和直男之中引发了健美运动，并导致了对旨在增强体力和塑造肌肉的补充剂和相关产品的消费增加。根据马克·斯特恩（Marc Stern）的说法，正是这些“看同样的电影和电视节目的人，看到同样的广告，消费同样的产品以及关于美、性、男性、女性的力量和身份的文化意象”。[30] 这些对身体的表述——通过“举铁”和负重让身体更高效、兴奋、镇静和有型——在人们从时尚广告和电影中看到的有关理想身体的愿景里有清晰的阐述。自从20世纪80年代以来出现的健身者和女性身体之间存在着明显的区别。在这两种情况下，脂肪的缺乏和肌肉的存在都更加显著。身体转向任何用得上的手段，以推动自己达到极端的“完美”，一种超越身体极限的完美概念。在这个时代之前就有合成类固醇，自 20 世纪中叶以来，隆胸和硅胶颧骨等整容手术的例子也是有力的证据，但只是在 20 世纪 80 年代，这些激进的身体调整手段才变得普遍起来。而摄影技术已经发展到一定程度，它可以赋予拍摄对象强大的真实性。1987 年经济危机之前的资本主义经济腾飞，加上摄影技术的成熟，导致了超级模特的崛起。走秀场上的“超级模特”，如辛迪·克劳馥（Cindy Crawford）、埃尔韦拉·赫兹高娃（Elvira Herzigova）、海伦娜·克莉史汀森（Helena Christensen）、克里斯蒂·布林克利（Christie Brinkley）、娜奥米·坎贝尔（Naomi Campbell）、琳达·埃万杰里斯塔（Linda Evangelista）和其他人赢得了前所未有的市场和知名度。Photoshop 技术的发展意味着这些出现在时尚社论中的时尚先锋的图像将拥有令人羡慕的寿命；这也意味着任何模特都可以通过点击电脑鼠标来对图片进行修正。理想身体从未像现在这样触手可及，也从未像现在这样遥远。[31]

在奥利维亚·牛顿·约翰（Olivia Newton John）的音乐电影《身体》（*Physical*）中，她留着引领潮流的短发，戴着头带，穿着弹力紧身裤，成为 1981 年的世界第一热门人物。在视频中，她是在一个风格化的、挤满了超重男人的健身房中唯一的女性（教练？），这些男性的身体在涉及运动的神奇转变中逐渐进化成身材修长而且充满肌肉。这个隐含推论明显得不容忽视：健身是性感的，获取好的性爱需要健身。

如今，健身房、健身中心和“健康”中心在发达国家是有着一定文化定义的商业机构。有些还有着专门的教学“课程”，如普拉提、动感单车和尊巴以及其他更多课程。这些课程吸引了不同年龄段和不同体型群体的兴趣，它们往往也同社会利益挂钩，同时本身也是一个社交场所。所有提到的项目都是从其他活动和科目中梳理和重新设计的课程，如瑜伽、骑行和萨尔萨舞[19]等，但如今它们有着自己的独立说法和追随者，并且被人非常认真地对待。健身房文化催生了一种新的着装形式——健身或有氧运动的时尚，还有流行的道具，包括明亮的霓虹灯色的低领紧身衫裤，覆盖躯干有时甚至是手臂，搭配着袜筒或紧身裤袜以及各种小玩意和配件。男子经常穿伸缩型运动长裤，搭配超大的水手领长袖运动衫，这种装束也同当时的女式时装一样流行。环绕脚踝的是针织暖腿套，加上流行的"高帮"健身鞋（如锐步）和吸汗带组成整套的健身装束。健身现在是大生意，健身服装也是如此，新百伦、阿迪达斯和耐克等大型跨国品牌控制着市场的大部分。

从身体和服饰的角度来看，这个时代的一个关键转折点是麦当娜在 1990 年推出的"金发雄心"巡演。让·保罗·高缇耶的服装设计对表演者和设计师都产生了不可磨灭的影响，因为他们都在之后继续使用带有恋物癖、伪 BDSM（捆绑、惩罚、虐待和受虐）元素的时装（图 3.10）。

麦当娜和让·保罗·高缇耶也预示着宣布自己是一个电子人、放弃了任何对自然状态的要求或兴趣的 Lady Gaga 的出现。现代世界带着它的极致梦想，将自然明确地、真正地置于我们之后。取而代之的是，只要是身体关心的，技术都会存在不同程度的干预。

20 世纪 80—90 年代来了又去，随之而来的是像英国足球名人大卫·贝克汉姆（David Beckham）和澳大利亚游泳运动员伊恩·索普（Ian Thorpe）

[19] 一种拉丁风格的舞蹈。——译注

图 3.10　让·保罗·高缇耶于 1984 年设计的橙色带褶皱丝绒礼服。Photo: The Museum at FIT , New York.

体现出的那种对健壮身体有明确意识的都市型男。受摇头丸等“致幻毒品”（designer drugs）[20]的流行影响，海洛因时尚在20世纪90年代开始成为一种流行风格（外形），其特点是不受约束和中性化的身体，有着苍白肤色，黑眼圈，蓬乱的头发，突出的锁骨。英国超级名模凯特·摩丝（Kate Moss）那种瘦骨嶙峋的腰身和模特清水珍妮（Jenny Shimizu）那种中性化的造型成为卡尔文·克莱恩内衣和“CK One”香水商业广告的代名词。时尚杂志不再描绘清爽和迷人的身体——这是很难实现的，相反，它们多展示原始和粗犷的身体——大多是黑白色的，以描绘现实的残酷和严峻。海洛因时尚是20世纪末时尚去魅化和对被忽视和令人感到绝望的事物的赞颂。

21世纪的塑料身体

21世纪见证了一种新风格化身体类型的出现，对其最好的描述就是“色情”身体，呈指数级增长。互联网把色情文学转变成一个10亿美元的产业。时尚界也无法对色情行业的运作免疫，在激烈的市场竞争中，也会经常使用色情的招数来销售服装和配件[32]。帕梅拉·丘奇·吉布森（Pamela Church Gibson）和薇琪·卡拉明纳斯在《时尚理论》（*Fashion Theory*）期刊的一期特刊中专门讨论时尚和色情的交集，她们指出：“时尚和色情在很多方面都有联系”“两者都暴露了身体，通过裁剪将其分割开来，将文化上的色情部分前景化，并且

[20] 指在实验室（通常是“地下”或秘密的非法实验室）制造的毒品，这种毒品是用化学工具将萃取自天然材料的毒品如可卡因、吗啡或大麻提纯后得到的，通常对吸食者大脑或行为有更为严重的影响，又被称为“特制毒品”。——译注

都使用了刻板的性别化、色情化的比喻”。[33] 在时尚媒体中，色情的身体作为理想身体出现，被置于一种理想的、令人向往的生活方式中。

这种在流行文化和大众媒体中上演的时尚、身体同色情之间的相互排斥关系，被安妮特·林奇（Annette Lynch）描述为色情时尚，而被阿里尔·李维（Ariel Levy）描述为粗俗文化或低俗下流。[34] 色情时尚的定义包括“基于同色情行业有关行为的时尚和相关的潮流，现在已经成为妇女和女孩着装的主流”。[35] 时尚界对色情风格和视觉代码的融合，导致帕梅拉·丘奇·吉布森所言的色情风格（pornostyle）的形成。这是一种在过去十年中出现但尚未被承认的设计和时尚宣传推销体系，正如帕梅拉·丘奇·吉布森解释的那样。

> 这个新的时尚体系有自己的领导者——年轻的女明星，有自己的杂志来记录她们的活动并展示她们的风格，有自己的互联网站，还有自己的零售模式。这些年轻女性的自我展示往往类似于流行男性杂志中的“性感模特”或者海报女郎，她们的“外观”是那种让许多人联想起硬核色情的造型的柔和版。[36]

当代西方文化的色情化催生了通过美容技术得到增强和添加的理想身体类型；脸部被注射了肉毒杆菌（Botox）和瑞蓝（Restylane）透明质酸[21]，没有皱纹和表情的额头。正如梅雷迪思·琼斯（Meredith Jones）所说，整容手术是“改头换面文化的精髓表达”[37]。21 世纪的男人和女人的美丽身体是相

[21] 瑞蓝是一种瑞典生产的透明质酸（玻尿酸）类面部注射填充剂。——译注

当多的“工作”的产物。这里的工作要被理解为人造和美容手术的委婉的简称。不过这种工作没有带来物质生产力方面的效果。还要注意的是，对女人的长指甲所做的美化使她无法从事体力劳动。在这两种情况下，工作的概念与劳动和生产意义上工作的传统意义大相径庭。[38]

结语：男女性别模糊化

在 2011 年巴黎春季高级时装周上，一个高大修长的金发模特穿着白色的让·保罗·高缇耶的婚纱，昂首阔步地走在走秀台上。晚些时候，这位模特身着黑色西装，出现在马克·雅各布斯（Marc Jacobs）的男装系列中。安德烈（安德蕾娅）·佩伊奇是第一个为女装系列走秀的男模，伊西斯·金紧随其后，然后是凯西·莱格勒。凯西也是第一个在纽约的福特模特公司的男装委员会签约的女性。“我是一个给男装做模特的女人。这与性别无关，”这是莱格勒在 2013 年为《卫报》（*The Guardian*）撰写的一篇文章的标题。莱格勒写道：“当代文化景观支持比我们目前所拥有的更广泛的诠释”，即女性—男子气概和男性—女性气质，“不这样认为，就会被资本利益和利润影响的近似观点欺骗”。[39] 时尚界已经接受了一种新的男性和女性的理想身体，这种理想并不把美与生物学及性别等同起来，相反，有关身体的新状况是存在无数变化的可能性。改变和修饰一个人的外表不再被视为犯罪或怪异，尽管其后果可能包含这两者。时尚和流行文化中充斥着如此多对身体加以改变的案例和劝诫，以至于有时会被人忽略。我们看到的是那些使用整形手术、化学换肤、肉毒杆菌和染发剂的名人，他们看上去就像已经喝下了不老泉。完美的身体中的完美性和青春就如一个没有尽头的流动序列，被卷入了资本的流动中。身体变得越来越像机器，而这些外科手术就可被称为“保养”，人们保养自己的身体就像保养自己的汽车一样。20 世纪和 21 世纪的理想时尚身体首选（事实上是坚持）年轻和苗条的体态，对丰满和年长的身体视而不见。正如朱莉娅·特维格（Julia Twigg）的恰如其分的描写那样：“时尚和年龄坐在一起很不舒服。时尚栖息在一个年轻美丽的世界里，充满幻想，充满想象，充满诱惑。它的话语是狂热和空洞的；它的形象是迷人的，并且——最重要的——是年轻的。”[40]

第四章　性别和性

安纳玛丽 · 万斯凯

1923 年，美国罗曼尼 · 布鲁克斯（Romaine Brooks）在给她的情人娜塔莉 · 巴妮（Natalie Barney）的信中谈到她在伦敦的社交生活：

> “我从未有过这样一连串的潜在崇拜者，他们都喜欢我的黑色卷发、白色领子。他们喜欢我身上的浪荡子气息，对我的内在和价值观丝毫不感兴趣。”[1]

而在 1990 年，美国哲学家朱迪斯 · 巴特勒（Judith Butler）在她如今成为经典的著作《性别麻烦》（*Gender Trouble*）中，确立了性别是具有表演性的观点。

就像异性变装创造了一个统一的“女人”形象一样……它也揭示了性别经验在某些方面的独特性，这些方面通过一种有关异性恋一致性的受控的虚构说法而被虚假地自然化为一个统一体。在对性别的模仿中，变装含蓄地揭示了性别自身的模仿结构——以及它的偶然性。[2]

这两段摘录都提醒我们，社会地位、性别和性是推论性和历史性构建的。它们还提醒我们，服装在这些构建和性别理论化中起着核心作用。对着装实践和塑造自己的理解阐明了个人体验社会变化的方式，以及它们如何被用于理论化的性别和性之上——在此案例中，正是一位独立的现代女性兼女同性恋艺术家以及一位哲学家建立并普及了性别具有表演性的观念。

在 20 世纪的头几十年里，服装实践突出了女性不断变化的社会身份，而在千禧年末，它们又被用来强调性别的建构性。毁灭性的第一次世界大战之后的那段时光被描述成一种让女性的社会能见度和自信性行为走向欧洲及美国的科学和公共辩论的前台的时期。这也是时尚成为“女人之事”的时期，服装成为倡导女性权利的政治工具。在 21 世纪初，性少数群体、时尚的男性和儿童正在获得更多的能见度——甚至包括时尚的宠物，特别是已经开始被人们打扮得很时尚的小哈巴狗。[3] 在过去的一百年里，时尚已经成为定义和表达人类关于性别的真实及想象地位的核心要素。但是，时尚也表达和定义什么能成为人类，或者说看起来像人类，正如哈巴狗的时尚所证明的那样。

20 世纪 20 年代：穿长裤的女人

封建阶级社会消亡后，服装越来越成为性别的标志。直到 20 世纪 20 年代，在西方社会里，作为一个女人，其穿着主要与半裙和连衣裙有关，而一个男人的穿着则与长裤有关。当孩子出生时，人们会无视性别地给他 / 她穿上裙子，但当孩子长大后，他 / 她的服装实践就会根据性别而改变。当一个男孩在 13 岁时长大成人，他就会换下裙子开始穿长裤。[4] 而另一方面，成为妇女则不包括这种转变仪式。女性也从来没有放弃过穿裙子，因此，她们在一生中都保持更像婴儿时的状态。[5] 因而穿裙子也是女性社会地位低下的一个重要标志。这也是第一次世界大战之后女性社会生活中的变化改变了女性的社会地位和就业模式，从而导致女性采用男性化剪裁和舒适的服装的原因之一。独立的年轻现代女性，飞来波女郎（或者是法语中的“garçonne”[1]）能够四处走动、骑自行车甚至打高尔夫球。这种女性风格成为现代性的象征，体现了新奇、变化、青春、魅力和性的主体性。[6] 飞来波女郎的社会自由让她的轮廓呈现为双性化、扁平和几何外形的少年造型。[7] 她们放弃了爱德华时代的时尚模式，放弃了有很多褶边的衬裙、S 形紧身褡和大帽子，开始穿着宽松合身的女士收腰上衣——以及裤子。历史上首次出现成年女性的时尚借鉴了女孩的服装：降低腰线和短裙。[8] 虽然西方社会的年轻女孩从 1914 年就开始穿着飞来波风格服装，但成人飞来波风格在 20 世纪 20 年代中期才出现。[9]

此时最著名的设计师可能是嘉柏丽尔 · 香奈儿，她重新诠释了现代女性的

[1] 意为“假小子”。——译注

男孩子气的造型。她改变了当时主导女性气质造型的范式，摒弃了沙漏廓形，创造了香奈儿式的造型，为中产阶级及上层社会的女性引入了长裤。[10] 另一位经常被提及的设计师是让·巴杜。第一次世界大战前他已经为女性设计了定制外套，战后则开始为女性设计运动装。在设计中，他借鉴了男装的设计，强调了女性的自然腰线。[11] 社会变革在现代女性的短发发型上也有很明显的反应，出现了"波波头"、齐剪头、"贞德头"和"男孩式头"。[12]（图 4.1）

从战场归来后，男人的衣橱虽然完好无损，但男人们的精神因战争的恐怖

图 4.1　女演员艾娜·克莱尔（Ina Claire）身着香奈儿人字形花呢裙和套头衫，1924 年载于 *Vogue*。Photo: Edward Steichen/Condé Nast via Getty Images.

而备受打击。不变的衣橱代表着旧的世界秩序，不确定的政治气氛则滋生了追求快乐的爵士乐、派对和鸡尾酒会的生活。很快，一系列穿着随意的双性化新男人——商人、体育偶像、电影明星、“小白脸”、中产阶级青年和艺术家——占据了欧洲及美国的时尚俱乐部。这些见多识广的男性渴望摆脱严格的男性着装规范，并从运动服装、工作制服和前卫艺术中获得灵感。[13] 第一次世界大战后男性的不幸和“娇气”同战争直接相关。因为男性希望与战时的男性气质，以及与之有联系的价值观保持距离。

事实上，男人的衣橱从来没有像 20 世纪那样受到如此的限制。在 18 世纪所谓的“抛弃男权”[2] 之前，男人是时尚的孔雀。但现在，男性可选择的服装种类已经大为减少。在以前的几个世纪里，男人一直穿着短裙和莎笼，而现在这些服装被认为是女性化的、带异国情调的和离经叛道的，因此不适合普通男人。[14] 新男性对舒适和休闲风格的兴趣，旨在让男人从冷酷的战士般的阳刚之气中解脱出来，而且这点通过柔软的材料实现了：亚麻布、丝和细羊毛法兰绒。同时，男人们也摆脱了硬领，改为选择柔软的衣领，把正式的西装外套换成了非正式的，并开始穿针织套衫——一种在战前主要由水手、工人和运动员穿着的服装。男人们也“敢于整天穿着法兰绒”，换言之，他们挑战了那种严格的、在一天的每个时段都有适当着装要求的中产阶级着装规范。[15] 这种变化唤起了现代人对悠闲的户外生活和自由的身体运动的感觉，由于柔软的布料突出了衣服之下的身体，让男性变得情色起来（图 4.2）。

[2] 又作“The Great Male Renunciation”，为 18 世纪末的一种社会现象。当时西方社会的男性不再在男式服装中使用过于华丽或精致的样式，将其留给女性服装。它被认为是服装史上的一个重要转折点，标志着男性放弃了对装饰和美的要求。——译注

图 4.2　英国原威尔士亲王（左）和原约克公爵（右）1920 年穿着的男式两件套羊毛休闲套装，配灯芯绒短裤。Photo: Sean Sexton/Getty Images.

当男人的形象被软化时，女人的形象则变得更为硬朗。女式长裤成为一种带有政治意义的服装，标志着女性的解放和思想独立。[16] 但是长裤也象征着阶级和性。大多数中产和上层阶级的女性穿着裙子和礼服，因为她们无须工作，而工人阶级的女性则穿着长裤，因为她们不得不工作。长裤也象征着性：长裙和礼物隐藏了女性的双腿，使她们看起来“体面”，而长裤则使双腿清晰可见，因此看起来“不正经”且“不道德”。[17] 裤子的性意味将这种服装变成了定义和解释异常性行为的关键：女同性恋。这种含义在很大程度上是由一个关于性的新学科——性学所创造出来的。它普及了这样一种观念：一个人的性身份认同不仅是一种内在的品质，还可以从外观上识别出来。[18] 女性的男性化行为和男性化外表被解读为同性恋的标志。占领了街头和工作场所，在性和经济上独立的女性，被定性为女同性恋。同样的情况也适用于那些使用柔软面料呈现女子气息的男性，他们的外貌被解读为同性恋的证据。性学家们在很大程度上利用了服装的含义，从而构建了男性化的女同性恋和女子气息的男同性恋的刻板印象。在接下来的岁月里，异装癖——女性穿着男性化的、男性穿着女性化的服装和面料——在女同性恋者和男同性恋者的自我认同中发挥了重要作用。[19] 因而人们在两次世界大战的间歇期确立了现代女性和男性、男同性恋和女同性恋的身份概念以及如何从服装上辨别它们。

20 世纪 30 年代：男人味的规则！

1929 年 10 月 29 日，华尔街股票市场崩溃，引发了美国和欧洲的经济大萧条。仅仅两年后，英国有 250 万人，德国有 500 万人，美国有 800 多万人失业。这是对战后现实的突然终结。与“同性恋的 20 年代”相比，当时的政治和社会氛围更加紧张。20 世纪 30 年代，对道德、审美和社会秩序的呼吁席卷整个欧洲。传统男性和女性的性别角色再度回归时尚，简单、感性和现实主义成为此时的典型语言。世人对传统战士的阳刚之气的兴趣在穿着制服的身体下显而易见。1933 年，希特勒上台后，构建了所谓种族上的纯洁男性，军装成为极权主义权威的象征。甚至一些前卫运动，特别是意大利的未来主义和俄罗斯构成主义，也强调统一服装在创造新民族（国家）和新公民中的核心地位。[20] 男人的时装变得更硬：填充物和双排扣西装轮廓分明的外形突出了宽广的胸部，又长又宽的翻领则突出了肩膀，而高腰和宽大的裤子则突出了圆柱形身形。这套衣服标志着更强烈的阳刚之气，并且“作为运动型廓形的基础，为男性的优雅打上了新古典主义的烙印”。[21]

与此相反，女性服装的设计突出了女性气质——就像克里斯托弗·布雷沃德（Christopher Breward）指出的那样，经济大萧条和政治不确定性削弱了现代女性服装在 20 年代 20 年代所象征的那种乐观主义。[22] 女性服装的下摆下降，服装布料紧贴身体，显示出女性特征的外形。然而，女性的阳刚之气[23] 并没有完全消失：女性身材成为女性气质和阳刚之气的混合物。例如，前卫的时装设计师艾尔莎·夏帕瑞丽将身体视为一个可以打破性别规则的游乐场。时尚期刊也发表了关于女性西装与其他使用羊毛法兰绒和格子花纹等“男性化面料”的服装的报道。女装的结构和款式都是按照传统的男装设计的，宽大的垫肩、西装领和窄腿裤都很流行。女性的上半身由艾尔莎·夏帕瑞丽于 1930 年开始推广的垫肩来定义，而下半身则由窄腰线和贴腿的面料来定义。[24]

女性的阳刚之气成为一种趋势，它被称为“男人味”。它与女性时装形成鲜明对比，女性时装喜欢纤细、柔软的廓形和紧贴身体的面料。而男人味的外观则继续强调妇女的社会地位的变化：越来越多的妇女在家庭之外工作，男性化的职业装就成为她们的必需品（图 4.3）。

新流行的电影和电影明星成为重要的时尚制定者，他们的外表被流行媒体

图 4.3 年轻女子骑在自行车上，穿着雅格狮丹（Aquascutum）三件套裤装，摄于 1939 年 10 月。Photo: Daily Herald Archive/SSPL/Getty Images.

推销给公众。电影明星的造型是由著名设计师设计的，其中不乏吉尔伯特·阿德里安（Howard Greer）、霍华德·格里尔（Howard Greer）、伊迪丝·海德（Edith Head）、艾尔莎·夏帕瑞丽和特拉维斯·班顿（Travis Banton）这样的大佬。[25] 他们在银幕上构建了一种新的女性气质：强大、以事业为导向的女性，她们的坚忍通过浪漫化的服装来强调。（通过带来一种悖论——）服装是如何同时压制身体又突出身体的，他们还将外观作为一种错觉和欺骗性话术加以强调。琼·克劳馥（Joan Crawford）在电影《名媛杀人案》（*Letty Lynton*，1932 年）中穿了一件由阿德里安设计的、有戏剧效果的、带大荷叶边袖的裙子，这位电影明星以男性化的肩膀突出了女性身材。另一方面，玛琳·黛德丽（Marlene Dietrich）则是男人味造型的女主角，她穿着低跟鞋，戴着男人味的帽子，打着领带——据说还为她的女儿玛丽亚（Maria）购买了男孩的西装。[26] 百货公司以"电影时尚"为名头开设专门区域，出售最受欢迎的电影明星所穿的服装和配饰，使观众很容易采用好莱坞风格。[27] 成千上万的妇女也效仿 20 世纪 30 年代最著名的童星秀兰·邓波儿（Shirley Temple），将她们女儿的头发卷成看起来天真、可爱的长卷发 [28]，而成千上万的男人则追随加里·库珀（Gary Cooper）、弗雷德·阿斯泰尔（Fred Astaire）和加里·格兰特（Cary Grant）的带着阳刚之气的优雅风格，穿着萨维尔街（Savile Row）[3] 出品的西装，使英国的时尚闻名于世。

尽管女装出现了男人味趋势，但异装仍被视为非正常性取向的标志。艾尔莎·斯基亚帕雷利对过度表达的性别外观感兴趣，然而她还是警告女性不要在男性化的外观上走得"太极端"。另一方面，嘉柏丽尔·香奈儿强调，她的西装是"男孩式的"而不是男性化的。她希望西服能够"调和女性气质"，而不是产生一种男性化的氛围。[29] 这可能与以下事实有一定关系：在 20 世纪 30 年代，具有男人味的套装被确立为现代女同性恋身份的标志，英国小说家雷德

[3] 萨维尔街位于英国伦敦中央梅费尔区，以传统定制男士服装行业闻名。——译注

克利芙・霍尔（Radclyffe Hall）的《孤独之井》（*The Well of Loneliness*, 1928年）就是一个缩影。它的主人公斯蒂芬・戈登（Stephen Gordon）被描述为一个有着男性化外表和个性的女人，这与她的女性身体形成鲜明对比。戈登的形象不仅使异装成为女同性恋的标志，还使其成为一种标准。[30]

“二战”后：精彩的女性气质和隐形的同性恋者

在第二次世界大战期间，外观和时尚在界定个人的性别和性别化身份方面失去了意义，而且在整个战争期间，风格几乎没有任何改变。不过第二次世界大战一结束，巴黎就借克里斯汀・迪奥在1947年推出的“新风貌”系列[31]，努力重新确立其作为时尚之都的地位（图4.4）。“新风貌”代表了战时时尚的反面，并且刻意采用方形的垫肩，尝试摆脱男性化的外观。[32] 这种风格夸张、深受维多利亚时代风格的启发，而且极端女性化。它包括强调丰满胸部的克里诺林裙（Crinoline Skirt），突出沙漏形腰线的紧身褡和突出大腿长度的高跟鞋。“新风貌”被解释成与“婴儿潮一代”相一致的现代的、战后的生育女神形象。[33] 这很可能正是事实——众所周知，在第二次世界大战的制服构建的“像拳击手一样的女人”之后，克里斯汀・迪奥一直强调要恢复女性气质。[34] 在对一个所谓更稳定时代的怀旧中，“新面貌”呈现出传统的女性气质。这并非获得解放的女性需要的形象。但它也可以被解释为一种对战争和轻视女性气质的反抗。此外，“新风貌”的造型非常夸张，几乎是一种对女性气质的夸张描述。以此而言，它代表了一种更为当代的趋势，彻底构建一种清晰表达的女性气质。“新风貌”体现了哲学家西蒙娜・德・波伏娃（Simone de Beauvoir）于

图 4.4　法国时装设计师克里斯汀·迪奥正在调整一件他设计的晚礼服。巴黎，20 世纪 50 年代中期。Photo: Mondadori Portfolio via Getty Images.

1949 年发表的经典著作《第二性》(*Second Sex*)中的名言:“一个人不是生下来就是女人,而是后天变成女人的。”[35] 极端女性化的新造型塑造了战后的女性。

同时,这个造型还提出了其他一些有关设计师的性行为(取向)同他 / 她的设计之间关系的问题。在最近的一个时尚展览“时尚的酷儿[4]史:从衣柜到走秀台”(A Queer History of Fashion: From the Closet to the Catwalk, 2013 年)中列出了许多同性恋设计师,其中就包括克里斯汀・迪奥。[36] 从这个角度分析“新风貌”的话,我们可以发出质问:在当时,同性恋仍然是犯罪,性学和精神分析的理论依然将同性恋视为一种倒错,这些事实对克里斯汀・迪奥的设计有多大影响?在 20 世纪 40 年代,人们仍然普遍认为男同性恋者是被困在男人身体里的女人,反之亦然。当克里斯汀・迪奥说服装是“个性的表达”时,夸张的“新风貌”是他“内在的女性气质”的表达吗?[37] 又或者,他强调作为构建和表演的女性气质,是因为他知道反串女性是一种在同性恋亚文化及战争前线流行的娱乐形式?[38] 话虽如此,但在“新风貌”夸张的女性气质中,它代表了一种扮女装的气质,或者用当代的话说,变装的女性气质。

将克里斯汀・迪奥的风格分析为设计师隐秘的同性恋身份的表达,自然还是有些问题。不过,将他设计的这一造型解读为受到了未出柜性行为的影响,还是有些道理的:在 20 世纪 40 年代,公开同性恋身份意味着公众曝光、勒索和监禁的威胁,更不用说有可能遭遇暴力和审判。成为同性恋意味着保持隐身。甚至第一批同性恋权利组织,如男同性恋者的马塔金协会(Mattachine

---

[4] 酷儿(queer),原意为“奇怪的”或“奇特的”,在 19 世纪后期用作对同性恋的贬语。在 20 世纪 80 年代后,该词在西方逐渐被赋予正面含义,大体可认为其泛指非异性恋或不认同出生性别的“LGBT+”群体。——译注

Society，1950 年）和女同性恋者的比利提斯女儿会（Daughters of Bilitis，1955 年）都主张保持隐身。两者都建议成员遵守规范的性别角色和着装准则。女同性恋者被建议穿裙子和女士衬衫，摒弃男性化的标志和男子气女同性恋者的既定风格。[39] 男同性恋者则被敦促放弃女性气质，坚持搭配拘谨的色彩，并按照男性时尚的惯例着装：深色西装、简单的衬衫、领带和运动外套。对性取向暴露的恐惧反映在男同性恋者的“禁忌之事”清单中：“不要化妆……穿着女人的衣服……不要太注意你自己衣服的细节，或是极度讲究颜色或剪裁；不要戴显眼的戒指、手表、袖扣或其他珠宝；不要让你的声音或语调显示出女性口吻——培养一种男性的语气和表达方法。”[40]

这张清单清楚地表明了服装在创造性别化和性取向身份方面的核心作用。然而，人们可能会感到疑惑，在对同性恋充满如此敌意的气氛中，男女同性恋者又是如何相互结识的？或许是通过像克里斯汀·迪奥那样的过度设计，但主要还是通过拐弯抹角地谈论性取向：通过他们的服装、款式和行为的小细节。[41] 事实上，细节成为一种特殊的服装穿着技巧的象征，也成为性差异的重要标志。例如，男同性恋者在通过他们的服装与其他男同性恋者“对话”时，会使用配饰、红色领带、麂皮鞋和非男性化的相关颜色。[42] 值得注意的是，现代的同性恋概念刚好同一些新概念的兴起相符，其一为视现代社会是一个表象社会[43]，其二为服装是一种类似语言的制度，在其中个人风格被区分为言语[5]。[44] 当然，并不是所有人都接受隐身。在英国和美国的女同性恋酒吧中，工人阶级的女同

[5] 原文为“parole”，在语言学中言语（parole）同语言（language）相对，语言是一种音和义结合的符号系统，是人类的思维工具和最重要的交际工具，它是抽象概括的纯理论的东西。言语（parole）是个人的，是个人在特定环境中为完成特定的交际任务而对语言的具体使用。此处作者将服装同语言对比，故有此语。——译注

性恋者为女同性恋者发明了一个新的规范：布琪－费姆（Butch-Femme）情侣[6]。“布琪”穿着男性服装，“费姆”则穿着传统的女性服装。因此，这种布琪－费姆情侣模式抵制了主流的性别规范，将性别转化为角色扮演。[45]这比20世纪60年代同性恋解放运动所倡导的公开展示自己的性取向准则要早。

20世纪50年代：反叛者和花花公子

但是，妇女、男同性恋者和女同性恋者并不是唯一使用服装作为其性别化或性取向身份标志的群体。战后的西方文化也见证了青年文化及新消费型男人——单身汉的诞生。这也创造了新的服装类别：休闲装和青年装。[46]

在世纪之交，休闲的概念就已经与上层阶级的服装联系在一起[47]，但在战后文化中，它已经向下渗透到中产阶级。于是，一种新派男子再度出现：这就是由《花花公子》杂志的创始人休·海夫纳在1953年普及的，倡导享乐主义和消费导向的单身汉。单身汉总是一个人，他通常是（据称）异性恋，住在顶层公寓，会将自己的大部分时间花在“调制鸡尾酒和制作一两道开胃小菜，在留声机上放一点情调音乐，邀请一位认识的女性朋友安静地讨论毕加索、尼采、爵士乐、性……”[48]他的生活方式包括迷恋保守而随意的着装、红色的丝绒吸烟外套[7]、乐福鞋和烟斗，爱好最新的科技设备（收音机、录音机、唱片

[6] 原文为“the butch-femme couple”，指扮演男性的女同性恋（butch）和扮演女性的女同性恋（femme）情侣。——译注

[7] 一种较为宽松，面料多为丝绒的男式便装。——译注

机和电视机)、金汤力以及漂亮的女孩[49]。(图 4.5)单身汉这个概念是通过他的活动、衣橱、外表和奢华的生活方式来构建的——这与女性高级时尚杂志中定义的理想女性气质一样。[50]

图 4.5　1955 年，在巴黎的迪奥男士精品店，一名男子穿着迪奥系列的吸烟外套。Photo: John Sadovy/BIPs/Getty Images.

除了单身汉，在战后文化中还诞生了象征十几岁的青少年概念的青年文化。青少年（teenager）在20世纪40年代特指某个年龄段和白人中产阶级青年，但到了20世纪50年代，它指的是青年在公共文化中与众不同的能见度以及一种风格的身份。以时尚和消费为导向的青少年是由詹姆斯·迪恩（James Dean）和马龙·白兰度（Marlon Brando）等电影明星构建和普及的。他们代表了“叛逆的年轻人”，这是通过他们的电影角色塑造出来的一个新的细分市场。[51] 电影《欲望号街车》（*A Streetcar Named Desire*，1951年）通过白兰度的服装：皮夹克，牛仔裤，沾满污渍、油腻、汗水的外形以及卷起袖子的紧身白色T恤，将他塑造成叛逆且具有性诱惑力的“工人阶级种马”。[52] 詹姆斯·迪恩在电影《无因的反叛》（*Rebel Without A Cause*，1955年）中饰演的吉姆·斯塔克（Jim Stark），让飞行员夹克大受欢迎。这两个角色都把白色T恤（在20世纪30年代仍被当作一种内衣）和牛仔裤（在20世纪30年代主要由儿童穿着的服装）[53] 变成了一种时尚而反叛的服装。这些电影人物还构建了“摇滚风”和“泰迪风”，即最早的青年亚文化或“风格部落”。[54] 白兰度和迪恩，还有蒙哥马利·克里夫特（Montgomery Clift）和保罗·纽曼（Paul Newman），都是青少年时尚的代言人。[55] 矛盾的是，虽然这些风格被定义为“反叛”，但它们的核心还是对男子气概和女子气质的规范性理解。年轻的男孩们穿着男性化的服装，而女孩们则展示出少女般的女性化造型：突出腰部线条的裙撑、加垫的胸罩、马尾辫和芭蕾舞鞋。

20 世纪 60 年代：性爱革命和单身女孩

有着不同的风格部落的青年文化即便早在 20 世纪 50 年代就已建立起来，但还是直到 20 世纪 60 年代才得到了充分发展，并且将女孩和（成年）年轻女性囊括进来。这十年出现了许多新事物：首次面世的口服避孕药，解放运动，以及让大规模生产新面料和廉价服装成为可能的新服装制造技术。这十年也见证了女权主义的"第二次浪潮"：旨在结束妇女在工作和家庭中遭受的社会歧视，并追求妇女拥有对自己身体做出决定的权利的妇女解放运动。[56] 年轻女性变得不再依赖男性，并且出现了一种新型的年轻女性：单身女孩。海伦·格丽－布朗（Helen Gurley-Brown）在《性与单身女孩》（*Sex and the Single Girl*，1962 年）中描述了这种单身女孩的经济独立和性探索。这种新女孩被鼓励从事诸如售货员、营业员或模特等方面的工作，从而获得经济独立。在这十年的晚期，同性恋解放运动为非异性恋者追求平权，鼓励人们公开展示他们的性取向。[57] 一种新的同性恋关注度的争权活动随之而来，人们进行街头戏剧、变装表演、示威游行活动，最后人们穿着印有"同性恋好"等口号的 T 恤，于 1972 年举行了第一次"骄傲同性恋（Gay Pride）"大游行。[58]

解放运动影响了女性和男性性别化外观的变化。性行为从婚姻和家庭生活中脱离出来，被定义为非常私密的个人事务，这一点在此十年的前半段，在中性和极简主义风格中得以实现，后半段则体现在更自然、异国风情和简单的服装上。"自由性爱"的意识形态在嬉皮士风貌中得到了体现：休闲、多彩、宽松和民族风格的衣服，还有自然生长的体毛——男女都是蓄长发，不刮胡子，也不处理腿毛和腋毛。对未来和人类征服遥远星球能力的新信念，在安德烈·库雷热（André Courrèges）和皮尔·卡丹（Pierre Cardin）等设计师的人工合成面料成衣，以及未来主义外观设计中被物化。他们的设计包括由塑料制成的“太空时代的服装”，透明的大衣、裙子和鞋子——衣服“下面什么都没有或几乎什么都没有”[59]，以此强调对性别、身体和性的新要求。

在青年文化中，英国的摩德文化接受了更多的双性化和中性的外观。它代表了女孩和男孩之间更平等的关系，并使摩德风格更加概念化和政治化。[60] 摩德男孩拒绝了前十年的“粗糙的男子气概的概念”，接受了一种更女性化的、视觉上低调的风格。它包括清洁光滑的西装、派克大衣（parka）[8]、马球衫、高领衫、干净的牛仔裤和克拉克靴（Clark’s boot）。[61] 这种风格也代表了一种对萨维尔街创立的上层阶级忧郁、优雅的男装时尚的抵制。它代表了对男性服饰的一种新态度，更为强调享乐主义而非禁欲主义，从而激起英国媒体为其打上“孔雀革命”的标签。[62] 在不少流行歌手那里，人们可以看到花花公子式的双性化和中性的形象。甲壳虫乐队（The Beatles）和谁人乐队（The Who）是摩德风格的化身，而滚石乐队（Rolling Stones）则接受了更加颓废的花花公子形象。

摩德女郎的风格在玛丽·奎恩特（Mary Quant）的设计中得到了体现。这位设计师比她为之设计的女郎年龄大不了多少，她因创造了迷你裙、“切尔西女孩”和“伦敦风”[63] 而受到赞赏（图 4.6）。她的设计代表了一股新鲜气息，将女性气质与年轻女孩的社会、经济地位和性独立相融合。“摩德女王”达斯蒂·斯普林菲尔德是一位女同性恋歌手（Dusty Springfield）。她通过她的服

[8] 派克大衣（Parka，或称“anorak”）是一款带兜帽的防风雪大衣，原型为因纽特人发明的防寒和防风雨着装。——译注

图 4.6　1967 年 8 月 15 日，模特们在卡尔顿酒店，穿着玛丽・奎恩特设计的服装。
Photo: Keystone-France/Gamma-Keystone via Getty Images.

装、高耸的蜂巢式发型、浓密的刷着睫毛膏的假睫毛以及漂染的金发来伪装成美国黑人灵魂歌手，扼杀了任何关于女性的自然主义观念[64]。此外，斯普林菲尔德的表演被变装皇后（drag queen）[9]模仿。不过，斯普林菲尔德不仅把她的造型提供给变装皇后，她同时也模仿他们。因此，她普及了自己的风格和变装皇后模仿的风格，使男同性恋亚文化的忸怩作态的表演为主流观众所知。[65]

尽管上述例子可能在其他方面有所暗示，但"摇摆的 60 年代"还是一个主要解放了异性恋男人和女人的性许可证时代。性解放的浪漫观点随着社会

[9]　变装皇后：俚语中多为对男扮女装的男同性恋者的称呼。——译注

的变化成为可能，并通过技术的进步和流行文化及青年文化的兴起而具体化。20 世纪 60 年代是一个幻想美好未来的时代，它通过时尚获得了实在的结果。下一个十年以对未来的乐观看法开始，但以凄凉的悲观主义结束，这点具体体现在朋克美学中。

20 世纪 70 年代：反时尚和人造性别

在 20 世纪 70 年代，“街道”成为革命思想的一个重要象征。它是被压迫群体的政治激进主义的舞台，也是一个通过成为灵感来源和市场来普及时尚的地方。街头成为音乐和性亚文化提出的“反时尚”的象征，亚文化反对当时占上风的(成人)社会和性别秩序。尽管如瓦莱丽·斯蒂尔(Valerie Steele)所说，“时尚并不流行”，但这十年因某些服装和材料而被人记住：热裤、乙烯基纤维特长大衣、莱卡纤维裤装、卢勒克斯纤维上装、涤纶西装、喇叭裤、宽翻领、宽领带，以及男女皆宜的松糕鞋。[66] 男人的衬衫开到腰部，突出了男性躯干的情色意味，而女人的裙子则开到胯部，突出了女人腿部的性感。这十年并非没有风格：这是一个对过度、失真和非天然纤维感兴趣的十年。这些事实强化了一种观念，即品位、得体和性别的准则是受阶级约束和文化构建的，而非自然存在的事实。

人们可以在诸如大卫·鲍伊（David Bowie）和马克·波兰（Marc Bolan）

等中性魅力摇滚歌手（glam-rockers）[10] 的形象和风格中见到性别的人为性。他们的造型挑战了关于美、性别和性的规范性理念。鲍伊的影响主要来自同性恋和变装皇后文化，一位记者曾将他描述为“同性恋皇后，一个华丽的娘娘腔男孩”“打扮得花枝招展像五颜六色的帐篷一样，他的手是软绵绵的，尽使用一些夸张词汇”。[67] 鲍伊的“操弄性别”[11] 风格对广大青年，特别是男同性恋者产生了巨大影响。[68] 另一个有影响力的团体是纽约娃娃（New York Dolls），一个原朋克（proto-punk）乐队。他们的出现在很大程度上得益于像杰基・柯蒂斯（Jackie Curtis）这样的变装皇后，他是安迪・沃霍尔（Andy Warhol）的电影工厂 [12] 中最著名的艺人之一。（图 4.7）众所周知，沃霍尔本人也曾模仿过“傻白甜金发女郎”（dumb blonde）[13] 的刻板印象，他在公开场合出现时很少不戴着他那标志性的漂白金假发。

破坏既定的性别规范的想法在 20 世纪 70 年代中期的朋克运动中，在他们的 DIY 音乐和服装美学中被发挥到极致（图 4.8）。朋克的反权威价值观，对资本主义以及“统治阶级”主导的美学规范进行了批判，这主要体现在他们那颜色鲜艳的莫西干式发型、显而易见的妆容，以及在身体上穿孔、使用安全别针和盥洗室链子作首饰等行为。[69] 朋克用捡来的材料、破损的布料和废弃物

[10] 魅力摇滚（Glam Rock），也称为闪烁摇滚（Glitter Rock），是 20 世纪 70 年代初在英国发展起来的一种摇滚乐和流行音乐风格，特点是主唱及乐手都拥有性别模糊的装扮，台风华丽、戏剧化，他们会穿着华丽的服装和高跟舞台鞋，有着艳丽的化妆和发型，同时使用大量闪光颗粒与亮片。——译注

[11] 原文为“genderfuck”，指试图通过混合或扭转一个人的性别表达、身份或表现来颠覆传统的性别二元结构的举动。——译注

[12] 指安迪・沃霍尔在 20 世纪 60 年代和 70 年代初推广的纽约市人物小团体。这些人物出现在沃霍尔的艺术作品中并伴随他的社会生活，体现了他著名的箴言：“在未来，每个人都会出名 15 分钟”。沃霍尔会简单地拍下他们，并宣布他们是“超级明星”。——译注

[13] “dumb blonde”在英文中多指漂亮但无知的金发女郎。——译注

图 4.7 杰基·柯蒂斯，摄于 1970 年，同年柯蒂斯开始拍摄电影《反抗的女人》(*Women in Revolt*)。Photo: Jack Mitchell/Getty Images.

图 4.8　1976 年 11 月 15 日，席德・维瑟斯、薇薇恩・韦斯特伍德和一群朋克族在性手枪乐队的演出现场。Photo: Ian Dickson/Redferns.

诸如塑料袋、橡胶、马口铁和旧轮胎来制造衣服。[70] 如此做的目的是抨击时尚的霸权意识形态，揭露美感、体面以及可接受的女性和男性气质标准的非自然性。朋克美学帮助弱势群体构建了性别化和性取向身份，突出了时尚作为性政治的一个重要舞台的意义。亚文化对让服装产生性别扭曲（反转）做法的迷恋，标志着人们对模糊“正常”和“反常”性行为的界限的意愿和兴趣——这些主题在接下来的十年的时尚中得到了充分发展。

20 世纪 80 年代：时尚的反讽

在《时尚时代》（*Fashion Zeitgeist*）中，芭芭拉·文肯（Barbara Vinken）将 20 世纪 80 年代的时尚描述为“后时尚”。这个概念指的是时尚界接受了前十年那些被人提出的理念，并对自己的历史和实践有了自知之明和自我反思。时尚改变了方向：它不再是从上层阶级涓滴到下层阶级，而是自下而上地发展，从街头走向走秀台。时尚变得更加概念化和抽象化，在性别和性方面，它断然打算解构现有的理念。文肯轻蔑地说：“没有什么比把自己打扮成‘女人’‘男人’或‘女士’更不合时宜的了。”[71] 在以时尚为导向的新人类身上模糊的性别分类再次直观化。这次，他们的身影在男性时尚媒体上流传，他们的造型来自“风格化的同性恋身份”，为异性恋男人提供了新的购物方式以及看待其他男人和自己的方式。[72] 新女性也被重新挖掘出来：她（再次）坚定、自信且经济独立。如今，她的强势体现在“女强人装”上：方块状的男性化细条纹套装表达了力量、霸气和上进心。

性别偏移在流行文化和性亚文化中也很明显。诸如安妮·蓝妮克丝（Annie

Lennox）、治疗乐队（the Cure）的罗伯特·史密斯（Robert Smith）、死或生乐队（Dead or Alive）的皮特·伯恩斯（Pete Burns）、文化俱乐部（Culture Club）的乔治男孩（Boy George）以及迈克尔·杰克逊（Michael Jackson）等流行艺人，他们通过穿耳洞、打鼻环和唇环、涂指甲油和不分性别的醒目妆容，混合了男子气概和女子气质。他们是年轻人的潮流大使，他们的形象通过音乐和潮流媒体以及新成立的音乐电视——MTV，在全球范围内传播。新的媒体环境也使性少数群体更加明显和合法，还让他们独特的服装风格为亚文化圈外人所知晓。其中的一种形象便是极端男性化的芬兰的汤姆[14]式的克隆人。他会穿着飞行员夹克、李维斯牛仔裤和马汀大夫的靴子。这种形象是对男同性恋者被污化为“娘娘腔”的反击，但也受异性恋和恐同文化（特别是恐同文化在艾滋病危机之后将同性恋者病态化）的影响。[73] 大男子主义的外观突出了发达的肌肉和健康的身体，与普遍存在的有关同性恋者是病态的娘娘腔身体的刻板印象形成鲜明对比。

另一方面，女同性恋—女权主义风格推崇双性化或性别混合，旨在揭示女性气质的文化构建之下的“真正的女人”。它将时尚作为一种需要耗费太多时间的做法以及对妇女的压迫来批判。像克隆人一样，性别混合也拒绝女子气质。它被定义为结构上的第二性，就个人而言，容易遭受暴力和剥削的侵害。双性化是一种策略，以尽量减少女性的耻辱感，并强调女同性恋者不会为男性着装。从风格上看，双性化是平底鞋、松垮裤、不剃毛的腿和不化妆的素脸组合。另一种独特的风格是 S/M 女同性恋者，她们穿成皮革、橡胶和制服风格。

[14] 托科·拉克索宁（Touko Laaksonen），见本书第三章。克隆人为无性繁殖，此处指性特征的模糊暧昧。——译注

其中，“上面的”穿背心、无衬衫的马甲，或上身不穿衣服，直接裸露腰部以上的身体；“下面的”则穿裙子、连衣裙、女式贴身内衣和高跟鞋，从腰部以下露出身体。74

在诸如让·鲍德里亚（Jean Baudrillard）、雅克·德里达（Jacques Derrida）和让－弗朗索瓦·利奥塔（Jean-François Lyotard）[15]等哲学家定义的后现代主义更为广泛的思潮中，时尚被强调为一种构建和解构性别外观的有效工具。此点在让·保罗·高缇耶和薇薇恩·韦斯特伍德（Vivienne Westwood）的作品中得到了体现。他们都是以尝试质疑品味、得体和性别分类的界限而闻名的设计师。让·保罗·高缇耶将同性恋文化的刻板印象纳入主流：水手、克隆人、异装癖和男同性恋 S/M 皮革恋物癖者。他还将变装皇后的形象转化为一种装模作样和极度女子气质的表现。让·保罗·高缇耶的设计被认为是公开的忸怩作态：充满非自然、人工和夸张。让·保罗·高缇耶为彼得·格林纳威（Peter Greenaway）的电影《厨师，大盗，他的妻子和情人》（*The Cook, the Thief, His Wife & Her Lover*；1989 年）设计的服装让他成为首批家喻户晓的人物之一。他的标志性服装，像外穿的内衣、圆锥形的胸罩，由于被麦当娜在“金发雄心”巡回演唱会（1990 年）中穿着而大为流行，此外还有他的男性裙装，将性别的严肃性转化为轻浮的角色扮演游戏（图 4.9）。与克里斯汀·迪奥不同，让·保罗·高缇耶公开采用了同性恋文化中性别表现浮夸的手法，制作了充满双关意味的服装。他的设计还将性行为的贬损定义——同性恋、妓女、荡妇——转变为强大的象征。他抹去了历史上附加于同性恋和

[15] 均为法国后现代主义哲学家。——译注

图 4.9　让·保罗·高缇耶设计的男裙，巴黎，约 1987 年。Photo: The Museum at FIT.

性活跃女性之上的负面内涵，并将其转化成一种可让人接受的风格和受欢迎的恋物造型。意大利设计师乔治·阿玛尼（Giorgio Armani）则声称，不存在特定性别的服装、颜色或风格，在用皱纹、松垮、无定形和静态雅皮时尚的亚麻套装构建新的社会身份时，他会在女性和男性之间不断游走。

20 世纪 80 年代，人们也看到了女性设计师的崛起。已经将朋克风带入时尚世界的薇薇恩·韦斯特伍德，为她的模特穿上了在生殖器部位印有无花果叶图案的女紧身连衬裤。这一设计同时提到并借鉴了圣经中关于“人类的堕落”的叙述，描述了第一个男人和第一个女人从纯真状态过渡到性状态，以及他们如何用这些“第一件衣服”遮盖他们的性器官的[16]。韦斯特伍德提出，所有的衣服都是带有性意味的，其悖论中心就是隐藏和揭示。虽然衣服隐藏了被禁止的和隐秘的身体，但它也要唤起人们的注意。日本设计师川久保玲则探索了颜色和剪裁蕴含的性别本质，设计了具有“无性别”色彩的黑白系列，并创造了突出通常不被视为有性意味的身体部位的服装。她还在她的“Poor Chic”系列服装中进行了阶级实验，将阶级转化为一种伪装。[75]而吉尔·桑德(Jil Sander）是少数公开女同性恋身份的设计师之一，为现代具有时尚意识的（女同性恋）女性创造了极简主义和双性化的外观。

20 世纪 80 年代见证了时尚界的一个概念性变化。它强调了作为伪装和表演服饰的服装，并在如此做时强调了性别和性的人为性。在下一个十年，这种想法才变得正常化，即不仅是极端的例子，还有服装的普通层面一起构建了性别和性。

[16] 此典故参见本书第三章。——译注

20 世纪 90 年代：酷儿时尚

20 世纪 90 年代是时尚视觉化加速，并且越来越多地以图像形式呈现的十年。尽管自从现代时尚系统和现代时尚媒体在 20 世纪之交诞生，视觉性就已经定义了时尚[76]，但如今它通过广告、音乐视频和时尚生活杂志，以富有魅力的广告形式交织在人们的生活中。到了 21 世纪，这种影响只会随着“新媒体”、互联网、各种基于图像应用的社交媒体和博客的发明而进一步发展。[77]图像为时尚创造了新的可见度，并成为能影响时尚被感知、营销和传播的重要手段。服装的图像变得比服装更重要，而时尚成为这样一个领域，在其中，编辑、摄影师、平面设计师、造型师和艺术总监可以利用他们的创意自由和直觉，创造出梦幻般的叙事场景，在设计本身和想象的消费者周围创造出一种诱人氛围。当莎莉·波特（Sally Potter）导演的《奥兰多》（*Orlando*，1992 年）和尼尔·乔丹（Neil Jordan）导演的《哭泣的游戏》（*The Crying Game*，1992 年）等电影将非异性恋纳入主流时，新的音乐流派如油渍摇滚（grunge）、嘻哈（hip-hop）和泰克诺（Techno）[17]则模糊了性别分类，引入了更多概念性和中性性别俱乐部的服装。通过《i-D》《眼花缭乱》（*Dazed & Confused*）和《面孔》（*The Face*）等前卫的时尚和生活杂志的帮助，时尚广告成了一种有其自身版权的艺术形式。

在这些出版物中，时尚广告毫无疑问变得酷儿化。这意味着时尚广告不仅试图在围绕品牌营造“逼真”和“可靠”氛围时使用了快照美学[18]，同时也意

[17] 亦作“高科技舞曲”“铁克诺音乐”，为一种电子音乐。——译注

[18] 一种提倡用未经构思、松散或冲动的照片捕捉人们生活的时尚摄影风格。——译注

味着它们在应对一个新发现的细分市场——同性恋消费者时，使用非传统的性别化的模特和营销策略。[78] 在学术形式上的酷儿理论中，酷儿对性别和性取向的自然性提出了批评性的质疑。虽然“酷儿”在历史上一直被当作一个关于同性恋的口语化和辱骂性的词语，但在 20 世纪 90 年代，学术界开始把它当成一个概念，去挑战关于性别和异性恋的自然性的观念。[79] 酷儿反对身份认定，它是对身份的解构。就视觉化而言，同性恋者试图使性别和欲望的分类明确——无论是同性恋还是异性恋，女性还是男性，女性化还是男性化——都成为不可能。此点在时尚广告中被可视化，这些广告强调身份认同的多重性和流动性，以及通过赋予时装模特的中性化和双性化的造型而营造的欲望的可能性。在服装方面，酷儿强调跨性别的身份认同。朱迪斯・巴特勒（Judith Butler）[80] 和朱迪斯・哈伯斯塔姆（Judith Halberstam）[81] 或许是被引用最多的酷儿理论家，在理论阐述性别的文化构建性时，都谈到了变装皇后和变装国王的形象。

此外，建构性别化和性身份的角色在很大程度上从服装转移到了模特和视觉形象之上。事实上，当服装变得更加普通和随意——人人都穿的衬衫和牛仔裤——广告就变得对性亚文化更感兴趣。贝纳通（Benetton）和卡尔文・克莱恩是酷儿时尚的先驱者。他们推出的广告与服装促销没有什么关系，但同性别和性的公认准则有关。贝纳通展示了由高加索人和非洲母亲抱着一个中国孩子组成的非常家庭，而卡尔文・克莱恩在宣传牛仔裤、内衣和香水时，使用了双性化和相貌平平的模特，诸如凯特・摩斯（Kate Moss）、史蒂娜・坦娜特（Stella Tennant）、艾芙・萨尔瓦尔（Eve Salvail）和清水珍妮（Jenny Schimitzu）。（图 4.10）范思哲（Versace）、古驰（Gucci）……高级时装公司也很快跟上了这股潮流，在销售诸如内衣、包和太阳镜等价格实惠的配饰时使用了大胆的性爱广告。[82] 迪赛（Diesel）和希思黎（Sisley）提供基本的日常服装，而由品牌营销部门和著名时尚摄影师奥利维罗·托斯卡尼（Oliviero Toscani）、赫尔穆特·牛顿（Helmut Newton）、科琳娜·戴（Corinne Day）、于尔根·特勒（Jürgen Teller）和史蒂文·梅塞（Steven Meisel）创作的挑逗性图片使其魅力大增。这些摄影师创作的许多广告活动内容成为公众激烈争论的焦点，其中某些广告因其非规范性和露骨的性内容而被迫撤销。[83]

在 20 世纪 90 年代，高级时装广告明显从过去汲取了灵感。一个被广泛使用的视觉主题就沿袭 20 世纪 20 年代的双性化和变装的传统。它甚至产生了一种叫作女同性恋时尚的趋势。[84] 这是一种从贵族女性浪荡子的视觉表现中提取而来的怀旧风格，从罗曼·布鲁克斯的画作和电影里变装玛琳·黛德丽和葛丽泰·嘉宝的形象中汲取了营养。1998 年，英国足球运动员大卫·贝克汉

图 4.10　在纽约广告牌上展出的摄影师史蒂文·迈泽尔（Steven Meisel）拍摄的超模凯特·摩斯为卡尔文·克莱恩品牌打的广告。Photo: Niall McInerney, Bloomsbury Fashion Photography Archive.

姆（David Beckham）穿上了著名的莎笼，给都市型男[85]这个概念带来了具有男子气概的脸庞。矛盾的是，曾被视为文化中最不道德部分的那种时尚，已经成为进步前沿的酷儿政治。它不仅识别出了新消费者、富人、有时尚意识的同性恋者以及他 / 她带来的新经济领域——粉色美元，还让其显露出来。[86]越来越多的公司为这种新消费者做广告，使得同性恋和异性恋越来越难以区分。

然而，虽然酷儿在时尚界变得可见，但大前提还是在于社会变革。这场变革是由 LGBT 运动所倡导的，特别是位于美国的艾滋病激进团体，如酷儿国际（Queer Nation）和 Act Up。他们为结束对同性恋者的暴力和偏见而奋斗。这些团体使用印有“我们在这里！我们是酷儿！习惯吧！”等口号的 T 恤，促进非异性恋正常化。现在，性别化作为一种服装功能被理论化。[87]在新世纪的开始，时尚的可视化日益增加，性别构建从女性、男性和儿童延伸到我们的宠物。

21 世纪 : 从《欲望都市》到时尚的哈巴狗

当代的时尚与视觉性完全交织在一起，由此产生了一种新类型: 时尚影片。[88]这是一种将品牌形象与动态影像交织在一起的尝试，并且从古装剧变成了一部连接时尚和叙述理想生活方式的影片。最具影响力的时尚影片之一实际上是美国的一部电视连续剧:《欲望都市》（*Sex and the City*）。它于 1998 年首次在美国电视台播出，并从一个热门节目变成了一个长达六季、全球关注的成功的获奖影视剧。这部电视剧以四位单身女性讨论性和人际关系为主题，并将时尚作为构建 21 世纪女性的工具。该系列还成功地让时尚变成了剧中角色，它将独家设计师品牌——特别是鞋类设计师莫罗・伯拉尼克（Manolo

Blahnik）和克里斯提·鲁布托（Christian Louboutin）——纳入主流，并授予该系列剧的服装设计师帕特里夏·菲尔德（Patricia Field）以时尚大师的地位。[89] 该剧将角色与现实联系起来：角色所穿的衣服在现实中被拍卖。该系列剧在为观众提供虚拟购物狂欢的同时，也为一些观众提供了真正的设计师服装。

《欲望都市》塑造了一个迷人的、追求时尚的当代单身女孩形象。它把穿衣打扮变成了一个有趣的赋权游戏，并把主角凯莉·布雷萧（Carrie Bradshaw）变成了“我们这个时代女性的细高跟鞋的角色榜样，在时尚的观念中咔咔作响地走在自己的路上”。[90]《欲望都市》不仅设法普及了高端时装大品牌，还将高跟鞋和极度女性化的服饰转变为构建女性气质的“第三波女性主义”的工具。剧中四个角色都强调了这样一个观点：没有单一的女性气质，也没有单一的模式适合女性。

时尚界一直在寻找新的细分消费者。新时尚消费者：儿童和宠物过去在时尚中只占据边缘位置。随着家庭规模的缩小，对儿童和宠物的情感和经济投资都在增加。儿童是全球和本地时尚市场的重要参与者，童年已经成为以时尚为导向的全球消费者的社会形态中的一个切入点。特别是小女孩，她们被描绘为“迷你时尚迷”，知道如何穿衣和消费哪些品牌。这些增加了儿童设计师服装的供应和需求。迪奥、范思哲、卡尔文·克莱恩、巴宝莉、阿玛尼、阿尔伯特·菲尔蒂（Alberta Ferretti）和古驰等高端时尚品牌都拥有童装系列（图4.11）。童年由时尚塑造，但时尚也成为构建性别化童年的重要手段：也就是少女时代和少年时代。20 世纪 30 年代，女孩和男孩的服装被分开，此后性别划分只增不减。性别化很早就开始了：性别不一定能被第一眼认出，婴儿穿着衣服的色彩和面料与儿童性别相关——女孩是粉红和镶褶边的裙子，男孩是蓝色牛仔裤。[91] 儿童的性别化服装体现了性别是如何被刻在服装上的：刻画在设计、剪裁、颜色、图案和面料中。服装造就了性别，而不是反过来。

服装不仅造就了性别，也造就了人类。这在宠物世界特别明显。在西方，小哈巴狗越来越多地穿上了时尚的衣服，它们有自己的宠物时装周，并定期去宠物沙龙。[92] 时尚使狗人性化：它们的衣服遵循与为人类设计的衣服相同的图案、颜色和设计。一些小狗穿的衣服还有更保守和成熟的外观，如带有巴宝莉格子花纹的套头衫，或巴伯衫油布雨衣。狗的服装也有性别区分：有粉红色的连衣裙，有适合狗小妹的带蝴蝶结和花边的内衣，还有适合更有街头气息的狗的皮夹克和连帽衫。此外，狗的衣服还突出了人类时尚世界中熟悉的民族和阶级的标志。这揭示了性别的视觉标志是怎样直截了当地从一个物种渗透到另

图 4.11　21 世纪见证了儿童高级时装的崛起。2010 年的纽约，所有的大品牌都有自己的儿童系列。Photo: Annamari Vänskä.

一个物种。这也证明了性别对时尚界来说是多么有利可图。它已经将性别转化为一组符号，可以很容易地附加到新的事物甚至新的物种上。在后工业化的商品领域，时尚已经达到了一种——如果要我说，就是——后人类阶段。它不仅是建构性别的工具，还是建构人类的工具。服装既不需要身体来显示性别，也不需要显示人性。（图 4.12）

图 4.12　21 世纪 10 年代，时尚界一直在寻找的新市场就是宠物服装。2014 年，东京，一家专门的精品店出售的哈巴狗的时尚服装。Photo: Annamari Vänskä.

一些设计师显然正在接受后人文主义。已故设计师亚历山大·麦昆(Alexander McQueen)的“柏拉图的亚特兰蒂斯”系列(2010年)和荷兰前卫设计师巴斯·科斯特斯(Bas Kosters)的2015年“永恒的混沌世界”系列模糊了性别、人类和其他动物的分类边界。麦昆的设计，如犰狳靴(Armadillo Boot)，从动物和非人类的世界中获得了灵感，而科斯特斯的模特则穿上了带有幼稚图案的寓意性别和人性扭曲的服装。两位设计师似乎都在表示，对贩卖明确区分性别的服装的趋势感到麻木。21世纪应该比20世纪更少地关注性别，而更多地关注人性。

第五章　身份地位

简 · 泰南

权力与地位

罗兰 · 巴特（Roland Barthes）[1] 曾经观察到，服装将身体与社会联系起来。[1] 在这一章中，我们将探讨时尚和服装标记作为社会权力场所之一的身体的各种方式。时尚是一种文化现象，它会在社会领域产生意义。然而，时尚的偶然性阻止人们对其地位标示进行简单的解释。它虽然可能是一个产业，但具有不可预测性，贯穿整个时尚历史的自上而下出现的颠覆性风格就说明了这一点。

正如弗雷德 · 戴维斯（Fred Davis）所观察到的那样，“所谓‘合乎时尚’，

[1] 罗兰 · 巴特（Roland Barthes），法国著名文学理论家和批评家，同时也是符号学的创始人之一，他的理论思想涉及结构主义和后结构主义。——译注

仅仅是比那些不时尚者高出一筹。”[2] 时髦就是现代化——有竞争优势——是一种由充满活力的年轻消费文化激发出来的态度。那么在这种情况下，我们谈到的地位到底有何含义？尽管在20世纪社会结构发生了变化，但在描述教育、财富和职业地位等方面的社会差异时，阶级仍然是一个有用的术语。如果服装能固化那些将我们与社会群体联系起来的身份，那么我们的社会阶级就有可能正在决定我们的穿着。[3] 然而，阶级不是静止的，它描述的是一种本身也在不断变化的集体身份。

20世纪末，对阶级的研究使得阶级术语引发了深刻共鸣，不过其也经常由于被认为不够时尚而遭到摒弃。[4] 观察社会阶级的动态有助于探索作为地位标志和社会权力场所的服装。着装习惯在社会阶级认知转变方面揭示了什么？流行的服饰产生于社区传统，但一旦西方的城市和农村之间的关系发生变化，消费时尚就成为决定人们穿着的主导系统。消费文化的出现，也与一系列让社会群体获得更好的工资和消费信贷的发展同步。

时尚的地位

时尚过去是，现在也是一种都市现象，正如帕特里齐亚·卡莱法托（Patrizia Calefato）所观察到的：“时尚的服装是世界性的。”[5] 服装的社会重要性、它应该如何穿戴以及它可能具有的含义，是由一个特定社会下的权力和资源分配决定的。长期以来，时尚成为都市现象，而服饰则在传统文化背景下在许多农村地区得以幸存。服饰是一种用来标记仪式并将社区联系在一起的社会实践。相比之下，城市则集中了劳动力和我们用来同充满活力的时尚社会发生关联的消费主义。工业组织的模式决定了人们如何获得服装，以及他们为了让自己身体显得时尚而做出的审美选择。越是在消费时尚盛行的地方，梦寐以求的形象就越层出不穷。

如果说时尚的目的是要胜人一筹，那么它就能左右人们对社会地位产生的不安全感。时尚随着不断变化的集体身份认知而变化，每一个新外观，一种诱人的形象，都在塑造消费者的欲望和梦想。当人们购物时，他们寻求的不仅仅是获得无生命的物品，还是购买到一种新的身份。消费时尚扩大了服装的社会作用，创造了一整套审美系统，通过该系统人们可以固化自己的身份，并且在表面上能与他们的社会群体相联系。不过最重要的是，时尚是社会意愿的表现。

时尚通过一个流动的、变化的和不稳定的，并且与资本主义本身动态相呼应的结构来体现地位。根据社会学家格奥尔格·齐美尔（Georg Simmel）[2] 的说法，时尚来自“社会平等化的趋势与个人差异化和变化的欲望”之间的紧张关系。[6] 他描述了一个不成文的模仿系统，在这个系统中，新的时尚在地位等级中不断下降。[7] 这种平衡行为与资本主义本身的动态和自由民主的弹性有相似之处。一旦某种时尚失去了传递地位区别的能力，其就会成为冗余，要为新的时尚腾出空间，如此反复。因此，时尚的变化节奏很快。齐美尔关于时尚“是阶级界限的产物”的观点意义重大。[8] 他的理论注意到了社会的分层，以便了解社会分层导致的紧张和分类是如何创建时尚系统的。

在时尚界内部，神秘的仪式被制定出来，以表达其标明时尚地位的力量。人们曾对伦敦时装周进行过一项社会学研究，研究界限是如何被用来对这个

[2] 格奥尔格·齐美尔：德国社会学家、哲学家，形式社会学的开创者。——译注

时尚日程表上重大事件的参与者划分等级的。像其他类似活动一样，伦敦时装周再现了旨在维护整个时尚系统的关键分类和阶层。乔安妮·恩特威斯尔（Joanne Entwistle）和阿格妮斯·罗卡摩拉（Agnes Rocamora）[3] 发现，参与者根据他们的社会资本被分成不同等级，反映出在更广泛的时尚领域存在的界限设置。[9] 在时装业内部被仪式化的地位标记，反映了参与者在魅力和诱惑表面所进行的投资。这些表面是有社会意义的：它们代表并复制了整个时尚系统建立的不平等性。（图 5.1、图 5.2）

图 5.1　2015 年 6 月 13 日，英国王室在皇家骑兵校阅场观看一年一度的皇家阅兵仪式。Photo: Samir Hussein/WireImage.

[3]　乔安妮·恩特威斯尔：伦敦国王大学教授；阿格妮斯·罗卡摩拉：伦敦大学教授。——译注

图 5.2　1974 年 4 月，在东柏林亚历山大广场的华伦豪斯百货商店举行的一场时装秀。民主德国鼓励国人首先把自己视为工人，然后才是消费者。Photo: Mehner/ullstein bild via Getty Images.

时尚系统以社会权力的形象进行交易，针对的是一个看似只提供给年轻、身材瘦长、受过教育、健康、富有之人的高档俱乐部。恩特威斯尔对时尚买家、模特和经纪人在生产者和消费者之间进行撮合斡旋时，时尚市场是如何平衡文化和经济估算进行了研究。[10] 她发现该系统利用时尚、靓丽的身体中潜在的审美力，宣称要让热切的公众了解其强大的时尚秘密。地位对时尚系统来说是至关重要的，它对平等或公平的概念毫无让步的余地。时尚似乎体现了残酷的商业世界。世界上的少数几个城市，如巴黎、伦敦、纽约、东京和米兰，在对其他国家和地区的人们穿着的影响方面，拥有高得不成比例的地位。从历史上看，时尚着装与文化权力相关，它标志了社会地位，将地位标记仪式化，而且该行业创造了迷人的外观，以吸引“受过教育的”世界性消费者。时尚是资本主义的一种表现形式，通过鼓励人们努力奋斗，将结构性的不平等纳入其中，它是一种在一个不平等社会中创造成功幻觉方面至关重要的行为。

以自我完善为目标的消费主义鼓励人们通过保持身体的年轻和美丽来使他们的社会权力最大化。[11] 戴安娜·克兰（Diana Crane）[4] 对时尚和社会阶级进行了一项重要研究，追踪了从 19 世纪阶级时尚到 21 世纪初全球化消费时尚这段时间里时尚同性别之间的关系的转变。[12] 该研究着眼于围绕服装的叙事，并着眼于时尚的交流作用，特别是探讨了“社会群体之间的紧张关系在社会空间是怎样显示的”。[13] 衣服标志着社会地位，但其是以复杂的方式表达的，特别是在当下这个准则不那么僵硬，附带了更多信息的社会中更是如此。在时尚的消费者中，自我完善的强烈欲望使问题更加复杂，（因为）创造的年轻和美丽幻想（能）使得社会权力最大化。因此，高端地位的身体呈现为一种可被制造的东西。

关于服装的关键历史事实——它有着表明地位和表达社会权力的能力——在于它的有效性。禁奢令规定了不同社会阶级的人可以穿着什么面料的衣服和佩戴什么样的装饰品，这反映了服装在中世纪的西方表达社会阶级的力量。[14] 随着西方社会的工业化，特定服装的社会意义发生了变化，变成建立在吉勒·利波费茨基（Gilles Lipovetsky）[5] 眼中寻求“社会调控和社会压力”的更民主和易变的系统之上。[15] 正是 19 世纪缝纫机的出现和度量科学的引入，改变了人们与衣服的关系，而这些创新又为大众时尚铺平了道路。事实上，这种对服装供应的调控与社会分层的制度紧密相连。

[4] 戴安娜·克兰：美国宾夕法尼亚大学社会学系及科学史和科学社会学系教授。——译注

[5] 吉勒·利波费茨基：法国哲学家、作家和社会学家。——译注

赋予追逐名利以社会生物学基础的经济学家将时尚描述为人类社会内部对开发出有效地位信号的渴望。[16] 对他们来说，追逐名利的动机对于理解与时尚有关的消费者行为来说是最重要的。克兰认为，当某些类型的社会信息很难从一个人的服装中读出，比如职业和出身，时尚就成为关于阶级和性别的主要意义载体。[17] 因此，时尚提供了关于一个人的阶级和性别的可视化信息，这些信号对参与现代性社会很有意义。

服装是性别的一个重要标志。我们的服装选择会随着性别而改变，同时还和年龄、职业、贯穿我们一生的其他社会角色交织在一起。[18] 因此，时尚是一种复杂的社会实践，反映了我们对年龄、阶级地位、性别角色和性的（自我）意识。时尚也是一种避免社会尴尬的手段：我们开发出了某些适合于我们社会角色的外观形式的有用知识。例如，塑造自我的社会实践培养出穿适合年龄的服装的意识。时尚与表面有关，而非深层。然而，时尚在人们一生的自我表现中，代表了一种可以衡量期望及监测人们在社会群体中地位的方式。时尚传递了阶层、性别和性的信息，但也是一个挑战人们固定身份地位的舞台。

妇 女

女权主义者关注时尚带来的尴尬和妇女的低下地位之间的联系，由此在 19 世纪引发了合理的服饰改革。1914 年，在美国库珀联合学院（Cooper Union）[6] 举行的一系列会谈中，当一群妇女寻求“无视时尚的权利”时，时尚变得与父权议程联系在一起，她们认为无视时尚正在削弱她们的性别地位。[19] 从

[6] 全名为库珀高等科学艺术联合学院（The Cooper Union for the Advancement of Science and Art），为一所位于美国纽约市的著名艺术学院。——译注

那时起，时尚在妇女运动中成为试图改善妇女社会地位之人关注的当务之急。(图 5.3)

妇女特别容易受到时尚社会的压力伤害，这个问题导致许多第二波女权主义者将时尚视为压迫妇女的工具。贝蒂·弗里丹（Betty Friedan）认为，时尚创造了虚假的欲望，使妇女变得被动，而安德里亚·德沃金（Andrea Dworkin）则愤怒地反对男性在时尚中物化妇女的身体，她将其描述为"由男人为女人创造的"压迫系统。[20] 同许多第二波女权主义者一样，她们认为时尚让女性安分守己，对女性的性行为进行监管，并将世人的注意力从女性的知识能力上移开。她们指责时尚维持了女性的低下地位。另一方面，在 20 世纪末期出现了一个理论体系，挑战女权主义对时尚的拒绝。伊丽莎白·威尔逊（Elizabeth Wilson）和卡罗琳·埃文斯（Caroline Evans）系统地论证了时

图 5.3　1970 年 8 月 8 日，美国女权主义者、记者、政治活动家格罗迪亚·斯泰纳姆（Gloria Steinem，左）与艺术收藏家埃塞尔·斯库尔（Betty Friedan）、女权主义作家贝蒂·弗里丹（右下）在美国纽约长岛伊斯特汉普顿的埃塞尔和罗伯特·斯库尔夫妇家中参加妇女解放会议。Photo: Tim Boxer/Archive Photos/Getty Images.

尚在女性文化中的独特作用，认为其给女性带来快乐和自我表达的机会。[21]

还有人认为，时尚将妇女吸引到文化舞台上，让她们作为生产者和消费者亲身体验现代性。[22] 如果说时尚是现代流行文化的一部分，那么它就向妇女承诺了民主时代。时尚与女性地位之间的关系显然是令人担忧的。妇女面临相当大的压力，需要负起维持女性气质标准的责任，而这往往是通过她们对时尚实践的参与来衡量的。[23] 然而，时尚并不总是一个面具，它也可以被看作一种具体化的社会实践。将时尚当成一种有意义的身体实践进行研究，提供了一种深入了解构成女性日常生活的微观实践。[24] 时尚的自我可以是对社会压力的顺应，同样也可以是对既定社会规则的挑战。

男　人

男装没有引起同样程度的批评，但男装历史上的各种变化反映了现代性别政治和社会等级转型中发生的变化。一段时间以来，关于时尚和地位的争论一直是时尚历史学家集讼之所在，尤其是关于 19 世纪男性外观朝着更为谦虚和统一的方向转变的问题。[25] 私人领域和公共领域的分离，使得性别被标记为独特的时尚身份；男性穿着素净的制服，而女性的外观则可打扮得更具装饰性。

1930 年，约翰・卡尔・弗吕格尔创造了“男性时尚大弃绝”一词来描述这些不断变化的男性理想外表。“随着商业和工业理念征服了一个又一个阶级……与这种理念联系在一起的朴素而统一的服装，就越来越多地取代了那些同旧秩序有关的华丽而多样的服装。”[26] 他写道，在 19 世纪，中产阶级通过不赞成色彩鲜艳和装饰性的服装表达出的布尔乔亚价值观日益占主导地位，因此，过度裁剪的服装便遭到抛弃。[27] 这种说法成为解释现代男性和女性独特的时尚外表的主导理论。

这种新兴的男子气概是通过男性服装的统一性来体现的。在实践中，它见证了男性素色西服的兴起，以及黑色作为男性权力和自信象征而被广泛使用。[28] 然而，克里斯托弗·布雷沃德（Christopher Breward）在研究1860—1914年伦敦青年男子的服装习惯时，对弗吕格尔关于现代男性服装习惯的有局限的解释提出了反对意见。他说，伦敦青年男子没有被排除在消费文化之外，但他们的衣着选择受到了限制。[29] 在大卫·库奇塔（David Kuchta）看来，男性服装的统一性是早期政治动荡的结果，这些动荡导致中产阶级在男装中寻求“不显眼的消费意识形态”。[30] 随着社会阶层对一个人身份的形成变得更加重要，服装成为一种可见的社会分层形式。然而，此点在女性身上的表现与男性非常不同。（图5.4）

服装在许多方面反映了社会流动性，尤其是高级成衣的增长，对男女来

图5.4　在西方，细条纹西装是上流社会权力的象征。Photo: Shutterstock/Zhu Difeng.

说，这都对服装的供应、成本和消费选择产生了影响。高级成衣的生产和分销放大了已经明显可见的社会阶级变化。到了 20 世纪中期，促销和零售的创新回应了此时人们对时尚服装日益增长的渴望。大规模生产部门的大幅增长使得时尚成为现代文化的一个重要组成部分。高级时装的兴衰是 20 世纪时尚界的主要故事之一。[31] 布雷沃德所说的“服装个人主义的神话”保持了从 20 世纪中叶开始的高级时装象征性的主导地位，但矛盾的是，其也推动了大规模生产的成衣市场的发展。[32] 这些品牌继续推出高级成衣系列、授权合同（商品）和香水。时尚消费成为一种阐明社会身份的象征性社会实践，导致生产商业系统的增长，零售业的扩张以及时尚推广、造型、营销和媒体等附属产业的出现。

儿　童

在历史上关于时尚的讨论中，儿童服装并不突出，不过其也是社会身份的一个指标。克莱尔·罗斯（Clare Rose）研究了 19 世纪末和 20 世纪初英国儿童服装消费的背景，以探讨时装对穿着者及其家庭意味着什么。她推测为何男孩和他们的服装在关于服装和身份的学术讨论中被边缘化：“儿童之所以被边缘化，是因为对男性化来说，他们太过年轻；对消费来说，他们经济地位太低；对时尚来说，他们太过具有阳刚之气。”[33] 此外，父母代替孩子进行消费的问题则意味着此种消费与真实情况脱节，这使得评估儿童服装消费的社会意义更加困难。（图 5.5）

儿童服装往往被排除在严肃的时尚消费分析之外，但它涉及为女性和男性做出的所有社会和经济考量。克莱尔·罗斯对男孩服装的研究揭示了根据年龄和性别来制定服装规范的努力，这种儿童服装实践系统力图体现家庭关系，

图 5.5 20 世纪 40 年代，时尚清楚地识别了年龄和性别。Photo: H. Armstrong Roberts/ClassicStock/Getty Images.

反映出对男性气质的态度，并标志着他们的教育地位。[34] 如果说服装将身体与社会联系在一起，那么时尚则将这种关系系统化，创造出经过改良和变形的理想身体形象。对于女性、男性和儿童来说，支配着他们的服装消费的是非常不同的意义体系。

儿童的服装消费有很大的市场价值，现代研究表明，成年人不再决定儿童对服装的象征意义。[35] “服装个人主义的神话”已经推动了大规模生产、成衣市场发展，并维持了一个更加依赖品牌逻辑的时尚系统。男人、女人和儿童都被吸引过来，因为他们渴望表达自己的社会角色。消费时尚创造了一个完整的美学系统，让人们在一个社会流动性增加的社会中固化和传达他们的身份。

作为规范系统的服装

规范服装在一个封闭的社会群体中象征着地位。时尚与提高社会地位有关，但规则并不明确，理由则更具危险性。时尚奇观是否以提高地位和文化权力的承诺来吸引消费者？不久以前，日常着装都是有规范的——男式帽子就是一个典型的例子。直到 20 世纪 60 年代，帽子都象征着男人的社会地位，他们的帽子取决于职业和社会地位。在公共领域，帽子是阶级和地位的理想标志，而且当一个男人“轻触”[7] 他的帽檐时，他是在向他的社会上级表示尊重。[36] 工人阶级戴布帽一直持续到第二次世界大战后，并且直到今天还保留着（标识）真实的工人阶级的隐含意义。

圆顶硬呢帽在 19 世纪中叶开始就是猎场看守人和猎人的职业帽，然后被上层阶级用于运动，最终进入城市，在 20 世纪转化为资产阶级男性的象征。[37] 颈部服饰在体现职业地位方面也有类似的作用，社会地位较高的人戴着高而硬的领子，而那些“必须弯曲脖子的人，如文员和店员，则戴着较低的领子，工人在工作时则完全放弃领子，只是在他的彩色衬衫上戴着围巾或领巾”，所有这些都有助于传达穿戴者的社会地位和职业地位。[38]

为了区分体力劳动者和技术工人，领子也变得很重要，在这种情况下，那些穿制服的人被称为蓝领工人。他们行业里的社会上级或许穿着西装和衬衫，

[7] 原文为“tipped”，指西方礼仪中的脱帽致敬。——译注

其则被称为白领工人。在英语国家，这些术语已经成为根据人们所从事的工作来描述其社会地位的简称。时尚是制服的对立面，但需要服装在任何情况下都能传达一定的含义时，规范起着重要作用。受到规范的服装投射出一种特殊的权力，这种权力只有处于和维持在一种商定的社会仪式和风俗中时才有效力。而在另一方面，时尚会在一个能够获得廉价、大规模生产的服装和充满活力的流行文化的流动性社会中蓬勃发展。（图 5.6）

制服

制服和时尚同样关注自我展示，但现代制服强化了严格的社会身份。[39] 时装则不会以同样方式被禁止，它受制于不断变化的时尚风格，被定义为一个

图 5.6　一个白领工人和一个蓝领工人站在办公室里，约摄于 1940 年。Photo: FPG / Hulton Archive/Getty Images.

不稳定的系统。然而，很明显的是，制服和时尚都是对身体的重新设计：时尚提倡“自由”和创造力，而制服则提倡一致性。例如，19 世纪初，英国水手制服的标准化使他们受到更多的官方控制，反映了个人身体从私有到公有的转变。[40] 水手服的新设计使他们有了更多公众责任。（图 5.7）

制服体现的是让制服产生作用的机构的利益。身着制服的身体形象对制服施加的权力种类至关重要。19 世纪，当欧洲和美国采用囚衣（制服）时，它成为一种“显而易见的惩罚”形式。[41] 因此，囚衣反映了机构内权力的力度，而不是囚犯的个人地位。阿什（Ash）认为，回归显眼的服装如橙色连体服，可能意味着对囚犯的严厉惩罚制度的重新确立。在此处，橙色连体服醒目地宣告了国家对其监禁对象的权力。

如果制服能对穿戴者的活动进行身体上的指导和胁迫，它也意味着权威。

图 5.7　2008 年 3 月，在智利独立大道的全日制高中，学生身着校服。Photo: Wikimedia Creative Commons.

当消费资本主义达到新高时，正是机构要求囚犯和工人开始穿着制服之际，规范的服装就会获得承认。[42] 与此同时，英国军队的卡其布制服着装也实现了标准化和现代化。制服是一种社会实践的体现，它加强或削弱了更广泛的社会等级制度；它符合民族国家及其标准化形式、官僚制度和集中化组织系统的形式需要。制服后来成为各种制度中公民身份构建的一部分，在这些制度中，规范的服装因其变革性的力量而受到重视。

在另一种意义上，制服在现代被接受，法西斯和准法西斯的计划试图利用它建立一种身体文化。这些计划利用服装来象征和体现男性气质，以及所谓的爱国主义和行动的理想。温迪·帕金斯（Wendy Parkins）汇集了一系列关于服装、性别和公民身份等相互关联的问题的文章，其中探讨了意大利法西斯主义的黑衬衫和西班牙长枪党（the Falange Española）[8] 的制服。[43] 在这些例子中，服装通过集体纪律的物质体现，成为公民身份讨论的核心。如果制服被人认为能固化身份并体现一种特定形式的公民身份，这也是因为服装公开干预了士兵或工人的私人生活。（图 5.8）

服装的禁止（废除）是规范化标准和话语实践复杂的网络的一部分，但并不像它所表现出来的那样具有约束性，它将各种制服插入统一和颠覆的表现形式中。由此产生的在 20 世纪占主导地位的现代化制服，其设计出来并不是为了反映穿着者的僵化的阶级地位，而是为了解决社会流动性的复杂机制。制服与其说与工作有关，不如说标志着社会地位，因为人们对特定角色、职业和体育活动提出了要求。英国对传统工作服装进行了现代化，以反映其是一个更加

[8] 西班牙长枪党，成立于 1933 年 2 月 15 日，是由西班牙数个法西斯主义政党和组织组成的政治联盟。——译注

图 5.8　1965 年 3 月 15 日，伦敦白厅，爱尔兰卫队成员退役和现役队员接受检阅。
Photo: Terry Fincher/Express/Getty Images.

民主的社会，如大都会警察制服，刚开始时是优雅的绅士服装，后来被具有军事风格的服装取代。[44]20 世纪初西方民主思想的高涨也反映在从奇特的职业装到实用和具有保护作用的工作服的转变上。[45] 在英国，铁路和公路运输工人开始穿上精巧的制服。

工作服

到 20 世纪 20 年代，穿制服的工人数量大大增加，一方面是为了提高雇主的声誉，同时也为了给工人提供防护服。当许多机构试图控制人民时，规范性服装激增。制服具有对社会不平等进行编码的力量，但这种力量也可以被颠覆。正如威廉 · 基南（William Keenan）在研究服装神圣化时所说的那样，当经过编码化的服装让身体显得与众不同时，它们也被赋予了一种魔力。[46] 他展示了作为符号象征的神圣化服装是如何被热衷于挖掘符号系统中的冲击性价值的后现代时尚文化弄得色情化的。由教会机构规定的等级制度以及由来已久的特定服装形式所代表的等级制度，经常被走秀台上重置的神圣化服装颠覆。

为了标记地位并赋予某些特定参与者权威而构建的封闭的意义系统，使规范服装成为追求时尚外观的理想符号系统。弗雷德·戴维斯对蓝色牛仔裤所代表的身份变化过程非常着迷，这种裤子从一种“仅与艰苦工作相关的服装变成了一种被赋予了许多休闲象征属性的服装”。[47] 同样，一系列为工作或运动而设计的服装也获得了时尚的地位，比如战壕风衣[9]，最初是为上层阶级的休闲生活而设计的，在战时被改成英国军官的穿着，然后成为 20 世纪的经典设计。[48] 各种服装从工作到休闲的象征性转变，反映了时尚是如何对那些根植于社会制度和具有公共机构含义的风格进行挪用的。

随着社会生活的持续变化，地位标志也在不断转变，映射出社会身份本身的流动状况。规范服装可以为一个特定的社会群体赋予地位，但其准则只在这个背景下具有意义。显而易见的是，制服系统深受时尚挪用之害。恰恰是规范服装的定位意义以及它们在一个封闭的社会系统中表示等级和地位的力量吸引了时装设计师和造型师。通过利用制服和神圣化服饰的新颖性，时尚传媒展示出一种对传统制度稳定性以及它们创造社会权力的惊人形象的能力的迷恋。

[9] 一种双排扣大衣。——译注

时尚、服装和社会阶级

消费文化是现代性体验的一部分。“消费文化”这个术语就表明消费行动实际上已经代表了文化价值。[49] 消费者行为和感知需求是通过不能被普遍定义的特定社会、经济和政治结构来构建的。因此，文化塑造了消费行动，并根据我们想象自己应具有的生活方式定义了需求。奢侈品具有特定的文化意义，玛丽·道格拉斯（Mary Douglas）和巴伦·伊舍伍德（Baron Isherwood）将其描述为“标识服务”，而不是“身体服务”。[50] 是其他消费者赋予了奢侈品价值和意义。人们通过自己的感知，例如通过别人衣着的好坏，来对彼此的阶级地位做出判断。因此，服装可以使人团结也可以制造分裂，可以被用作包容和排斥的工具。奢侈品具有社会属性而不是内在属性，能让人们能够识别出同自己社会地位相当的群体，并标志其社会地位。

特别是服装能使身体社会化，使其在社会世界中具有意义。回到消费主义的历史，我们就能看清时尚——以及风格——的逻辑是如何深深地渗透到日常生活中的。生产方法曾经围绕着关于地位群体的固定观念而组织。“福特主义（Fordism）”，这个被 1908 年在底特律生产出第一辆 T 型车的亨利·福特（Henry Ford）赋予的称呼，描述了流水线生产方式，能大量生产廉价、统一的商品，并支付生产者不错的薪水。福特主义代表消费文化发展中的某个阶段，后来被更灵活的生产方式即“后福特主义”取代。克兰所描述的阶级时尚可能接近于福特主义的做法：一种单一风格被广泛传播。[51] 1926 年，*Vogue* 杂志将嘉柏丽尔·香奈儿那著名的小黑裙称为“时尚界福特”，因为它简单、线条简洁、拒绝装饰。香奈儿的裙子是一种对布尔乔亚的挑战，也是对新发现的品味民主的大胆声明。

20 世纪上半叶的时尚界是按照周期运作的，设计师会为每一季设定风格。这已被一个更难预测的市场取代，其特点就是“自下而上的模式”，如青年亚文化，会迎合市场上的小众而不是大众。由此一种资本主义风格得以出现，它会使用技术和人力管理技术专注于目标消费者。从 20 世纪 80 年代开始，后福特主义意味着将生产外包给新兴工业化经济体。[52] 技术创新引入了灵活的专业化生产方式，如“准时化生产”（Just in Time Production，JIT）和快时尚，从而用“范围经济”（scope economy）取代了“规模经济”（scale economy）[10]。时尚，像流行文化的许多其他部分一样，显示出一种后现代的多元化，与新自由主义经济模式的崛起吻合。

很明显，消费者的生活方式正在削弱关于地位群体的更为固有的传统观念。后福特主义的消费显然更能对消费者的需求和兴趣做出响应。[53] 了解消费者以及他们想要的东西，对生产者来说变得很有价值，技术被引导来收集数据并创建一个能快速响应消费者欲望的系统。关于消费主义的学术辩论集中在后福特主义是否可以被看作人类欲望的反映，抑或是代表出现了一种使资本主义得以延续的社会力量。

有人认为，对时尚机制中“不断的变化”的关注，其实也允许临时解决方案。利波费茨基把时尚看作一个系统，用来打乱由禁奢侈令建立起来的既有的服装不平等原则，支持不断的现代民主革命。[54] 在现代社会中，地位不是固定的，而是需要积极寻求的，时尚在无尽的建构和自我重塑中起到了关键作用。

[10] 准时化生产，一种丰田最先引入的生产管理方式，通过减少生产过程中的库存而大幅度降低成本。范围经济与规模经济的区别在于其“由品种而不是数量形成的效率”。——译注

这被归结为时尚与性欲之间的联系，人们寻求在自己的身体中创造另一种存在方式，通过化妆来探索反叛、邪恶和危险等离经叛道的乐趣。55 还有一些人更相信一些关于寻求地位、意识形态和归属感的理论。56

炫耀性消费

斯蒂文·迈尔斯（Steven Miles）认为："人们不仅仅是在消费产品或时尚，他们还在将消费主义作为一种合法的生活方式进行复制。"57 各种理论家都将消费与文化变迁联系起来。炫耀性消费是托斯丹·范伯伦（Thorstein Veblen）[11] 在1899年提出的一个概念，它明确区分了商品的使用价值和它们的声望价值，认为提高社会地位的愿望驱使人们购买他们不需要的东西，仅仅是为了展示他们的财富。范伯伦对经济不平等进行了批判，解释说有闲阶级可能对外观的消费比较关注。58 范伯伦将审美原则置于他们所做出的经济选择中。仔细观察他们喜欢的商品和服务，范伯伦发现，通过沉迷于奢侈品，他们为自己的"有闲"提供了一种明显的证据。妇女和儿童甚至仆人的闲暇进一步证明了富人对他人的权力：他能否让其家属沉迷于不切实际的活动。他的财富是如此之多，以至于他的家庭可通过不工作和消费来达到炫耀的目的。

消费只有在高度炫耀的情况下才有助于显示社会地位。这一点在今天也不例外，明确的品牌效应使得消费者能够显示他们的社会地位。商品标识是一种发信号的过程，刺激整个消费者网络"跟上"的欲望。无论是分析中产阶级妇女的购物习惯，还是衡量奢侈品牌在新兴工业经济体中的角色，炫耀性消费的

[11] 托斯丹·范伯伦：美国经济学家，制度经济学的创始人。——译注

理论已经变得富有影响力。社会的嫉妒对于社会地位的信号显示作用至关重要，特别是考虑到时尚的可见性，它与品位和文化观念的联系更是如此。

皮埃尔·布迪厄（Pierre Bourdieu）[12] 研究了法国生活中的分类系统，以探索更广泛的品味类别。人们做出审美选择时，正在将自己与其他社会阶级区分开来。布迪厄的研究表明，对服装、家具、休闲活动和食物的选择揭示了品位是社会和政治权力的一个系统，是社会阶级被组织起来并再现其阶级利益的手段。“品味会分类，也会对分类者进行分类”，这一表述描述了社会主体是如何通过他们消费的商品来区分自己的，但更值得注意的是，被他们所不喜欢的人来区分。[59]

品位的科学因其创造等级的能力而变得强大。这导致了饮食或穿着的程式化形式。对于中产阶级来说，对外在形象日益加重的焦虑感，使他们成为容易关注时装的群体。人们所做的选择，比如说“赶时髦”，甚至包括他们为避免“太时髦”所做的努力，构成了一个复杂的分类系统。人们能接受的穿衣风格和他们排斥的穿衣风格，在很大程度上都揭示了他们所属的社会群体，以及他们渴望成为什么。他们对自我展示的兴趣程度和投入的时间也能说明：

> 不同阶层对自我展示的兴趣，他们对自我展示的关注，他们对自我展示所带来的好处的认识，以及他们实际投入的时间、精力、牺牲和关心，都与他们从自我展示中所能合理地预期获得物质或象征性利益的机会相称。[60]

[12] 皮埃尔·布迪厄：法国社会学家、思想家和文化理论批评家。——译注

地位象征没有固定的价值，当它们最终被大众采用时就会失去其价值。但正如范伯伦所言，在消费文化中，财富被审美化了，奢侈品承诺将赋予拥有者高端的社会地位。如果品位创造出社会阶级，那么商品的消费就确实成为一个非常微妙的问题。它加剧了中产阶级对他们的外表、家具、衣服，当然还有他们吃的食物的焦虑。丹尼尔·米勒（Daniel Miller）[13] 观察到:“在外观上，人们发现服装可能代表我们，并且可能揭示了关于我们自己的真相，但它也可能撒谎。”[61] 这促使人们投资于表里不一的外在，期望通过服装来提高他们的社会地位，而这也说明了时尚在表达社会愿望方面的特殊作用。

消费政治化

对未能达到预期的社会标准有如此多的恐惧，难怪地位焦虑会推动奢侈品消费。特别是时尚消费还涉及一系列复杂的情感。情感在女性时尚消费实践中的作用被描述为一种具有竞争性的社会心理机制。[62] 借鉴布迪厄的研究，卡伦·拉弗蒂（Karen Rafferty）提供了一个妇女作为“区分、识别和隔离社会集群的工具”的自我时尚实践行为的复杂画像。[63] 索菲·伍德沃德（Sophie Woodward）对女性服装选择的民族志学研究要乐观得多。她展示了妇女是如何协商以显得时尚的，揭示了一种影响她们决定的外在和内在力量的平衡。[64] 她的结论是，着装行为是具有自反性 [14] 的，它涉及获得本我的想法，以及“时尚”本身提供的选择。

[13] 丹尼尔·米勒：英国人类学家。——译注

[14] 原文为“reflexive”，社会学中指（理论、方法或研究者）自身也会带来影响的现象。——译注

完全从西方社会的视角来看待消费文化和自我塑造是一个错误。其他地区的消费行为是由感知到的需求所塑造的，并通过特定的社会、经济和政治结构所构建的。无论人们对他们应有的生活有着怎样的想象，正是他们特定的社会愿望塑造了属于他们的消费行为。商品在特定文化或微观文化中的作用对这一点至关重要，无论商品在标志着社会地位或维持身体的存在。如果它们属于前者，那么它们在符号系统中就有很强的作用。以民主德国（GDR）为例，国家鼓励国人首先把自己当成工人，其次才是消费者。对质量、价格和价值的关注被构建成与商品消费中的品味和美学同等重要的问题。[65] 时尚并没有脱离围绕社会主义组织的社会，它创造了自己的消费文化形式，产生了自己的梦想和欲望。（图 5.9）

随着一种替代性的社会主义消费文化在许多国家出现，对奢侈品的渴望通过消费者—公民模式进行了管理，这也是在民主德国构建妇女角色的方式。时尚可能是资本主义的，但消费不是，消费甚至可以扮演具有高度调控力的机构和国家的角色。然而，消费也可能令人焦虑，特别是当商品是炫耀性奢侈品时更是如此。

地位不仅关系到人们如何在一个特定的社会集体中定位自己，也关系到国家和地区间如何相互竞争。历史上，时尚一直是国家投射其经济实力的理想的地位象征。如果说时尚产业是一个国家地位的证明，那么抢购奢侈品就是一个国家经济走强的标志。这一点在世界新兴工业经济体中最为明显，在那里，奢侈品是社会地位的象征，人们对欧洲大型时装公司的品牌有着强烈的渴望。一些新兴工业经济体也成为奢侈品牌增长最快的市场。[66] 消费文化至少在 20 世纪曾象征着西方的生活方式，然后被输出到其他地区，在这些地方产生了新

图 5.9　德国东柏林的商店橱窗，约摄于 1960 年。Photo: Dominique Berretty/ Gamma-Rapho via Getty Image.

形式的地位焦虑。

消费已经成为一种生活方式，是我们传达从财富、职业地位到教育和社会阶级等的一种手段。特别是奢侈品消费，它成为拥有声望价值和提高社会地位的炫耀性消费。这就是为什么一个有闲阶级会如此关注外观消费，通过沉迷于奢侈品来提供他们"有闲"的明显证据。

打破规则

时尚和服装的身体实践将我们与社会群体联系起来。在这部分关于时尚和地位的讨论中，笔者探讨了权力，并研究它是如何在涉及时尚、服装和风格方面被分配和规范的。在整个讨论中，我确定了社会行为的主导模式，但抵抗的风格也很重要，也许更重要的是揭示与消费文化相对立的生活方式的构建。历史上，艺术家们挑战了时尚系统对女性和男性的限制性标准。从英国的工艺美术运动到第二波女权主义者运动，一些团体尝试在试图创造一种乌托邦式的生活方式时寻求服装改革。各种运动都对服装系统进行了实验，其中包括理性美学服装、英国男子的服装改革、未来主义和俄罗斯先锋派。[67] 反时尚代表了对资本主义及其幻想，还有它所产生的显著浪费的拒绝。

最近，对反时尚的研究得到更加系统的理论化，这主要是通过一种在 20 世纪 70 年代从英国伯明翰大学当代文化研究中心（The Centre for Contemporary Cultural Studies，CCCS，简称"伯大当代中心"）发端的研究方法——亚文化理论。《通过仪式抵抗》（*Resistance Through Rituals*）一书是最早的研究成果之一，它将英国亚文化理论化为一种工人阶级对主导的资本主义文化的抵抗形式。[68] 随后，迪克·赫布迪奇（Dick Hebdige）[15] 将亚文化风格解释为通过各种被年轻人采用的风格对正常秩序进行干扰，其目的是挑战现状。他强调的是：风格是对“共识的神话”进行揭露和反驳的力量。[69] 伯大当代中心将20世纪70年代青年团体的风格实践描述为对英国社会变革的回应。虽然在身体体现的正确风格方面，时尚呈现出一种有限的、很大程度上被制造出来的共识，但赫布迪奇和其他人看到“惊人的亚文化”正在颠覆关于外貌的主流观念。其中朋克尤其成为许多分析的重点，它利用反叛的态度、风格和音乐，清晰地表达了20世纪70年代英国工人阶级青年的挫折感。[70]（图5.10）

图5.10　伦敦街头的朋克一族，摄于20世纪70年代晚期。Photo: Virginia Turbett/Redferns.

[15]　迪克·赫布迪奇：英国社会学家。——译注

亚文化风格是一种替代性的服装符号系统，它为时尚系统提供了一种分裂的选择，也是一种可以被描述为离经叛道的风格。此后，伯大当代中心的理解年轻人的行为的“青年文化”方法受到了许多挑战。埃文斯发现，把亚文化身份看作“流动的和易变的，而不是固定的”会更有用。游走于亚文化之中使得青年人能够抵制复原，能在一系列复杂的身份和风格的可能性中处于不断的航行状态。[71] 这一观点在伍德沃德的研究中得到了呼应，她对英国诺丁汉青年的风格选择进行了大规模调查，由此发现了一种向“微妙的差异化风格组合，同时吸收了主流的高街时尚”的转变。[72] 对她来说，年轻人并不代表神话意义上的街头风格，他们也没有沉浸在时尚中，而是从各种来源中组装出他们的衣服。因此，他们的身份与其说是分裂的，不如说是分层的，反映了时尚实践的复杂性。

更近一些的研究探讨了“消费资本主义”背景下的青年通过设计师服装等风格化的解决方案进行的转型，比如格雷格·马丁（Greg Martin）关于底层社会对社会分化、排斥和不平等的反应的研究。他在所谓的“混混”风格中确认了这些社会愿望的表达，这未必是亚文化，而是一种反映社会贫困是如何同猖獗的消费主义背景博弈的英国现象。[73] 对马丁来说，对博柏利（Burberry）格子的模仿和颠覆是一种亚文化的尝试，试图象征性地解决真实的社会关系。[74] 对消费资本主义下的青年转变，他更强调连续性而不是新奇性，他认为一个帮派的着装规范是对不确定性和危机感的过度补偿。他呼应了 20 世纪 70 年代的赫布迪奇，特别是他认为“混混风格”试图象征性地解决消费社会中贫困矛盾的观点。这些反抗的风格表明，生活风格不仅是消费文化的发明，更是一种生活方式，往往是在反对主流叙事的情况下构建的。

结 语

时尚是文化的，并且在社会领域产生意义。按布迪厄的说法，前卫的时装设计师“用政治语言谈论时尚”。[75] 这也难怪，时尚在很多方面给人以标记：教育、性别、种族、性、国籍、社会地位、职业和意识形态。地位标记在时装业中被仪式化了，在象征性的层面上反映和再现分层行为对商业资本主义运作来说十分关键。或许制服的实践会引起时装设计师的兴趣，因为社会阶层被聪明地设计进了衣服中。然而，时尚是一个审美系统，人们可以在其中表达他们对这种既定秩序的顺从或反对。一旦进入公共领域，统一服装和时尚服装都会成为顺从和颠覆的一种表达手段的一部分。

本讨论探讨了时尚作为一种地位标志、社会愿望的工具、炫耀性消费对象、反叛的工具和地位焦虑的来源等问题。服装以各种方式被规范，从制度文化的规范标准到决定人们日常生活穿着的生产和分销手段。在一个社会流动性日益增加的社会里，时尚消费是一件棘手的事情。阶层归属、性别和适合年龄的行为都不像以前那样僵化。时尚可能阐明了社会的愿望，但文化消费也带来了不确定性和焦虑感。那么，那些不能参与消费文化的人，或者说只能远距离参与的人呢？当年轻人嘲仿和颠覆地位标志时，他们是在提醒我们，服装既是个人的也是政治的。服装将身体和社会联系在一起的方式越来越模糊，越来越脆弱，越来越复杂，越来越难以捉摸。

第六章　民　族

西蒙娜·塞格雷·赖纳赫

我想诚实地对待我们生活的世界，有时我的政治信仰会通过我的作品表现出来。把其他文化的服装看成特定的服饰时，时尚可以是真正的种族主义者……[1]

垂褶和缝制

人类服装中最先出现的巨大语义对立就存在于以亚洲为代表的色彩单调、未剪裁、未缝制、无立体感的面料和以欧洲的服装廓形为特征进行剪裁缝制的立体织物之间。亚洲对布料有着许多定义和工艺，如奥黛（ao-dai）[1]、韩服（hanbok）、和服（kimono）、笼吉、纱丽等，它们在不同的语言中都代表“一块布”。三宅一生的 APOC 系列（1971 年推出）就是一个很好的例子。它被描述为由“一块布”制成的服装，这一概念不仅探讨了身体和服装之间的关系，还探讨了诞生于它们之间的空间。罗伯托·罗塞里尼（Roberto Rossellini）[2] 曾注意到这种亚洲世界的服装传统与西方世界之间的差别。这位意大利导演在描述印度领导人尼赫鲁(Nehru)[3] 穿着非西方式未剪裁的服装时甚至说:“像所有的印度人一样，尼赫鲁是一个‘披挂垂褶’的人。他寻求向所有知识开放自己的精神，以达到一种让世界在诗意中结合的境界。我们欧洲人是‘缝制的人’。我们已经成为专家，我们在自己的活动领域表现出色，但无法理解我们的专业领域之外的东西。我们是自己习惯的囚徒；我说的是‘我们’，但我正在努力成为一个‘披挂垂褶之人’。”2

罗伯托·罗塞里尼经常在印度拍摄，并娶了一位印度妇女，他把印度人的服装习惯看作一种不同的创新方式的表达。他认为垂褶是一种持续的创造行为，与西方服装的固定性刚好相反。当印度领导人甘地（Gandhi）在雨中登陆英国，出现在聚集在码头上想近距离看看他的公众好奇的目光中时，这个带领印度走向独立的人只穿着披在腰间的笼吉，对温斯顿·丘吉尔（Winston Churchil）来说，他是一个“半裸的托钵僧”。3 罗塞里尼和丘吉尔间接地再度提出了 19 世纪和 20 世纪之间关于服装的辩论中的一个典型主题：时尚与服

[1] 奥黛为越南传统民族服装，一般为长袄。——译注

[2] 罗伯托·罗塞里尼，意大利著名新现实主义导演。——译注

[3] 尼赫鲁为印度独立后的首任总理。——译注

饰，即文明的服装与“野蛮人”的服饰。发现新大陆的航海之旅导致欧洲在16—19世纪的殖民统治，也让殖民者不得不面对其他民族的外在特征，而这些民族的打扮异常多样化，涵盖从“美洲野人”的赤身裸体到印度、中国和日本的服饰。（图6.1）

图6.1 2013年9月8日，一名模特在河内时装秀上展示韩国传统服装韩服。Photo: Luong Thai Linh/ AFP /Getty Images.

例如，在印度的英国殖民者偶尔会采用印度人的着装方式，但只是部分地采用，而且有很多防备措施以避免人们所担心的“入乡随俗”的可能。英国人担心的是，如果他们这样做了，就会失去他们的特权身份和地位，而这种特权显然是由一种被认为具有象征意义的重要且适当的穿着方式来保证的。一句话，就是要高人一等。另一方面，英国人阻止印度土邦统治者也就是他们的臣民在前往英国的旅途中穿着西式服装。“臣民对大英帝国的顺从必须得到维护”，这点要从服装开始。

西方时尚被认为与服饰相反。“服饰”这个词被用来泛指欧洲人在他们殖民的国家中遇到的所有形式的服装。随着时间的推移，欧洲服装和非欧洲、非西方或民族服饰之间仍然经常相互吸引，但这并不影响欧洲中心背景下的服装理论当时正在成形。在时尚和服饰、变化和固定相互对立的分类原则中，当然存在着矛盾和冲突。然而，至少从 18 世纪开始，非西方的面料、风格和衣饰已经持续不断地为欧洲时尚提供灵感。[4]

这种西方时尚理论到 19 世纪中期随着巴黎高级时装的发明而得到巩固，当时正值欧洲文化和经济统治高峰期。今天，在一个全球化交流和新服装身份涌现的时代，它仍然产生着共鸣，决定了整体的观点。[5] 要概述民族对现代和当代时尚的贡献并不容易，因为“民族”的含义本身就摆脱了单一的定义。正如凯伦·特兰贝格·汉森（Karen Tranberg Hansen）就非洲的时尚问题所写的那样，这是一个“全球遭遇和本地重新创造”的问题。[6] 不过，我们可以探寻强调最初的欧洲中心主义转变为多中心主义的过程，以及在这个过程中被剖析的那些元素，同时在当代时尚体系中定义利害攸关的部分。[7]

欧洲中心主义和时尚

20世纪初，法国银行家和慈善家，百万富翁阿尔贝·卡恩（Albert Kahn）[4] 推动了对“世界服饰”的首次大型摄影研究。其结果收录于一部纪录片和一本收集了所有图片的图集中，[8] 成为一部篇幅浩瀚的关于服装的目录，今天还在巴黎的阿尔贝·卡恩博物馆展出。这部卡恩从未完成的目录，在许多方面与意大利画家切萨雷·韦切利奥（Cesare Vecellio）[5] 于16世纪完成的另一部著名的目录相似。它们的不同之处在于，卡恩的收集包含了可以从服饰中推导出来的中产阶级等级秩序的书面基础，而通过此基础，时至今日我们仍然可以发现：这就是西方国家和其他国家。从某种程度上，卡恩的计划是让每个人都可能被赋予一个属于自己的位置，而且是一种根据工业革命和法国社会文化所启动和推动的有序的理想位置。在16—20世纪，发生了一个导致欧洲地区以及后来的美国在金融和文化上领先于世界其他地区——尤其是亚洲地区的进程。西方世界不知何故忘记了亚洲在过去几个世纪中一直是纺织品贸易的领导者。[9] 人们可以从几个维度来考虑发明巴黎高级时装这个问题，而不仅仅是从风格这个角度。它是一个制造和文化产业，演变成了一个系统，巩固了悠久的奢侈品生产历史以及宫廷和城市之间的交流。时尚系统和城市生活之间的关系变得越来越直接。[10] 女式时装设计师——从查尔斯·弗雷德里克·沃思（Charles Frederick Worth）和保罗·波烈到嘉柏丽尔·香

---

[4] 原文误作“Albert Khan”。——译注

[5] 切萨雷·韦切利奥是意大利文艺复兴时期的雕刻师和画家，活跃于威尼斯。他是著名画家提香的堂兄。——译注

奈儿、克里斯汀·迪奥和伊夫·圣罗兰——强化了巴黎作为高端品位之都的领先地位。能与巴黎相媲美的是另一个伟大的欧洲都市——伦敦，该城可被称为优雅的男装中心。巴黎的女式高级时装以及由伦敦裁缝手工定义的优雅男装，颂扬了这些城市的领导地位和欧洲的城市生活方式，有助于人们贬低其他模式、其他文化和其他服装系统。欧洲和后来的西方时尚不仅是现代性的表达，更是唯一被接受的现代性的代表。世界上或许还有其他灵感来源，但由于西方殖民计划，这些其他来源的权威遭到了否定。（图 6.2）

图 6.2　2014 年米兰春夏时装周上，一名模特在斯特拉琼（Stella Jean）秀场上走秀。
Photo: Antonio de Moraes Barros Filho/WireImage.

在 19 世纪，殖民扩张达到了新高潮。在这种意识形态中，西方中产阶级的品位体系被呈现为一种带有强烈矛盾的构造，也表现出一种对西方文化优越性的确认。然而，时尚也处在一个矛盾的地位之中。男性的理性和所谓“男性时尚大弃绝”一起放弃了所有的轻浮成分，与之相比，时尚显得轻佻、女性化甚至低级。[11] 对人们来说，重要的是注意到时尚和服饰是如何逐步代表了包含意识形态的刻板的理想类型，而不是穿着方式之间的真正对立。尽管事实上在 20 世纪初，巴黎、伦敦的欧洲时尚与以中国、日本为代表的亚洲、南美等地以及欧洲农村居民的着装方式之间仍然存在着差异。而作为文化和意识形态的建构，时尚和服饰重新出现在当下全球化的时尚中：

> 时间的概念在西方和非西方这种服装实践之间的划分中起到了核心作用，这种作用体现在普遍讨论的非西方服装“民族学的当下”，而与西方时尚中不断赶制下一季的“永恒的未来”相对立。[12]

因此，时尚既是优越的社会制度尤其是大城市生活方式的表达和体现，[13] 也是西方文化优越性的标志，世界上其他地方的人则都穿着民族服饰。东方被建构为一个宏大的想象中无差别的“他处”，这一点后来被爱德华・萨义德（Edward Said）[6] 理论化。对东方的建构被作为对西方身份、现代性的地点和

[6] 即爱德华・瓦迪厄・萨义德：国际著名文学理论家与批评家，后殖民理论的创始人之一。他在 1978 年出版的《东方主义》一书中指出，19 世纪西方国家眼中的东方社会（他笔下主要指近东和中东）是凭空想象出来的东方，是一种“西方世界对阿拉伯—伊斯兰世界的人民和文化有一种微妙却非常持久的偏见”“几乎所有的细节，比如人口密度、阿拉伯—穆斯林人的生活热情等议题，从来没有进入过那些以研究报告阿拉伯世界为职业的人的视野。我们能看到的不过是这样的一个粗鄙和过于简化了的阿拉伯世界”。——译注

时间的进一步强化而逐步成形。同时，这种对时尚的愿景认为时尚主要有着女性属性，将其置于暧昧的劣等地位，同样正如萨义德所说，也将一个女性化、被动的东方置于一个男性化、主动的西方的对面。[14]

关于时尚起源的欧洲中心论和法国中心论已经被人类学家、服饰史学家和时尚理论家加以修正、缩减和批评。一方面，服装被定义为对身体的一系列修饰和形式补充，从而在人类学意义上扩大了时尚的概念。[15] 另一方面，基于历史和肖像学的具体研究表明，即使是在 14—15 世纪之前的那一段时间也有时尚，即服装风格发生或多或少的骤变。此时期时尚的起源地通常也是并存的，而且往往在欧洲以外的地方。[16] 如同所有人类现象一样，服饰也在变化，服饰完全不变不仅不存在，服饰的概念本身也被识别为一种意识形态的建构。正如人类学家凯伦·特兰博格·汉森（Karen Tranberg Hansen）所写的那样：

> “民族”服饰是动态的、变化的：它甚至有时尚。各地的人都希望得到按照当地偏好改变了定义的“最新”品。人们普遍渴望“与时尚同步”，希望现在就能“时髦”。[17]

正是由于缺乏对不同服装现象的了解，西方学者错误地将他们过去或直到现在都无法解码或者只有间接了解的衣服归结为几乎完全的静态。

正如萨拉 – 格蕾斯·黑勒（Sarah-Grace Heller）所断言的那样，无论在什么地方寻找，人们都能找到时尚的起源，其在地点和时间上所具有的各种属性只能说明希望将时尚归于某个单一的历史时期和单一的地点的做法是徒劳的。[18] 正宗和本土的概念也有很大问题。我们可以想想非洲蜡染的例子，它已成为地道的非洲货，然而它是一种在印度尼西亚发明的印染技术，由荷兰人进行改造并将其引入非洲，之后其在非洲得以认证。（图 6.3）[19]

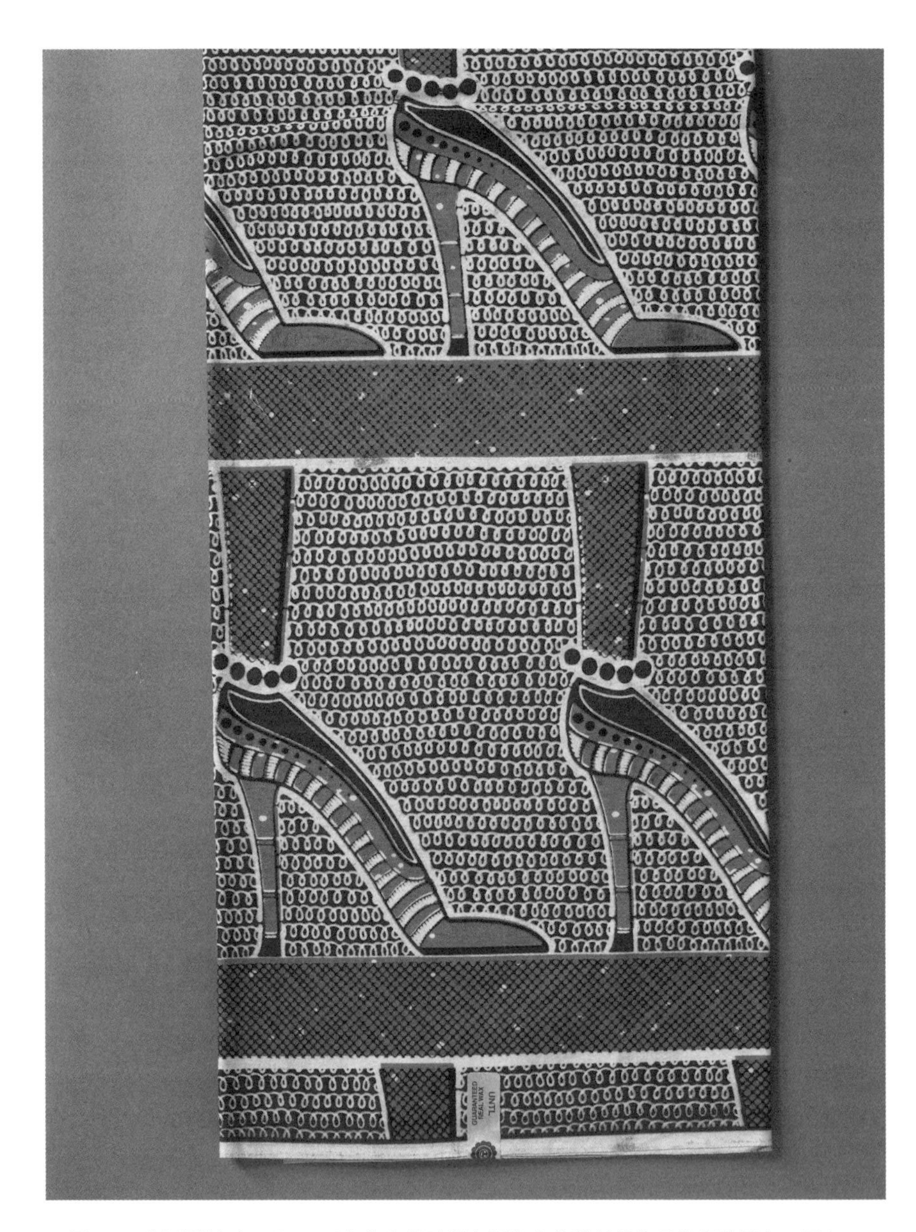

图 6.3 《高跟鞋》(*High Heels*) 为东非时尚市场生产的荷兰蜡染风格印花棉布工厂布，2005 年。CHA 纺织品公司（香港）于 1964 年在尼日利亚成立联合尼日利亚纺织品有限公司（UNTL），并在加纳设有工厂。本收藏品得到皇家安大略博物馆复制品收购基金的慷慨支持。Photo: Royal Ontario Museum © ROM.

时尚的全球化：西方与其他地区

许多最近的研究分析了全球化对人们的衣着、品味和习惯的影响，试图精确地确定那些传播时尚的模式、常量因子和特征，以追踪出一种时尚全球化的路径地图。[20] 时尚根本不能被简化为一种文化帝国主义的形式，也不能仅仅简化成一种品牌从西方社会到世界其他地区的商业扩张。根据某些作者的说法，“时尚”从欧洲“扩张”到世界其他地区的表述是不正确的，因为这已经是一种带有种族优越感的表述。[21] 这将进一步证明时尚诞生于文明的摇篮欧洲的偏见一直存在。因此，第一个需要质疑的公理不是关于时尚的欧洲和西方起源说，而是将时尚与西方的现代性联系起来，并且将其他地区的服饰同前现代的传统联系起来的问题。第一个要克服的对立面就存在于“时尚”和“服饰”之间，而我们可以用交流、杂合化和相互激发灵感来取代之。

出于意识到人们将外来元素纳入并吸收进自己当地习惯服饰传统的复杂性，时尚人类学家提出了“文化认证”的概念，即一个文化群体的成员吸收外来的文化元素并使之成为自己的文化元素的过程。[22] 例如，即便是牛仔裤和 T 恤的全球传播，正如玛格丽特 · 梅纳德（Margaret Maynard）所证明的那样，也不像看起来那样统一和普遍，而总是屈从于当地的诠释。[23] 凯伦 · 特兰博格 · 汉森在赞比亚研究时已经强调过一个现象：在非洲，引进的收购或捐赠的二手西方服装在许多方面颠覆了当地的纺织品市场。[24] 然而，只考虑硬币这一面，即对当地市场均衡带来的负面冲击也会产生误导。事实上，特兰博格 · 汉森也证明了，二手衣物已经被设置在一个更广泛的叙事中，这个叙事定义了人的角色和他 / 她在一个被定义为全球化的世界中的位置。从地理位置和文化角度接纳来自西方衣橱的物品既是个人选择也是集体选择，在使用别人的裁剪原理的同时，也总是结合了当地的参考语境。

中国是一个具有代表性的案例。1978 年以来，随着改革开放政策的实施，中国已经从一个制造其他地方设计的时装的生产国转变为一个消费国。[25] 亚洲新兴的全球奢侈品不单是欧洲奢侈品的翻版，即并非单纯代表西方品牌在亚洲扩大了它们的网络，而是代表一个为亚洲版诠释所丰富的复杂的新文化结构，这种诠释也正在迅速影响欧洲时尚的形象和身份。在中国的购物中心配置的西方品牌系列受制于它们与当地的协议，这使得它们的价值和形象持续地被再语义化。

另一方面，“非西方”的反应不能从西方定义的市场环境中孤立出来，也不能被追溯到一个单一的模式，因为它们是一个极其斑驳、不断演化的图画的一部分。西方所谓的民族时尚，实际上是复杂的变迁结果，它从来没有脱离过时尚体系。关于非洲的问题，维多利亚・L. 罗文（Victoria L. Rovine）写道：

> 非洲是世界上一些最引人注目的着装习惯的发源地，包括纺织品、头饰及其他珠宝，以及所有这些元素显而易见的无限组合。其中包括西非的刺绣长袍（embroidered boubous）和错综复杂的机织条纹布，南部非洲富丽堂皇的串珠毯子，以及东部非洲图案鲜艳的坎加（kanga）[7]——都是一些很著名的非洲饰品。在非洲和其他地区的大众眼中，这些服装往往代表非洲文化。事实上，所有这些都是全球互动和历史变化的结果，简而言

[7] 坎加为东非地区流行的传统服装，从外形看为一整块布。——译注

之，它们是时尚体系的一部分。[26]

指出时尚在过去和欧洲以外的地方一直存在以及就时尚而言服装根本不是什么“他者”，并不能解决西方和其他地区之间的关系问题，也不可能区分本地时尚和西方时尚，因为在21世纪，服装、品牌和创意的流通过程本身就具有矛盾性和复杂性特征。与在过去就已经很明显的现代性和落后性相对比，简单二元模式中的矛盾正在我们这个时代爆发，凸显了一种更加复杂的模式。

> 通过将西方的“诠释”定位为优于东方的“原创”，文化中介者帮助重新建立了西方主体权威和他们的创造力价值。通过这样做，他们重申西方为时尚的真正来源地，尽管来自其他地方的灵感被授权为世界其他地方设置的。[27]

欧洲时尚和民族服饰是与当今现实不符的现代性的根本对立。即使在过去，它也是一种意识形态的建构，而不是一种实际的现实。例如，人类学家安德鲁·赵（Andrew Zhao）就明确质疑时尚能否算是一种现代性表达，以及同时尚相联系的现代性是否有着西方的印记：

> （本书）旨在证明中国时尚产业的崛起不仅涉及经济发展，而且涉及社会和政治动态；时尚不仅是实现从无到有的现代化的手段，而且是阐明和争论中国现代性概念的媒介；时尚产业的全球化总是伴随着各种形式的本地化实践，同时由全球政治经济来塑造……根据这种中国的现代性概

念，中国变得现代并不是因为采用了西方的服装风格（因而变得更加西方化），而是因为人们认为现在的服装风格比过去的好。[28]

因此，把时尚和服装看作一个整体过程，而不是具有既定边界的单一实体或许更为正确。差不多从 20 世纪 90 年代开始，欧洲时尚和其他灵感来源之间的关系开始变得紧张，因为非欧洲创意的贡献越来越显著，而且一个越来越庞大的接受市场已然形成。（图 6.4）

解构全球时尚

来自不同文化和地理背景的理论家们致力于对作为时尚基石的欧洲中心主义观点做出修改，并在西方和全球视角下对时尚的概念进行修正、扩展、缩小和重新定义。殖民主义、后殖民主义和全球化所带来的一系列矛盾意识，使殖民主义的西方和被殖民的东方之间关系的观点得到了深入研究，相对性的理解同时也变得丰富起来。现代性和传统之间的关系，曾一度是简单明确的——现代性是一个西方的事物，其他地区迟早都会赶上——现在已经破碎成了许多可能的现代性，其往往将服装置于许多风格和文化矛盾的中心，更不用说那些辈分和身份的矛盾了。一项对印度妇女的着装研究表明，印度妇女各种可能的服装选择——纱丽、莎尔瓦卡米兹（一种旁遮普的束腰外衣）和西式服装——并不是以现代性和传统性的对立术语呈现的。[29] 尽管西方消费风格的影响是明显的，尤其是在印度的大城市更是如此，但新的混杂或纯粹的印度风格也同样明显，特别是在服装方面。时尚的全球化是按照不平衡的模式进行的，我们可

图 6.4　2015 年 6 月，在卡拉奇的新娘高级定制时装周上，一名模特展示巴基斯坦设计师萨拉·冈达普尔（Sarah Gandapur）的作品。Photo: Asif Hassan/ AFP /Getty Images.

以把其描述为“豹斑”[8]。它的流动响应了一种逻辑，其正是时尚史的结果，是由欧洲和世界其他地区之间的差异和不平等关系所塑造的历史。历史、政治、经济和权力的关系已经标志了特定方向。在我们这个以持续的全球互动为标志的时代，了解思想和贸易的传递方向以克服老旧的刻板印象，以及放弃对“纯粹”服装身份、产品、消费和交流的身份的要求是很有用的，或许这些东西从来就没有存在过，当然今天也不存在。正如印度经济学家阿马蒂亚·森（Amartya Sen）写的那样：从历史上看，思想从世界的一个地方转移到另一个地方的方向会因时代而异，了解这些方向的变化很重要，因为思想的全球运动有时会被看作西方意识形态的帝国主义，看作只是一种反映权力的不对称性的单向转变，一种我们必须加以抵制的事物。[30]

我们至少可以区分两种观点，根据这两种观点，“民族”时尚与西方时尚有关联。其一是东西方视角，其二是涉及南北关系[9]的倾向性观点。无论是东西方还是南北的视角，其观点都可能部分重叠，因为这始终是一个西方和世界其他地区之间的权力关系问题，是起源于巴黎的欧洲时尚和其他时尚之间的权力关系问题；但由于将要提到的一些原因，我们最好将它们分开考察。东方主义延续了一个可以追溯到古代世界的传统和对丝绸之路的赞颂，并延续到当代的异国情调；而南北关系则更直接地由殖民和后殖民事件决定。套用查克拉巴蒂（Chakrabarty）[10]的话，我们可以说，为了构建我们这个时代的全球时尚理论，让西欧时尚本土化是必要的，因为我们意识到它本身就是一个想象中的

[8] 指在某些地区会特别突出，在统计图上像豹子斑点一样。——译注

[9] 南北关系为国际政治概念，指发展中国家（历史上多位于南半球）与发达国家（历史上多位于北半球）之间的关系。——译注

[10] 即迪佩什·查克拉巴蒂：印度历史学家，在后殖民理论方面颇有建树。——译注

形象，其构成图式和刻板形式仍然深深交织在时尚理论中。[31]

东西方视角或东方主义

东方主义是时尚界复杂和千变万化组合的一个重要组成部分，其层次之多达到了令人吃惊的水准：从我们认为理所当然的纺织品原料——棉花，到永恒的奢侈纺织品原料——真丝；从花卉图案到佩斯利漩涡纹（Paisley）[11]；从家居服到扎染织物。[32]

20 世纪初　在 20 世纪的头几十年里，人们对东方主义或来自富裕、异域、遥远的东方的任何东西都很狂热——从古代波斯和阿拉伯，到由达基列夫（Diaghilev）[12] 带到巴黎的俄罗斯芭蕾舞以及野兽派（fauve）艺术家的色彩。托伦敦的利伯蒂（Liberty）等商店的福，这些来自遥远殖民地国家的商品也得以传播。巴黎的女帽贸易行制出了用鸵鸟、孔雀或其他异国鸟类的羽毛装饰的女用头巾（turban），最初版本的和服被用作“室内”服装或用作激发设计睡袍的灵感，上面常常带有已成熟的佩斯利旋涡纹装饰图案，或是给卡夫坦（caftan）长袍或其他服装设计带来灵感，如卡洛姐妹的奢华作品。土耳其、摩洛哥、日本的影响以及相关的“和服狂热”，将其他地区衣橱中的一些老理念捡了起来，拿来同新的时尚需求融合，例如奥斯卡 · 王尔德

[11]　佩斯利漩涡纹是一种由圆点和曲线组成的华丽纹样，最早出现在 1700 年前的古巴比伦，后传入印度，流行于克什米尔，18 世纪中叶传入法国，随即风靡整个法国上流社会。——译注

[12]　即谢尔盖 · 帕夫洛维奇 · 达基列夫，俄国艺术评论家、赞助人，以创立俄罗斯芭蕾舞团而知名。——译注

(Oscar Wilde)[13] 怀念的佩普洛斯式（peplos-like）服装，由马里亚诺·福图尼（Mariano Fortuny）和保罗·波烈为巴黎高级时装做的重新发明。福图尼著名的褶皱束腰外衣［后来由三宅一生在三宅褶皱（Pleats Please）系列重新详加阐述］，实际上可被称为特尔斐（Delphos）束腰外衣。我们可以说，20世纪早期的东方主义经过了古典主义的过滤，在灵感方面也是如此，就如同欧仁·德拉克罗瓦(Eugène Delacroix)[14] 在19世纪画作的那些神奇而模糊的形象中带有摩洛哥和土耳其元素一样。理查德·马丁（Richard Martin）和哈罗德·科达(Harold Koda)[15]写道，在被称为东方主义者的服装设计师的建议中，很难确定一个具体时期或一个明确的东方服装。[33] 两种灵感——新古典主义和东方主义——常常在他们的创作中融合。其他地方与过去是他们用于汲取元素的前现代性他者想象的一部分。

20 世纪 60 年代　嬉皮士反主流文化在 20 世纪 60 年代构建的东方愿景与 20 世纪初的东方愿景截然不同。这一时期典型的反主流文化的抗议导致西方人首次尝试近距离观察东方，并且在很多方面天真地试图在异国情调文化中寻求一种转型，转向一种更为原生态的、更自由的身体文化，伴随着从中产阶级的束缚中解放出来的新生活方式。这（依然）是一个被理想化的，对消费社会攻击免疫的东方。民族和东方服装并不像保罗·波烈和福图尼设计的服饰那样复杂、丰富、奢华，而是非正式和柔软的。有多种来自东方服饰的灵感：

[13]　著名英国作家，出身于爱尔兰，英国唯美主义艺术运动的倡导者。——译注

[14]　欧仁·德拉克罗瓦：18 世纪末到 19 世纪初法国浪漫主义画家，其代表作有著名的《自由引导人民》。——译注

[15]　理查德·马丁：纽约时装学院教授，策展人；哈罗德·科达：前纽约大都会博物馆服装艺术部主管，策展人。——译注

纱丽、杰拉巴（djellaba）、尼赫鲁领衬衫、毛式外套[16]，等等。嬉皮士之路[17]帮助人们强化了一个未受污染、贫穷、简单，因而在某种程度上更快乐或至少是更接近自然的世界的信念。他们提出了一个有关西方和其他地区、资本主义和其他文化之间新关系的想法，他们的行为规范不是异装癖、戏剧、虚构、富裕，而是一种在许多方面对失去的真实性和简单性的乌托邦式天真的寻找：一个“触手可及”，但同样奇效的东方。因此，这种想象与 20 世纪初的东方形象一样不真实。西方反主流文化似乎并没有把握住与西方文明和其他地方的原始主义形成鲜明对比的隐含的意识形态。（图 6.5）

图 6.5 20 世纪 60 年代末或 70 年代初，一群女性嬉皮士在户外跳舞。Photo: David Fenton/Getty Images.

[16] 杰拉巴：或拼作“jillaba”“gallabea”，为流行于北非马格里布的一种长的、宽松的中性连帽羊毛外袍。毛式外套（Mao jacket）应指中山装。——译注

[17] 原文为“The journeys of the hippies”，嬉皮士之路（The hippie trail）是 20 世纪 50 年代中期至 70 年代末嬉皮士亚文化成员和其他人在欧洲和南亚之间进行的陆路旅行的名称，主要经过伊朗、阿富汗、巴基斯坦、印度和尼泊尔。旅行者在东西方旅行中相互联系，往往与当地居民有更多互动。——译注

20 世纪 80 年代　伴随山本耀司、三宅一生和川久保玲的时尚秀而来的所谓“日本革命”，[34] 让西方时尚界发现了新的廓形。这些系列不是通常东方赠给西方的花与蝴蝶的礼品，而是展示了一种新的、令人不安的美学，由不对称、不规则、不完美、深色、大形状和斜切组成。至少有两个基本原因，让日本时尚构成了全球时尚史上的一个分水岭：其一，这三位设计师首次提出了一种既前卫又东方的关于时尚的表述；其二，他们打破了时装设计师必定是西方人的看法。这种结果导致了认知观念的转变，这在当时的西方媒体中得到了反映——1981 年，这三位日本设计师的著名巴黎时装秀被描述为“日本革命”——这是一种对民族灵感概念的修正。此事的结果是日本因为其在东方时尚中的成功而获得西方前哨的独特地位，尽管在许多方面，它仍然是东方的。然而，近藤多里纳（Dorinne Kondo）[18] 强调说，这场革命是局部的。在 20 世纪 80 年代，巴黎仍然是时尚中心。为了在国际上获得成功，山本耀司、三宅一生和川久保玲必须经过巴黎，并让三人作为日本人一起展示，尽管他们已经作为拥有独特和不同美学的个人在日本很有名。[35]“当我到达巴黎时，我才意识到我是日本人，因为他们叫我日本人。”山本耀司在维姆·文德斯（Wim Wenders）专门为他拍摄的影片中这样说道。[36]

南北视角

诸如新加坡、越南、中国和印度尼西亚之类的国家都在吹捧亚洲的现代性，认为经济繁荣可以与恪守传统价值观共存，甚至可通过恪守传统价值观得

[18] 近藤多里纳：美国南加利福尼亚大学教授，人类学家。——译注

以实现。[37]

西方服装不仅沿着时尚的习惯途径，更通过传教士、经销商、殖民地行政长官、他们的妻子和军队被传播到世界各地。除了传播教义之外，传教士在殖民地的首要目标之一就是让所谓“野蛮”人穿上服装。秘鲁的西班牙精英有一个习惯，他们出行时会让陪同的奴隶穿上优雅的衣服，这样能带给他们（奴隶的主人）更多的威望。然而，正如塔玛拉·J. 沃克（Tamara J. Walker）[19]所表明的，这种习惯也被奴隶们用在基于荣誉的经济活动中以获取更好的地位。[38]在这个服装角度的案例中，一个富有的、享有特权的北方同一个直接或间接地依赖北方并受到北方剥削的南方在各个方面都形成了对比。那些从他国统治下获得自由的国家，在诠释服装和选择意识形态方面显示出了一种矛盾性。在经过极大简化的情况下，我们可以说，尤其是对亚洲和非洲而言，去除欧洲国家尤其是荷兰、英国和德国的殖民统治进程的第一阶段是1945—1954年，即日内瓦会议[20]召开的那一年。在此阶段，西方服装被赋予了相当大的象征意义，在某些情况下甚至被当地政府偏爱，他们认为西方就是现代性。在这个所谓的后殖民时期的早期，以采用西方制服的流行趋势为标志，尤其是亚洲人。随后，即20世纪60—80年代，当大部分去殖民化进程结束后，在着装政策方面出现了一种相反的态度。来自前殖民地的政治领导人通过新着装规则挑战了现代性和进步应该完全是西方化的以及他们不得不遵循西方发展模式的事实。他们回归本土的着装方式，回归所谓民族的、流行的、土生

[19] 塔玛拉·J. 沃克：现为加拿大多伦多大学历史系副教授。——译注

[20] 指1954年4月至7月在瑞士日内瓦万国宫召开的一次国际性多边会议，其议程是关于重建印度支那和朝鲜和平问题。——译注

土长的和真正的传统，尽管它们往往在文化上是建构的，并且无论如何都是混合的——不过，这种行为成了一种事关表明自己身份及政治和文化自主性，以及对另一种现代性表达必要追求的一部分。时尚成为身份和政治立场的标志，尖锐地破坏了现代和传统、男性和女性之间的对立，并突出了个人身份和集体身份之间的主题和矛盾。关于伊斯兰服饰的问题，艾玛·塔洛（Emma Tarlo）和安妮莉丝·穆尔斯（Annelies Moors）[21] 写道：

> 20 世纪，在许多穆斯林占多数的国家，特别是在中产阶级和上层社会中，采用西方生活方式的元素包括欧洲风格的服装变得很普遍。与这一趋势相反，20 世纪 70—80 年代，伊斯兰复兴运动兴起，它鼓励越来越多的妇女采用伊斯兰的遮盖式服装。一些作者将其称为“新面纱”（Mc Leod，1991 年），以强调它包含了一种由年轻的、受过良好教育的妇女有意识地选择采用的新遮盖式服装。[39]

正如蕾娜·刘易斯（Reina Lewis）[22] 所解释的，时至今日戴面纱又有了不同的含义：在伊斯兰世界的许多后殖民国家，它可能是年轻一代女性的自由选择，她们拒绝世俗的现代化；它可能象征着侨居在外的妇女对伊斯兰群体的归属；它可能是一种对抗男性高度攻击性行为的策略，也可能是由伊斯兰整合运动（Islamic integralist movements）强加的（图 6.6）。[40] 因此，对南北

[21] 艾玛·塔洛，英国伦敦大学人类学教授；安妮莉丝·穆尔斯，荷兰阿姆斯特丹大学社会学教授。——译注

[22] 蕾娜·刘易斯：英国艺术史学家和作家。——译注

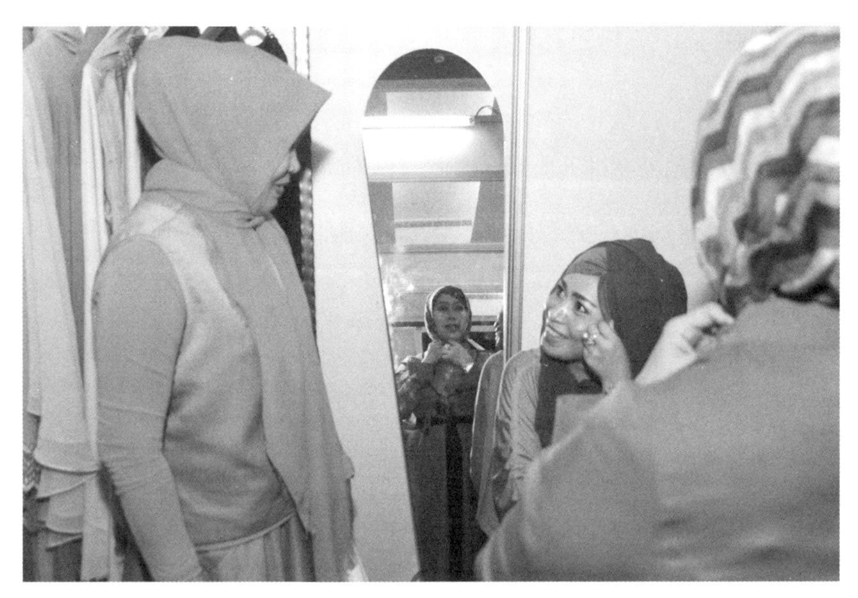

图 6.6　2013 年印尼伊斯兰时尚博览会上，一名印尼穆斯林妇女试戴头巾。Photo: Yermia Riezky Santiag /Pacific Press/Corbis via Getty Images.

服装载体主题的分析意味着需要以少受东方主义魅力影响的方式，重新考虑与时尚同所谓的服饰之间关系有关的各种赋权现象。在后殖民时代的印度，萨洛尼·马图尔（Saloni Mathur）[23] 这样描述这一过程：

> 后殖民时代的文化景象不再是简单的帝国占有式的陈列，也不再是民族主义代理人对后者的挪用，而是越来越多地受到“遗产”产物的意识形态条件、本地和全球之间的紧张和竞争关系的影响，以及南亚侨民在跨国文化生产格局中的调解的影响。[41]

[23]　萨洛尼·马图尔：人类学家，现任美国加利福尼亚大学洛杉矶分校副教授。——译注

在 20 世纪末，后殖民时代的主要变革以各种方式同为时尚进行的新生产和金融结构交织在一起，生产的转移使各种时尚过程支离破碎，市场的全球化使品牌、形象和人物进入流通。因此，将时尚作为一种全球现象进行理解，得到了全球范围内服装生产组织的转变，以及服装生产在世界贸易中的巨大经济意义的进一步支撑。[42]

时尚正在从欧洲中产阶级精英的关注，变成以各种方式刻画我们这个时代的文化原则。非西方的未来设计师越来越多地进入西方的时装学校学习。网络，尤其是时尚博客，有助于传播美学和混合全球部落的语言。[43] 在过去十年中，整个亚洲针对西方将亚洲设想为只是一个低成本的生产地的做法，都已推出了针对本地时尚和品牌的国家推广战略。2001 年，越南推出了“2010 年加速战略”，政府计划为设计自有品牌的制造公司提供财政援助和奖励。印度和中国的政府也做了类似同促进创造力和创新有关的新方案。“创意中国”是中国政府投资的项目之一，它以一种更重要的方式将中国转变为一个创新的国家，而不是低成本生产商[24]。[44] 巴西，一个有着强劲的扩张性经济的国家，旨在构建一种新的民族时尚，超越“足球、比基尼和桑巴”的刻板印象。我们可以说，大多数国家都对时尚的创造性表达感兴趣。在新的全球经济中，文化的角色正在发生变化。[45] 时尚是一个国家文化的一部分，正如亚历山德拉·帕默（Alexandra Palmer）所写的：

一方面，在设计和制造方面，时尚正变得更加跨国化，使贸易和国际

[24] 原文为“lost-cost manufacture”，根据上下文应为“low-cost manufacture”。——译注

边界越来越不重要。另一方面，在创造独特的时尚产品方面，设计标识已经成为一个越来越重要的营销工具，特别是在各种设计之间几乎没有区别的情况下。46

然而，这个过程是复杂的，并不是没有伦理陷阱。47 一方面，为了证明生产时尚的能力，这些国家必须证明他们是现代的。然而，为了确立自己的原创性贡献，他们又必须强调民族标识和伦理传统。另一方面，现代性又恰恰会通过逐步包含民族和独特的贡献，不断促进对“现代时尚”的含义进行再定义。正如徐阮瑞玲（Thuy Linh Nguyen Tu）[25] 在年轻一代美国亚裔设计师的话题中指出的那样：这些客观联系不是通过使用异域的形象和风格，而是通过一种特殊设计方法显现在象征性领域。48

在非洲，对于那些生产、设计和创造时尚的人来说，时尚呈现为一种解放的工具，而且以一种更普遍的方式挑战通常赋予这个大陆的贫穷和腐败的刻板印象。在解放和认同身份的过程中，20 世纪 60 年代的意识形态 [26] 模糊了，被国家和市场政策同化。因此，民族时尚，即一个国家审美风格的可识别性，在全球化的时代重新获得了活力。在第二次世界大战后的早期，纺织业促进了民族时尚的诞生。在 20 世纪 80—90 年代，民族时尚是私人和公共利益的汇集——如今也被许多政府机构提上议事日程。明星制、分销、时装设计、时装学校、媒体、新媒体、旅游业、第三产业、文化产业和制造业等都传递了民族

[25] 原文为“Thuy Linh Nguyen Tu”，美国纽约大学社会文化系副教授，此处为音译。——译注

[26] 指 20 世纪 60 年代亚非反殖民主义斗争。——译注

审美产品的同一性。民族时尚在全球舞台上的亮相，似乎总是暗示着被权威审美认可，当然还有经济上的存在，时装周的指数式扩散就证明了这一点。[49]

对于一个国家或城市来说，表达出一种可被立即识别的审美已经成为传达其政治和经济实力的重要必然结果。与过去相比，时尚不仅有反映和代表社会或个人需求的任务，还为自身构建可创造性地释放想象力的新领域提供了机会。正如戴安娜·克莱恩（Diana Crane）所解释的那样：这是因为同大多数类型的生产和商业活动不同，时尚表达了一种非常精致的文化，由符号、意识形态和可供借鉴的生活方式组成。[50] 国籍，或者说时尚能够制定的各种身份建构的形式，[51] 往往得到政府本身的支持，例如加拿大[52] 和斯堪的纳维亚国家已经意识到它的重要性。在当今的“走秀台经济”中，奥尔瓦·洛夫格伦（Orvar Lofgren）和罗伯特·威廉（Robert Willim）提出一个概念，每个国家在希望被认可为一个有创造力和审美之地方面都有既得利益。[53] 作为走秀台经济的结果，我们可以把这称为一种穿着的力量。时尚本身不再是一个关于人们的穿着方式和品牌传播方式的问题，而是各国参与全球交流的机会，是我们这个时期的相互联系的标志。时尚不仅仅是制造衣服，也似乎是各国离不开的一种属性。

如果说时尚是在重新发现诸如民族性和身份术语的话，那它也并不是为了重新确认前现代的老神话，而是将它们作为通过文化接触实践构建的动态过程。我们在此可以概括一下希尔迪·亨德里克森（Hildi Hendrickson）[27] 关于非洲的论述：“非洲和西方在一个符号学的网络中相互作用，其影响并不完全由我们任何人控制。”[54] 历史悠久的欧洲品牌和非西方设计师之间的相遇让

[27] 希尔迪·亨德里克森：美国人类学家。——译注

位于混合叙事的交织，英籍肯尼亚人奥斯华·博阿滕（Ozwald Boateng）为纪梵希设计作品、印度人曼尼什·阿若拉（Manish Arora）为帕科·拉巴纳（Paco Rabanne）设计作品就是这样的例子。

国家时尚的壮观化也涉及法国、英国、美国、意大利和日本等国，这些国家存在既有的服装认知，而不像那些由于历史和文化的影响，直到现在还没有在时尚界享有充分表达条件的国家。即使是在专注于奢侈品的法国，鉴于最近的并购，还是由国会议员贝尔纳·卡拉永（Bernard Carayon）在 2006 年提出“经济爱国主义”的概念，开展了诸如开云（Kering，原巴黎春天集团，即 PPR）和酩悦·轩尼诗 - 路易威登（LVHM）等集团化行动。裁缝和女装裁缝、工匠和鞋匠的传记，以及纺织品档案的重新发现，成为新文化史趋势的一部分。诸如遗产、手工艺和工匠创造力等概念，成了从路易威登（Louis Vuitton）到萨瓦托·菲拉格慕（Salvatore Ferragamo）等许多品牌传播战略的中心。时尚被政府用来促进旅游，制造庆典和竞争关系，并在一场以服装、设计师和媒体中的形象为交易对象的当代夸富宴（potlatch）[28] 中进行竞争。正如亨德里克森所写的，国家与其在国际上的身份的谈判表现在服装和对身体的处理上，今天的意义正是在本地和全球之间的震荡中寻求到的。[55]（图 6.7）

结 语

时尚是一个基于大量的各种各样服装事件的抽象概念，不可能作为一个整

[28] 北美西北海岸印第安人在冬天为炫耀财富而举行的宴会。——译注

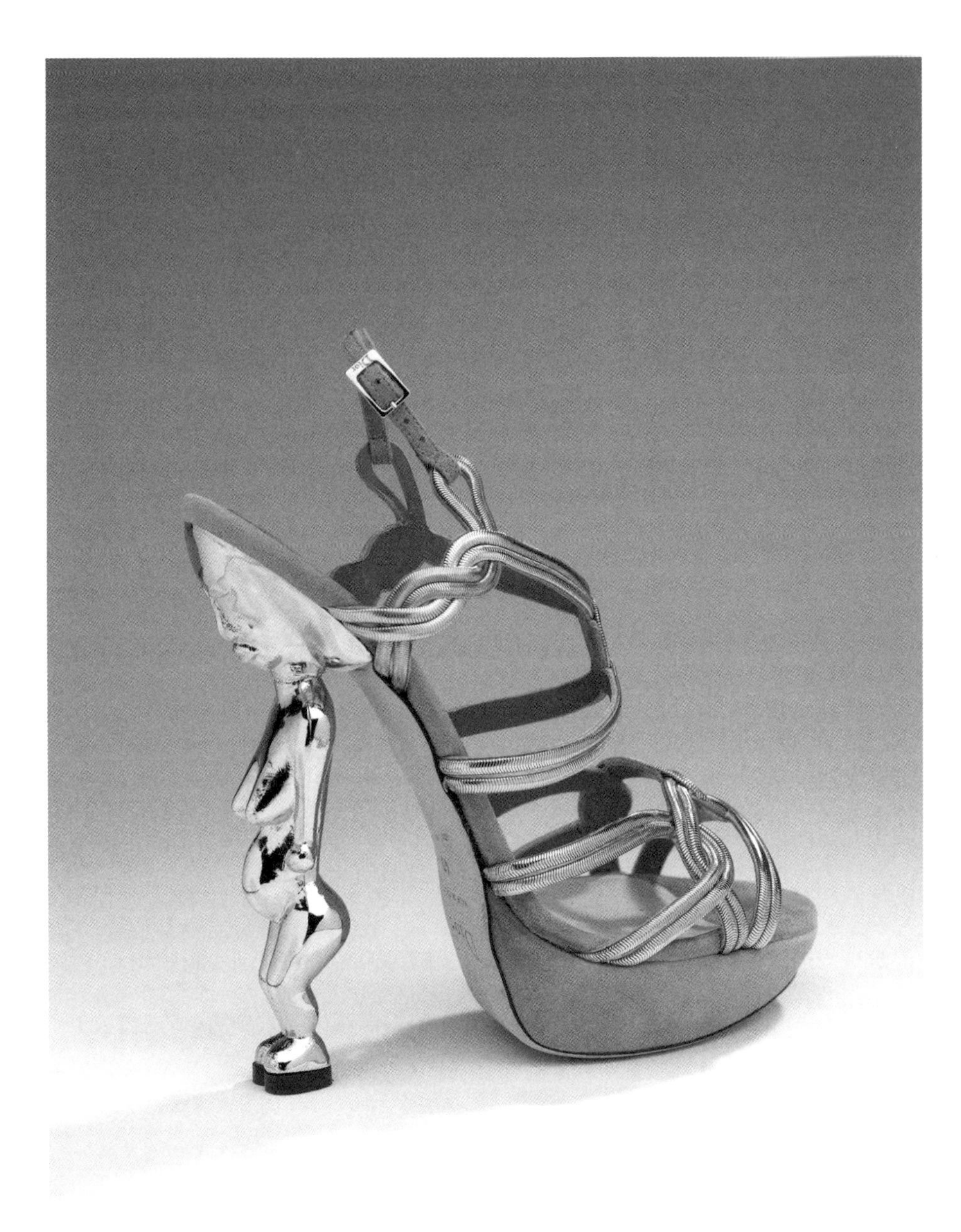

图 6.7 约翰·加利亚诺为迪奥 2009 春夏系列设计的“女神”凉鞋——“prêt-à-porter”系列。克里斯汀·迪奥时装捐赠。Phoot: Royal Ontario Museum © ROM .

体来观察。[56]

正如我们从阿琼·阿帕杜拉（Arjun Appadurai）[29]那里了解到的，物体和人的流通、个体在当代世界所进行的真实或虚拟之旅，都引起了某种积极的想象，但是与倒退和具有安慰性的幻想不同，它反过来能够产生欲望并带来变化。[57]就像其他产品一样，服饰是一个经济和政治的事实，但比起其他产品，它又更多的与快乐的主题和身份的各种表达方式有关。正如德怀尔（Dwyer）和杰克逊（Jackson）[30]所写的那样，时尚自身存在着一种潜在的、与生俱来的紧张关系，这种紧张关系来自时尚生产的“唯物主义”分析和以“文化主义者”的方式探索时尚消费乐趣之间的矛盾，前者无法回避强调西方世界的需求同对其他经济体的劳动剥削之间的冲突，后者则在全球许多地方迅速扩展。[58]

时尚重现了关于各种全球化理论中两种既对立又部分互补的观点：一种是历史、经济的观点；另一种则是新马克思主义的类型和理论，它将重点放在多样性上，即强调文化成分和多重性，一如安东尼·吉登斯（Anthony Giddens）[31]的解释。[59]

那么，我们如何对关于全球时尚的复调话语进行解读？我们如何理解各种贡献和对话者？让时尚讲述而不是讲述时尚，可能就是我们需要做出的角度改变。[60]与其说是服装本身或它们的形象表征，不如说是对时尚的描述将我们引导至真相。今天，我们可以清楚地看到：整个时尚文化——而不仅仅是它的文字，是如何为我们提供信息的：广告、社论、博客、公司战略、时装设

[29] 阿琼·阿帕杜拉：印度裔美国人类学家，被公认为全球化研究的主要理论家，他曾探讨了民族国家的现代性和全球化的重要性。——译注

[30] 克莱尔·德怀尔、彼得·杰克逊均为英国人文地理学家。——译注

[31] 安东尼·吉登斯：英国社会学家。——译注

计师的信念和愿景、服装的形态、服装系列的组织、在商店里以及在越来越多的专门的时尚展览中的呈现。尽管在过去，人们认为时尚在某种程度上几乎就是社会的自动反映——时尚是“历史之镜”——今天，一种不那么被动的解释似乎更可取。时尚的想象力也使其有可能渗透到社会表象之下，并揭示出认知图式、范型，以及由此定义一个时期并赋予其意义的主要人类学结构。在维多利亚·罗文（Victoria Rovine）编辑的专门讨论非洲时尚的《时尚理论》（*Fashion Theory*）专集中，她将自己的社论命名为“通过时尚看非洲”。[61] 事实上，时尚已经成为一种话语，能够在全球文化的各个组成部分之间建立对话，揭示那些仍然存在于叙事、生产和消费层面，同时出现的真相、刻板印象和常识。因此，比起对现在的期待，全球化版本的时尚更多的是代表了现在本身。在时尚对象的物质性和非物质性的交叉点上，要让时尚用自己的语言讲述，这才能让它在各种不同的表现中带领我们回到我们生活的差异体系之中：个人和集体的期望，女性和男性的理想，身体的实践以及年龄、时间和地点的关系，也就是时尚一直在用其表达的所有的主要领域，它的现状也在不断改变。[62]（图 6.8）

古老的反义词——本地 / 全球、传统 / 现代、西方 / 东方、平民化 / 奢侈——的模糊化在当下全球时尚背景的许多方面都可以看到。在许多情况下，我们可以看到一种趋势，即曾经的传统服饰在不同的背景下被再度更新。因此，“本土”时尚是一种混合体，经常被贴上模棱两可的真实性标签，实际却是由许多可能以不同的形式存在于全球的时尚组成的，这意味着欧洲本体论和认识论同本地身份的独立创造或再创造冲动之间的辩证关系。在这个意义上，真实性并不意味着回归到那些从未出现过的东西——正如历史告诉我们的那样，或是那些不可能被创造出来的没有被“玷污”的东西，而是与今天在全球时尚舞台

图 6.8　在 2005 年佛罗里达迈阿密时尚周上，模特戴着“Krel Wear”头巾。Photo: John Parra/WireImage.

上相互融合的各种主体的多元主义立场有关的一种不同愿景。一个存在于“东方主义”视线之外的世界，它就像尼马尔·普瓦尔（Nirmal Puwar）写的那样，不再寻求为公众翻译，而只是简单地陈述它的存在。[63] 周蕾（Rey Chow）在《蝴蝶之梦》（*Il sogno di Butterfly*）中以视觉的方式揭示了一些非常深刻的关于身份建构的内容，在其中她通过导演柯南伯格（Cronenberg）[32] 对普契尼的《蝴蝶夫人》（*Madame Butterfly*）的诠释（1993 年），以新的观点考察了这个神话。[64] 就像尼马尔·普瓦尔一样，周蕾也拒绝将文化差异性理想化的态度，希望在现实中摧毁其专一性、冲突和多样性。（图 6.9）

图 6.9　一名印度妇女将纱丽和毛衣搭配在一起，摄于 2015 年 2 月。Photo: Money Sharma/AFP/Getty Images.

[32] 即戴维·柯南伯格（Cronenberg），加拿大导演。——译注

因此，展示全球衣橱的特点，绝对是一种抽象概念。随着西方时尚品牌的大规模传播，许多风格和变化都出现了明显的同质化。其直接的结果就是产生了稍稍向西失衡，习惯性观点产生相对化，从认同欧洲设计师的高级成衣文化或大型美国品牌的时尚传统中退出。衣橱术语变得更宽泛了，服装之间的相互对话丰富了它们的根基。正如美国人类学家马歇尔·萨林斯（Marshall Sahlins）所指出的那样，服装与多种文化类别以及它们之间的各种关系有关，其几乎形成了一种文化宇宙的地图。[65]不同的服装文化相互对抗，它们的差异是对“民族服饰”概念的质疑，以及在国际舞台上重新书写新的服饰解决方案。其结果是一种世界性的服装民族志，其中包括去地域化和去本地化的过程，文化和组成它们的个人越来越频繁地暴露在其中。因此，唯一可能的真实性是当下的真实性，也就是说，真实性就在于产生今天的时尚的许多不同方式中。

第七章　视觉再现

雷切尔·巴伦 - 邓肯

在我面前有一系列始于大革命，差不多终于执政府[1]的时尚版画。这些服饰，在许多没有思想的人——这是一些讲究庄重但不懂真正庄重的人——看来是可笑的，但它们有双重性质的魅力，既是艺术的，又是历史的。它们通常非常漂亮，而且画得妙趣横生；对我来说一切都同样重要，让我高兴地看到的是，在所有或几乎所有的服饰中，人们都能发现他们所处时代的道德和审美感受。人类为自己创造的美之理念在他们穿着过的整套服装上刻下了痕迹，让他们的衣服起褶或硬挺，完善或探索他的形象，从长远来看，甚至会以微妙地渗透到他的面部特征而告终。直到让自己看

[1] 法国大革命爆发于 1789 年 7 月 14 日，执政府为 1799 年法国雾月政变推翻督政府后到 1804 年拿破仑称帝为止存在的政权。——译注

起来像理想中的自我，人们才会罢手。[1]

——夏尔·波德莱尔（Charles Baudelaire）[2]，1863年

当夏尔·波德莱尔拿着他那套雕刻的时尚版画坐下来时，他距离这些图版制作年代已经有60~75年了。他在这些古老的插画中发现了一种“双重性质的魅力”——它们诉说着过去时代的审美和历史情感。波德莱尔对美、服装和现代性进行了广泛的思考，这番沉思批判性地从服装的艺术表现开始，而不是服装本身。他没有从一个实在的衣领上看革命的风尚，而是感受到了艺术。100多年后，批评家安妮·霍兰德（Anne Hollander）[3]甚至断言，艺术表现提供了服装的唯一“真实视角”。人类的身体缺乏随着时尚的变化而进行生物变形和适应的能力。她写道，艺术家通过对时尚的完美诠释这个角度，帮助我们重塑我们周围穿着衣服的身体，“权威的虚构创造了被接受的真相”。[2]

当我们从波德莱尔的论述中取一页，从现在所处的有利位置回过头来考查过去一个世纪的视觉表现，去看过去的审美和历史时，我们可以发现一个突出的区别。波德莱尔看的是雕刻的时装版画，而我们看的是照片，因为摄影已经成为记录时尚的首选媒介。有许多因素促成了这种偏见。首先（也最重要的）是摄影在20世纪和21世纪普及到了无所不在的程度，凭借着这种媒介的便捷和先天的可复制性，它已经同机械复制工具及报纸、杂志、电视、互联网这些大众传媒结合在一起。此外，由于时尚是以其新颖、时髦、流行为傲，因

[2] 即夏尔·皮埃尔·波德莱尔（Charles Pierre Baudelaire），法国诗人，象征派诗歌的先驱，现代派诗歌奠基者之一，代表作包括诗集《恶之花》《巴黎的忧郁》。——译注

[3] 安妮·霍兰德：美国历史学家。——译注

而对最现代的艺术媒介有一种特殊的亲和力。伴随着摄影技术不断改进的过程（玻璃板、锡版、柯达彩色胶卷、拍立得、数码），摄影让绘画、雕塑和版画等传统媒介统统显得过时。

在一章中描绘过去一个世纪的时尚影像的完整历史，即使对波德莱尔来说也是不可能的。因此，本章将侧重于过去一百年来的时尚摄影史，因为它分为不同的美学和历史脉络。在第一次世界大战进入尾声时，新形成的时尚摄影流派正专注于其自身地位和同艺术的关系。到了 20 世纪中期，时尚摄影放下了对自身艺术性的内向性关注，转向承认活跃、运动的现代女性。最后，在 20 世纪的最后 25 年，激进社会变革挑战了女性和男性的传统界限，而时尚摄影成为这些文化焦虑的公共论坛。本章内容考查了少部分图像的“双重性质的魅力”，强调时尚摄影是如何反映其当代文化范式和美学关注的。

艺术图片

最初，时尚杂志中的照片扮演着阐释的角色。出版商将照片作为一种向读者传达视觉信息的方式。第一次世界大战后，出版商孔德 · 纳斯特（Condé Nast）[4] 越来越多地使用摄影图片而不是插图，以“支持 *Vogue* 的天职——为成千上万名真正对时尚感兴趣的妇女服务，她们希望看到时尚得到彻底和忠实的报道——而不是以一种装饰艺术的形式呈现”。[3] 对他来说，摄影有一种与生俱来的“真实”品质，而手绘图片则缺乏这种品质。尽管杂志引入摄

[4] 孔德·蒙特罗斯·纳斯特（Condé Montrose Nast），国际期刊出版集团康泰纳仕（Condé Nast）创始人。——译注

影的初衷是进行真实报道，但在实践上，时尚照片发挥的功能更为细致入微。*Vogue* 的艺术总监，也是后来的编辑总监，亚历山大·利伯曼（Alexander Liberman）就曾说:“时尚照片不是一张关于衣服的照片，而是关于女人的。”[4] 利伯曼的这句话很精辟，也很尖锐：我们被时尚摄影吸引，并不是因为它能够准确地传递毛圈花式线（bouclé）的质地或精准地描述一件衣服是如何扣上的，而是因为照片所创造的世界吸引了我们。与“事实”性共存的是，摄影还具有第二种性质，即能够唤起穿着服装女人周围的神秘世界——不仅是鼓励消费，更是鼓励性接触 / 认同。观看时尚照片既是为了预测自己可能会穿怎样的衣服，也是为了想象一个镜像的自我，一个我们可能被别人看到的虚幻投影。

20 世纪 20—30 年代，时尚摄影的美学与艺术世界的大趋势产生了接触。然而，在进入 20 世纪 20 年代后，时尚摄影仍在坚持着战前的美学。拜阿道夫·德·梅耶（Adolph de Meyer）男爵的作品所赐，当时图片中弥漫着一种美好年代的优雅古朴气息，让 *Vogue* 和《名利场》（*Vanity Fair*）的页面充满了温柔的光芒。德·梅耶的美学——柔软、薄纱形象的女性被织物或花束包围——是时尚摄影领域的一个创新，但它也借鉴了艺术领域存在已久的趋势。绘画主义运动出现在 19 世纪中叶，是对当时普遍将照片理解为一种单纯记录手段的反击，绘画主义最适合用于人像摄影中捕捉画面，将世界如其所见地准确记录下来。在绘画主义派的心目中，照片的功能与其他媒介没有什么不同，它也可以被作者塑造。为了强调照片的沉稳性，艺术家们经常选择柔化焦点，印上色彩，或在暗房里对冲洗底片进行物理处理。1914 年，德·梅耶将绘画主义美学带入 *Vogue*，使得时尚版面与最近的摄影创新接轨，并为杂志注入了具有艺术感的图像。

德·梅耶的照片有时无法捕捉到衣服上的修饰和图案细节，取而代之的是唤起了一种轻松、柔和、无忧无虑的情绪（图 7.1）。他最中意的技术之一就是软聚焦。通过各种方法，他做到了这点。他喜欢用平克顿 - 史密斯（Pinkerton-Smith）镜头，这种镜头经过校准，中心能够产生锐聚焦，边缘会有逐渐模糊的焦点晕。另外一些时候，他会通过透明的织物进行拍摄，这样可以让图像产生均匀的模糊感。[5] 这样拍摄出来的图像不强调特征，解离了细

图 7.1　德·梅耶男爵拍摄。穿着卡洛姐妹设计的长衫的埃尔西·弗格森（Elsie Ferguson）。*Vogue*（纽约版），1921 年 2 月 1 日，第 40 页。Photo: Adolph de Meyer/Condé Nast via Getty Images.

节，反而给人一种更为宽广的构图感。他的照片与詹姆斯·艾伯特·麦克尼尔·惠斯勒（James Abbott McNeill Whistler）[5]的色调作品有异曲同工之妙，在惠斯勒的作品中，绘画并不约束和注重轮廓，而是要唤起人们的感觉。

德·梅耶的第二个标志性技术是他经常使用从模特身后照出的柔和漫射光。坐着的摄影对象被逆光照射，进一步掩盖了衣服的细节，同时在光晕中照亮了身体的廓形。在这种光线下，人物的四肢显得很有韵味，半透明的面料微微发光，漂亮的侧脸呈现出天使般的外表。他的照片把富家千金和模特都变成了春天纯白的花朵，呈现出不可思议的无瑕和纯净。他的镜头具有一种改造的能力，能让人物宛如盖茨比眼中的黛西：它使一切都永远无瑕，永远发光，永远洁白。[6]

孔德·纳斯特希望 *Vogue* 和《名利场》成为其他社会和时尚杂志中的精英。他利用摄影出版业的技术革新，用高质量的图像填充他的杂志页面。1923 年，纳斯特聘请已经是著名画家和摄影师的爱德华·史泰钦（Edward Steichen）担任 *Vogue* 和《名利场》的首席摄影师。当历史的洪流转向战争时，史泰钦曾成为美国空军的一名空中摄影师。回到纽约后，纳斯特向他提供了这个宝贵的职位以取代德·梅耶。在谈判过程中，纳斯特曾提议史泰钦的名字只能印在社会性肖像照的旁边，而只为艺术家提供一个让他的时尚照片匿名的工作机会。史泰钦反驳说："如果我拍了一张照片，我就会用我的名字为它背书；否则我就不会拍。"6 这种态度与史泰钦之前与阿尔弗雷德·施蒂格利茨（Alfred

[5] 詹姆斯·艾伯特·麦克尼尔·惠斯勒，著名美国印象派画家，他的作品不太重视轮廓和素描，而注重彩色和音乐效果，尤其喜欢在画作命名上加上音乐的术语，例如名作《母亲的画像》又名《灰色与黑色的交响曲》。——译注

[6] 出自菲茨杰拉德的《了不起的盖茨比》。——译注

Stieglitz）结盟的态度大相径庭，施蒂格利茨坚决反对让摄影成为商业手段。

史泰钦很快将时尚摄影美学推向了一个新时代。德·梅耶对带着露水般装饰和轻纱般柔焦的偏爱，让位于史泰钦更大胆、更精练、清晰地展示服装细节的做法。这是一种有意识的努力，向观众传递更多信息。他觉得“一个女人，当她看到一张长袍的照片时，应该能对这件长袍是如何组合起来的，以及它看起来是什么样子的产生绝妙的想法”。[7] 史泰钦的客观审美反映了美术摄影的新看法，它摆脱了绘画主义派人为操作的浪漫主义，而倾向于具有锐聚焦、明亮照明和全色调的未经修改镜头。“直接摄影”接受了摄影媒介的“照原本模样”理念，将相机镜头的自主性和客观性作为冷静的、现代的、技术性的都市风格的原动力而优先加以考虑。由此产生的照片不仅具有更清晰的分辨率，而且倾向于更直接的主题。德·梅耶拍摄的女人渴望地望向画面外或对着一束花沉思，而史泰钦拍摄的女人则自信地看着镜头，直视观众。在史泰钦的许多照片中，图像模糊了肖像和时尚照片之间的区别。纳斯特曾对史泰钦说：“德·梅耶拍的每个女人都像是一个模特。你让每个模特看起来都像是个女人。”[8]

在 *Vogue* 的版面上，史泰钦采用了现代主义美学同装饰艺术（Art Deco）的新品味相协调的做法。1925 年，巴黎国际装饰艺术及现代工艺博览会[7] 催生出一种新的审美，改变了艺术和设计的世界。装饰艺术将立体主义（Cubism）、未来主义（Futurism）和纯粹主义（Purism）等现有艺术运动中的几何抽象同机器美学（the Machine Aesthetic）的简洁线条结合起来，在博览会之前就已在酝酿，并以其在博览会期间明白展示出来的趋势命名。作为一种风格，

[7] 即巴黎世界博览会。——译注

装饰艺术影响了各种直线图形，从茶杯到图形字体，再到飞来波女服的方正剪裁。史泰钦选取了服装棱角分明的线条，并将这些线条融入他照片的镜头构成和构图中。在一张照片中，他最喜欢的模特玛丽安·莫尔豪斯（Marion Morehouse）包裹着色彩斑斓的雪瑞（Chéruit）晚装，站在史泰钦为拍摄设计的钢琴前（图 7.2）。钢琴的装饰闪烁着直线形的光芒，与点缀金属光泽的格子服装细节散发出的光泽融为一体。强烈的光线划过背景，在模特的头顶

图 7.2　爱德华·史泰钦拍摄。玛丽安·莫尔豪斯穿着由雪瑞设计的裙子，戴着由布莱克（Black）、斯塔尔（Starr）和弗罗斯特（Frost）设计的珠宝首饰。*Vogue*（纽约版），1928 年 5 月 1 日，第 64 页。Photo: Edward Steichen/Condé Nast via Getty Images.

上画出对角线，然后消失在屏幕后面。史泰钦知道如何利用光线作为抽象的工具。他说：“我们用光来戏剧化，来增强。我们用它来改变。我们用它来表达想法。”9 在史泰钦的照片中，光线凝固成形并上升到同莫尔豪斯相当的位置，成为观众注意力的焦点。她既在阴影中，又被聚光；既是迷人的亮点，又是整个画面中一个单纯的构图元素。

随着 20 世纪 20 年代的发展，另一种风格与史泰钦的现代主义一起出现在 *Vogue* 的版面上。这就是乔治·霍伊宁恩 - 休尼（George Hoyningen-Huene）的照片。虽然得益于史泰钦的清晰、简洁的线条，但休尼给（图片的）魅力概念带来了建筑学的性质。休尼小心翼翼地校准实体周围的空间，使他的照片不仅有构图，而且产生了造型（图 7.3）。休尼是一位戏剧性的错觉大师。他出生于圣彼得堡的贵族家庭，年少时因革命而流离失所至巴黎落脚。休尼学习了绘画和素描，并首先将他的技能应用于姐姐贝蒂的服装制作生意中，用自己的名字署名为“Yteb”。不久之后，他被 *Vogue* 雇用，为该杂志绘制插图并负责招募模特。休尼在 *Vogue* 摄影棚周围帮忙，承担了杂志的所有日常业务。1926 年，在预定的摄影师没有出现时，他抓住机会，偶然性地成为摄影师。

几年后，*Vogue* 摄影棚的另一位助理，霍斯特·波尔曼（Horst Bohrmann）也转型为摄影师，开始以霍斯特的名字进行专业摄影工作。霍斯特最初从德国来到巴黎时曾跟随建筑师勒·柯布西耶（Le Corbusier）[8] 学习。当霍斯特放弃建筑时，他便在摄影棚里协助休尼安排灯光、搭建布景兼做模特。*Vogue*

[8] 勒·柯布西耶：瑞士—法国建筑师、室内设计师、雕塑家、画家，是 20 世纪最重要的建筑师之一、功能主义建筑的泰斗，被称为“功能主义之父”。——译注

图 7.3　乔治·霍伊宁恩 - 休尼拍摄，照片在 *Vogue* 杂志上发表时是颠倒过来的。模特身着杰曼·勒孔特（Germaine Lecomte）和卡洛姐妹设计的裙子。*Vogue*（纽约版），1932 年 5 月 15 日，第 48 页。Photo: George Hoyningen-Huene/Condé Nast via Getty Images.

的艺术总监 M.F. 阿嘉（M.F. Agha）[9] 鼓励他拿起照相机。[10] 霍斯特和休尼一起成为属于 20 世纪 30 年代的摄影师，让 *Vogue* 的版面上充满了严重依赖道具和技巧的具有戏剧性的优雅图像。

霍斯特和休尼都信奉一种新古典主义美学，这种美学与 20 世纪 30 年代由奥古斯塔・贝尔纳（Augusta Bernard）、玛德琳・维奥内特和阿里克斯・巴尔通（Alix Barton，后来以格蕾斯夫人的名字闻名）等设计师提供的下摆加长和斜裁长裙相呼应。休尼拍摄了一套希腊风格长袍的照片，点缀着如大理石般无瑕的面孔，唤起了一种经久不衰的时尚、永恒不变的优雅和美感。霍斯特和休尼曾一起去希腊旅行，经常花上好几个小时研究巴黎和伦敦博物馆里的大理石雕塑。霍斯特后来回忆说：“我试图从美妙绝伦的古希腊雕像中学习，从古希腊艺术中学习把握身体的形状和比例——甚至是姿势……我曾站在雅典卫城前，哭得像个孩子。”[11] 在 1936 年为埃德温娜・德尔郎格（Edwina d’Erlanger）拍摄的照片中，霍斯特将她那条带凹槽的白色阿里克斯长裙同石膏做的爱奥尼亚式柱头并列在一起，从而形成了古典柱子的整体印象。霍斯特从低角度拍摄，画面拉长了德尔郎格的身形，将她变成了建筑台柱——冷酷、高耸、不朽（图 7.4）。霍斯特也许会说，他拍摄的女人就像希腊神话中的女神一样：“几乎是遥不可及，略带雕像感，身处在奥林匹斯山的宁静中。”[12]

对于休尼和霍斯特来说，摄影棚是整个世界的替代品。霍斯特是第一批使用白色空白背景的摄影师之一。在摄影棚空旷的壳子里，道具和背景创造了幻觉。他喜欢强烈的侧光，但与爱用阴影来创造整体外形（如玛丽安・莫尔豪

[9] 全名为“Mehemed Fehmy Agha”。——译注

图7.4 霍斯特拍摄。埃德温娜·德尔郎格夫人穿着阿里克斯设计的裙子。*Vogue*(纽约版),1936年2月15日,第43页。Photo: Horst P.Horst/Condé Nast via Getty Images.

斯上方强光构成的正交线）的史泰钦不同，霍斯特的强聚光灯反而塑造了人物，增加了戏剧性。在他们精心策划的摄影棚图像中，霍斯特和休尼在时尚杂志的版面上创造了一种新的冰冷、静止的魅力。

运动图片

当 *Vogue* 前主编卡梅尔·斯诺（Carmel Snow）在 1933 年转投 *Harper's Bazaar* 时，赫斯特出版公司（the Hearst publication）开始对 *Vogue* 作为出类拔萃的时尚杂志的统治地位构成严重威胁。斯诺组建了一个领导团队，雇用艺术总监阿列克谢·布罗多维奇（Alexey Brodovitch）和编辑戴安娜·弗里兰（Diana Vreeland），在接下来的几年内打造出该杂志。当年德·梅耶在 *Vogue* 失宠时，*Harper's Bazaar* 将他招至麾下，而斯诺也延续了这一传统，聘用了其他前 *Vogue* 摄影师，如曼·雷（Man Ray）和欧文·布卢曼菲尔德（Erwin Blumenfeld）。当休尼在 1935 年与 *Vogue* 发生激烈争执并且决裂后，斯诺也雇用了他。斯诺鼓励尝试，她的杂志倡导一种更宽松、更自由的摄影，经常将模特从摄影棚中解放出来。诸如托尼·弗里塞尔（Toni Frissell）、露易丝·达尔-沃尔夫(Louise Dahl-Wolf)、马丁·蒙卡西(Martin Munkacsi）和赫尔曼·兰德肖夫（Herman Landshoff）这样的摄影师拍摄出的照片与女性在世界范围内体验时尚的方式有着联系，为图片注入了一种被认为具有美国式审美的理解。当霍斯特在人造的梦幻世界中塑造上流社会女神时，这些 *Harper's Bazaar* 的摄影师则展示出时尚作为现代生活方式的组成部分的一面，并为自由、运动的美感提供了一种不受控制的魅力理念。匈牙利摄影师蒙卡西不仅将模特带出摄影棚（史泰钦和休尼偶尔也会为之），还将她们置于行动的世界中：奔跑、跳跃、拿着网球拍展臂、挥动高尔夫球杆。这些图像看上去模糊而匆忙，而非清晰的摆拍。他的图片特别适合于带有运动女性理念的运动服。同那些在不通风的摄影棚拍摄的、现在看来很有结构性的传统作品相比，蒙卡西的作品让人感到活力和清新。

20 世纪 20 年代末，蒙卡西在柏林的乌尔施泰因（Ullstein）出版社担任摄影记者，该出版社拥有世界上最大的插图周刊《柏林画报》（*Berliner Illustrirte Zeitung*）。蒙卡西在乌尔施泰因出版社工作期间，拍摄从政治到上流社会再到日常生活的任何能引起公众兴趣的图片故事，这让他掌握了独特的技能，这些技能后来也被他带到了时尚摄影中，那就是现实主义和相关性。[13] 在斯诺的自传中，她讲述了一个故事：某次在 11 月中的一天，12 月的旅游胜地专刊准备付梓，她再次查看了在室内用彩绘背景板拍摄的泳装专题照片。在最后一刻她改变了计划，让蒙卡西重新拍摄时装，并在一个寒冷、阴暗的日子里将摄影师和一个模特带到了长岛。由于匈牙利人蒙卡西不会说英语，交流起来有一些困难，一开始他要的姿势也不太容易被人理解。斯诺回忆说："似乎蒙卡西想要的是让模特向他跑去。这样的'造型'以前从未在时尚界尝试过（甚至'航海'的特写也是在摄影棚里的假船上摆出来的），但（模特）露西尔·布罗考（Lucile Brokaw）当然愿意尝试，我也是。最后拍出的照片是一个典型的美国女孩正在运动，她身后的披肩飘扬，创造出了摄影史上的经典。"[14]（图 7.5）

理查德·阿威顿（Richard Avedon）在第二次世界大战末开始为 *Harper's Bazaar* 工作，并迅速形成了一种无忧无虑的时尚感。温索普·萨金特（Winthrop

图7.5 马丁·蒙卡西拍摄的露西尔·布罗考。*Harper' s Bazaar*，1933年12月，第46~47页。© Estate of Martin Munkacsi, courtesy of Howard Greenberg Gallery, New York.

Sargeant）在描述阿威顿照片中的女人时写道：“模特变得漂亮而非严峻、冷漠了。她笑了，跳舞了，滑冰了，在象群中嬉戏了，在雨中唱歌了，在法国香榭丽舍大街上气喘吁吁地跑了，在咖啡馆的桌子上微笑着抿法国白兰地，用各种方式证明自己是人类。”[15] 阿威顿在战后的早期作品很大程度上都是关于参与到城市活力之中的时尚女性的。场景和场所至关重要。他的模特是在巴黎街头与一群男性追求者调情的细腰美女，或者在咖啡馆里淘气地抽着烟，手放在臀部，肩部弯曲，以极致的方式突出“新风貌”廓形的女性。在 20 世纪 50 年代，他照片中的女性穿着舞会礼服，挽着身穿燕尾服情人的胳膊去豪华的餐厅、阔气的赌场和有伤风化的夜总会。

阿威顿有一批服务多年的固定模特，她们变得很有辨识度，而且照片上被打上了“阿威顿”的标记。朵薇玛（Dovima）以她舒展优雅的手臂而引人注目；她的妹妹朵莲丽・利（Dorian Leigh）的形象成为露华浓（Revlon）冰与火广告的代名词；苏西・帕克（Suzy Parker），这位精神十足的红发女引起了西方比基尼狂热，而她在镜头前自然轻松的表现也成功让她转入演艺事业。后来是菲鲁什卡[10]（Veruschka）和简・诗琳普顿（Jean Shrimpton）。阿威顿对摄影的专注让他的模特都成了明星。斯坦利・多南（Stanley Donen）在 1957 年的电影《甜姐儿》（*Funny Face*）中虚构了这种模特 / 摄影师的相互作用，奥黛丽・赫本扮演的书卷气十足的女孩在迪克・艾弗里（Dick Avery）的镜头下绽放（电影中的迪克・艾弗里是以阿威顿为原型创作的）。有时，阿威顿在他的模特关系中呈现出一种至高无上的大师地位；当帕克抱怨她看起来很糟糕时，阿威顿纠正了她，并断言：“你看起来如何并不重要——是我让你变得美丽。”[16]

尽管阿威顿的许多早期作品都充分利用了现存的场景，但他更倾向于在摄

---

[10] 指菲鲁什卡・冯・楼道夫（Veruschka von Lehndorff）。——译注

影棚里拍摄人像。他的人像摄影照片与阿诺德·纽曼（Arnold Newman）拍摄的肖像照形成了鲜明对比，纽曼会让名人模特处于“自然”环境中，周围摆放着他们的天才道具，在其中适时地捕捉她们的肖像。而多年来，阿威顿则将名人放在中性的灰色背景中——随着时间的推移，灰色背景被完善成一个空旷、纯白的空白背景。阿威顿表示：“白色背景将主体与自身隔离开来，允许你探索面部的地貌。”[17] 他的简朴背景可以被解释为对自然主义的否定（“看看这张照片的结构，它显然只能在摄影棚的精心布置的环境中拍出来”）或者是自然主义的巅峰（“看看这张照片，其中没有任何东西干扰我看清这个人真正的样子”）。虽然最初更多的是用于肖像摄影，但阿威顿将空旷的摄影棚背景融入了他的时尚图片。对阿威顿以及他同时代的同事欧文·佩恩（Irving Penn）来说，人像摄影和时尚摄影之间的界限经常模糊不清。佩恩曾说：“一张时尚照片就是一张肖像照，正如一张肖像照就是一张时尚照片一样。”[18]

在他的白背景时尚照片中，阿威顿继续玩弄着解放和体现主体的想法。在过去，模特要对世界做出反应，跳过雨坑或靠在毛毡的轮盘赌桌上，现在模特则在空白中移动。阿威顿延续了蒙卡西在战前就开始拍摄的活动原型，但他的模特花了小十年时间才重新找到纯粹的运动放纵感觉——而这是那位匈牙利摄影师轻易就能捕捉到的。关于阿威顿在 20 世纪 60 年代及以后的照片，苏珊·桑塔格（Susan Sontag）曾评论说，他的中性、理想的空间之所以有效，是因为照片中创造的美不需要特定场景的确认或解释。[19] 模特的动作不再是情景化和移植的，在某种程度上它就是她的内在，一种没有身体限制的舞蹈。

在他 1970 年拍摄的简·诗琳普顿身穿皮尔·卡丹（Pierre Cardin）设计的裙子的照片中，简·诗琳普顿更多是在精神上而非肉体上赋予了那件半透明印花裙以生气，她的形体已经融入纯粹的运动中（图 7.6）。阿威顿的照片也许是迄今为止最无实体的时尚照片，因为我们只看到了模特的一只脚、两只手……除此之外，她只是暗示着薄薄的布料的密度。一条褶边在顶部张开，而裙子向前涌动，许多精致的层次紧跟在后面翻腾和流动。身体、衣服和空气连成了一体，由此产生的照片让人回想起未来主义雕塑，在那些雕塑中，人物被“推开”，融入周围世界的能量和速度之中。

图 7.6　1970 年 1 月，巴黎，简・诗琳普顿身穿皮尔・卡丹设计的连衣裙。Photograph by Richard Avedon. © The Richard Avedon Foundation.

色情图片

在 20 世纪 70—80 年代，随着越来越多的妇女参加工作，并要求掌控她们的身体和拥有自主权利，赫尔穆特・牛顿（Helmut Newton）拍摄了坚强、大胆、充满活力的女性。他拍摄的照片中，女性并不是在理想化的田园牧歌式场景中富有魅力地闲逛，也不是安居在万神殿基座上的女神。她们主宰一切。她们渴求，她们吞噬。她们知道自己身体和思想的力量。她们是负责任的女性，在性革命中通过掌控自己的性行为而受益。

赫尔穆特・牛顿的时尚照片对裸体和时尚同等重视——如果不是裸体高于时尚的话。这些照片将他人时尚照片中秘而不宣的性欲望明目张胆地公之于众。这为他赢得了“怪癖之王”(King of Kink)的绰号，他的照片也被人称为“色情时尚”。[20] 虽然他拍摄的照片饱含着偷窥癖的幻想，但也颠覆了偷窥通常所必然带来的轻松的视觉占有。他拍摄的照片中的女人散发着一种凶猛的气息，足以将任何性占有的可能都冰封起来。

1938 年，出生于柏林、18 岁的赫尔穆特・牛顿逃离了德国，但他的 20 世纪 70 年代的作品经常让人回想起两次世界大战之间的“黑色”（noir）感觉：女人在黑暗的鹅卵石街道上大步走过，露出私处；女主人在服务入口处私下拥抱着她的司机；在豪华的酒店房间里，似乎有数不清的女人伸开四肢，赤身裸体地躺坐着。赫尔穆特・牛顿的图像回到了 20 世纪 20 年代的双性化的游戏中，经常将成对女性以充满情欲的形式搭配在一起。在他拍摄伊夫・圣罗兰的性别倒错的照片“*le smoking*”时，就强调女性采用男装行为中固有的暧昧性。

赫尔穆特・牛顿的摄影作品经常给人以电影般的感觉，仿佛每张照片都是永恒瞬间的一瞥，让人猜测这些人物是如何来到这里的，以及他们接下来会做什么。他们的世界是一个暗示叙事暂时双向展开的世界。赫尔穆特·牛顿唤起了一个进行中的传奇，其刚好与时尚社论的上升趋势相似。从 20 世纪 60 年代开始，杂志开拓了有关时尚的随笔，在连续的版面上传达一个故事。时尚随笔不仅展示当季最新的时装，还将不同的设计师和当下风尚以一种宏大的戏剧性故事情节串联起来。[21] 赫尔穆特·牛顿写于 1975 年的《哦的故事……》(*Story of Ohhh*…）的摄影随笔可以被认为是今天在时尚杂志中还能看到的那些同类故事的早期先驱。在其中，赫尔穆特·牛顿创作了关于在一座别墅的游泳池边休憩的两个女人和一个男人的紧张故事。在一张照片中，模特丽莎·泰勒（Lisa Taylor）坐在躺椅上向后仰，双腿分开，裙子搭在膝盖上。这张照片颠覆了传统的性别规范，泰勒以一种男性化的休闲方式伸展着身体，丝毫不顾及自己的淑女形象，冷静地打量着赤膊的、身份不明的男人。

赫尔穆特·牛顿的摄影作品在 *Vogue*（法国版）上大放异彩，欧洲人对公开的性和裸体持允许态度。而在美国，他的摄影作品则面临着清教徒式的反应。"《哦的故事……》在圣经地带 [11] 并不受欢迎——带来了一大堆愤怒的信件和取消订阅的通知。"[22]1975 年，艺术评论家希尔顿·克雷默（Hilton Kramer）在《纽约时报》上单单挑出了赫尔穆特·牛顿，说他"对时尚的兴趣与对谋杀、色情和恐怖的兴趣没有区别"。[23] 克莱默在这里将赫尔穆特·牛顿充斥着性意味的图片与法国摄影师盖·伯丁（Guy Bourdin）的图片混为一谈——盖·伯丁为查理·茹尔丹（Charles Jourdan）的鞋子所做的宣传包括

[11] 指美国南部和中西部有着较强基督教信仰基础的地区。——译注

一张赤裸裸的犯罪场景的照片。照片中，鞋子被仓促而杂乱地丢弃在血迹斑斑的人行道上用粉笔勾出的轮廓附近。和赫尔穆特·牛顿一样，伯丁也是一个在自己的摄影作品中讲故事的人，虽然他的故事更黑暗，但他片中的女人不是无动于衷的亚马逊女战士，而是脆弱的（如果说是虚构的）受害者。*Vogue*（法国版）的编辑弗朗辛·克雷桑（Francine Crescent）认为伯丁把握住了文化风气变化的脉搏："他比其他人更早知道，那些将成为我们社会中非常重要的因素。但我认为，他对生活本身很感兴趣，也想描述它。"[24] 伯丁和赫尔穆特·牛顿一起引领了一种坦率的时尚摄影，反映了 20 世纪 70 年代社会规范的变化。

公众图片

在 20 世纪的大部分时间，时尚摄影都牢牢地停留在杂志版面上，到了 20 世纪 80 年代，这些照片开始从连续性出版物的范围跳出来，进入日常空间：即广告牌、建筑物侧面、地铁海报和公交站台。这种更广泛的公共宣传与服装营销方式的转变相对应。由于时装设计师的高级成衣系列超出了普通时尚消费者的经济承受能力，于是设计师们开始探索更容易下沉的产品系列，运动和休闲服装占据了市场。一直以来都被低调地放在服装内部的商标现在被复制，并以标识和品牌名称的形式突出地放在外部显示。在服装本身就流行视觉营销的这种环境中，时尚摄影前所未有地进入公众视觉领域中。而在这个匆忙的视觉混乱领域，时尚摄影必须尽可能在美学上引人注目，以便同软饮料和香烟广告竞争。在此环境下涌现的摄影师找到了一种方法，利用前人的策略达到最大效果。

卡尔文·克莱恩，美国经典极简主义设计师的代名词，他让理查德·阿威顿执导并操刀了1980年的宣传活动广告。在广告中，15岁的波姬·小丝（Brooke Shields）告诉世界，她和她的CK内衣之间别无他物。这些照片在杂志上刊登，商业广告在电视上播出。阿威顿的纯白背景与CK品牌的极简主义美学相得益彰，并成为该品牌几十年广告活动的一种标志性内容。一个典型的案例是该品牌1982年为其男士内衣推出的宣传活动。布鲁斯·韦伯（Bruce Weber）拍摄了一张撑杆跳运动员的色情照片，照片聚焦在运动员黝黑和肌肉发达的躯体之上，与三角内裤的简洁的纯白色形成鲜明的对比。照片是从下面对着粉刷过的墙壁进行拍摄的，英雄般的男性身体在城市中赫然耸立，照片甚至在时代广场赢得了一个显眼的位置，让模特在此成为“一个耸立在十字路口的巨人”。[25] 撑杆跳运动员懒散的身体却表达了肉体的力量，由于强调肌肉的弹性，即使他在慵懒的状态下也能保持阳刚之气。[26] 公开的性感、专注于男性身体，标志着一个全新的社会时刻。如果说赫尔穆特·牛顿向我们展示的不是被欲望渴求的女人而是渴求欲望的女人，那么韦伯则将我们的注意力集中到被欲望渴求的男人身上，从而将男性身躯强行植入那些在传统上留给女性身体的角色之中。

韦伯的照片在时尚照片领域里对男性身体做了重新构想。从历史上看，女性的时尚照片即便没有消除男性的存在，也将其边缘化了，而男性时尚杂志采用的则是呆板的、“经过冷冻干燥处理的男性模特和他们的女性道具”。相比之下，韦伯的照片“暗示了一种让男人变得流动、俏皮、艺术，既是直男行为又对男同性恋友好的方式”。[27] 后者对许多人来说是一大障碍，因为韦伯的照片中所具有的同性恋色情元素，对传统杂志具有的异性恋男子气概是一种撼动。韦伯回忆起20世纪70年代末*GQ*杂志上的普遍态度时说:“他们真的很害怕看到男人的皮肤，将袖子往上推都是一个惊人的冒险。”[28]韦伯的多重和不可避免的男性躯干形象，使得围绕男性形象的社会限制松弛。他表示:“我也希望男人更开放一点，看看照片中的另一个男人，尊重他，就像尊重屏幕上的电影演员或者博物馆里的雕塑一样。”[29]

韦伯的图像是向“新男人”转型的一部分,“新男人”是20世纪80年代中期发展起来的一个消费群体兼文化结构的术语，作为一种“有点模糊和松散的定义”类别,“逐渐被用来概括几种不同的男性类型，从时尚界的风格领袖到更以情感为中心、体贴的共享伙伴或父亲形象”。[30]这种对自己的外表感兴趣的新一代男人的观念，对应着从服装到美容再到杂志等迎合这种“新男人”的产品的激增。这就开启了针对时尚男性杂志的黄金时代:*FHM*,1985年;*Arena*，1986年;*Men's Health*，1987年;*Men's Journal*，1992年。

20世纪80年代成为品牌名称显而易见的“设计师的十年”[31](卡尔文·克莱恩的名字很快就被印在了他的同名品牌CK内衣的腰带上)，超级名模的女生家喻户晓［辛迪·克劳馥(Cindy Crawford)、纳奥米·坎贝尔(Naomi Campbell)、琳达·埃万杰利斯塔(Linda Evangelista)等]，以及一系列有影响力的摄影师［包括布鲁斯·韦伯(Bruce Weber)、赫布·里茨(Herb Ritts)、史蒂文·梅塞(Steven Meisel)和帕特里克·德马切里埃(Patrick Demarchelier)］家喻户晓。时尚和名人的关系密不可分。在接下来的十年里，对名人的关注并没有退潮，而是同对日常和普通事物的新兴趣融合在一起，产生了透过名声光鲜的表面看到的背后的照片。这种摄影强调一种自然主义，戏剧化地表现了模特和摄影师之间的密切关系。

在马里奥·索兰提（Mario Sorrenti）于 1992 年为卡尔文·克莱恩的痴迷香水（Obsession）广告拍摄的年轻的凯特·摩斯的照片中，这点表现得尤为明显。当时索兰提为 21 岁，摩斯为 18 岁，这对男女被送到一座小岛上单独拍摄广告。拍摄出来的照片传递出一种脆弱的亲密感。索兰提的黑白照片上，镜头拉近了摩斯的裸体，捕捉到她肩部优雅而笨拙下滑的线条，她像鸟一样张开四肢横卧在沙发上时看上去就像青春期前的背部曲线。索兰提为摩斯拍摄的图片同时被用于男士和女士香水广告，暗示了一种由香水引起的双性化欲望，而这正反映在少女摩斯的身体上。

这场宣传活动与 20 世纪 80 年代的魅力女性的广告背道而驰，这不仅体现在模特的体态上，还体现在对美的表面解构上。索兰提的照片强调的不是那些时尚的服饰，而是一种无形的东西：衣服下的自我。桑塔格在她的著作中指出，时尚性超越了一个人是否穿戴精良的问题。

> 许多图像展示了一些无从模仿也无法购买的东西，但它仍然是时尚的一部分。由时尚创造或激发的姿态是由照相机定义的。是照片塑造了名人，让某些东西成为时尚，让发展的时尚观念——也就是一种幻想——得以延续并加以评论。[32]

为“痴迷”拍摄的照片不仅将摩斯推上了杂志的广告版，更将她的身体贴在了公共汽车车身和地铁的墙上。很快，时尚摄影成为公众讨论的主题，报纸和主流媒体上出现了一些文章，批评摩斯的“弱不禁风”的造型，指责这是恋童癖，并质疑模特的饮食习惯。[33]时尚摄影的日益公开化让摩斯的身体被加入了关于媒体中体型和“海洛因时尚”新审美的国际大讨论里。1994年1月，*Esquire* 杂志刊登了一则恶搞广告，将摩斯的形象重新用于“喂养流浪儿”的广告中，其中的文字告诉读者，“只要每天花39美分，还不到一杯咖啡的钱”，他们就可以帮助超级名模维持生命。数以千计的人拨打了印制的电话号码：1-800-SOS-WAIF（该号码可以让打电话者联系到休斯敦的联邦薪酬和劳动法研究所）。[34] 一些“痴迷”广告的受众则直接批评图像本身，用喷漆和永久标记在他们遇到的每张“痴迷”海报上涂鸦：“喂我”（图7.7）。随着时尚摄影融入城市的壁纸，这些图像吸引了更多的观众，越来越多的受众开始对照片发表反馈意见。

运动图片 2.0

受众在杂志和广告牌上看到的总是一种被建构的产品，是从一大堆相似但

图7.7　马里奥·索兰提拍摄。1994年，公共汽车上被涂鸦的凯特·摩斯为卡尔文·克莱恩拍摄的广告。Photo: Paul Harris/Getty Images.

不那么上佳的照片中挑选出来，经过裁剪、翻版以获得更大的对比度等处理过的图像。此时已有在暗室中对照片局部遮光和局部加光，以及编辑拼接和气笔修改等手段。随着摄影向数字化过渡，由于其易于改动，从而鼓励了出现新的、几乎无限的处理和伪造照片的可能性。

在21世纪的现在，时尚摄影已化身为一种新方式，打破了人们对摄影的传统理解。从历史上看，摄影使单一、静止的图像成为可能，而在数字时代，时尚“摄影”不再局限于一个固定的时刻，如今可以包括运动和声音。时尚影视允许人们随着时间的推移，在运动中在一个身体上，从多个方向看到一件衣服。蒙卡西让模特从僵化中解放出来，而现在数字技术终于能使平台与模特的流动性相匹配。2000年，尼克·奈特（Nick Knight）创办了时尚影视的在线网站Showstudio。奈特在20世纪90年代因其反建制和对颓废文化的敏感性而赢得了良好的声誉，他质疑并解构了美的概念。奈特的另类照片一开始最适合于较新的欧洲杂志，如《i-D》《紫色》（*Purple*）和《眼花缭乱》（*Dazed & Confused*），这些杂志迎合了人们对特立独行的时尚表现形式日益增长的胃口。然而，随着我们花在印刷品上的时间越来越少而更倾向于屏幕世界，时尚图像从杂志和广告牌转移到了互联网上。奈特也已接受了网上工作的即时性、互动性和独立性：

> 感觉这就像我从做摄影以来一直在等待的媒介。一直以来我主要为时尚工作，而时尚是为了运动而创造的。在印刷品中展示这种运动是不可能的。其他媒介，如电影和电视，都太官僚化了。它需要的是一种易得、快速、移动的东西：互联网在这方面非常擅长。[35]

互联网也非常善于让时尚图像民主化，将控制权从专业人员手中夺走，交给装备着社交媒体的普通人。时装秀已经成为社交媒体图片分享的代名词，以至于设计师如今计划让观众和后台工作人员在时装周期间涌入 Instagram（图 7.8）。[36] 在我们这个新数字世界里，一套衣服的 Instagram 图像可以在几秒钟内就传遍全球。时尚图像的信息传播已经被加速和分散了。时尚消费者可能在广告和杂志印刷出来或影片发布到互联网之前，就已经知道本季设计师的作品。这样一来，摄影师和影片制作人就从时尚的传播事实中解放出来，如今可以完全专注于制作时尚的虚构故事中。

图 7.8　2014 年 9 月 6 日，在美国纽约梅赛德斯—奔驰 2015 春季时装周上，观众用智能手机和照相机拍摄了“Hervé Leger by Max Azria”的时装秀。Photo: Michael Nagle/Bloomberg via Getty Images.

第八章　文学表现

艾琳妮·甘默尔，卡伦·穆尔哈伦

人们在对任何穿着上好毛皮大衣的人无礼之前会三思；这是一种保护色，就像过去那样。

——简·里斯（Jean Rhys），[1]

《离开麦肯齐先生之后》（*After Leaving Mr. Mackenzie*，1930 年）[1]

我把外套甩到肩上，模仿弗兰克·辛纳屈（Frank Sinatra）的动作。我满脑子都是这样的参考物。

[1] 简·里斯，原名埃拉·格温多琳·里斯·威廉斯（Ella Gwendolyn Rees Williams），出身于英国治下多米尼克，被公认是 20 世纪重要的女性作家，名作《梦回藻海》（*Wide Sargasso Sea*）改写自夏洛蒂·勃朗特的《简·爱》，被视为“一部以第三世界女性观点向帝国主义发出挑战的‘后殖民对抗论述’”的小说。——译注

——帕蒂·史密斯（Patti Smith），《只是孩子》（*Just Kids*，2010 年）[2]

当一个物体，不管是真实的还是想象的，被转换为语言时会发生什么？……书写时尚不是一种文学吗？

——罗兰·巴特（Roland Barthes）（1967 年）[3]

20 世纪的文学揭示了时尚在身份构建中的核心地位。时尚不仅仅是社会变革的反映，更是社会变革的推动者，它既参与了人物的社会身份和角色的标准化，又为他们提供了反叛的机会。在 20 世纪的前 50 年里，文学界对女性服装有大量描述，有时也描述男性服装。在小说中，20 世纪上半叶的女性服装最初标志着她们的阶级，然后通常是她们的年龄，最后是她们的职业，因为妇女的角色和妇女在工作场所的存在状况发生了变化。它也标志着性认同的变化，标志着第一次世界大战后异性恋关系的崩溃，以及更多不固定的性别角色的出现。

第二次世界大战后，特别是在 20 世纪 60 年代，文学记录下西方时尚文化的明显转变。嬉皮士运动、女权主义兴起，在旧金山的海特·阿什伯里街区（Haight-Ashbury）和伦敦的切尔西街区（Chelsea）[2] 都见证了男性和女性之间的时尚距离在缩小，这一趋势在 20 世纪 70 年代伴随着朋克运动持续进行。延续到 21 世纪的后现代写作，完成了一场刻意和有着自我意识的模仿游戏，对流行文化和历史的比喻进行了回收再利用，就像上面题词中帕蒂·史

[2] 两地在 20 世纪 60 年代均以嬉皮文化和反主流文化闻名。——译注

密斯所说的那样。对高级时装的推崇（以及那些可能模仿高级时装的裁缝的使用），也开始随着时尚的民主化、男性和女性服装的混合以及品牌的优先化而遭到侵蚀。那么，时尚到底在 20 世纪的文学中发挥了怎样的作用？时尚是如何丰满角色、叙事和体裁的？时尚是如何嵌入 20 世纪的从现代主义到后现代主义的文学形式结构中的？在回答之前，我们首先需要简要关心一下时尚和文学的交叉理论。

关键概念：时尚、文学和现代性

在过去的 15 年里，文学中的时尚研究已经成为文学研究学科的一个新兴子领域。20 世纪诞生了许多领军的时尚理论家，如约翰·弗吕格尔（John Flügel）、格奥尔格·齐美尔（Georg Simmel）、瓦尔特·本雅明（Walter Benjamin）和罗兰·巴特（Roland Barthes）[3]，他们都在衣服（功能性服装）和时尚（装饰性服装）之间做出了区分。弗吕格尔关注的是性感带的变化和通过时尚对身体不同部分的强调，他借鉴了西格蒙德·弗洛伊德（Sigmund Freud）的观点，认为身体的任何部分都可以被色情化，[4] 齐美尔通过服装阐明了社会模仿和区分的动态，而本雅明将时尚（Die Mode）解读为现代性的缩影，因为时尚和现代性一样转瞬即逝，并被牢牢拴在新事物之上。在《时尚系统》（*The Fashion System*，1967 年）中，巴特在这些早期的时尚符号功

[3] 约翰·弗吕格尔，英国实验心理学家；格奥尔格·齐美尔，德国社会学家、哲学家，形式社会学的开创者；瓦尔特·本雅明，德国哲学家、文化评论者、折中主义思想家；罗兰·巴特，法国文学批评家、文学家、社会学家、哲学家和符号学家；下文的西格蒙德·弗洛伊德为著名心理学家，精神分析的开创者。——译注

能理论的基础上，区分了“图像服装”和“书面服装”：

第一种是呈现给我的照片或图画——它是图像服装。第二种是同样的衣服，但被描述、转换成了语言；这件衣服，在右边是拍摄的照片，在左边则变成了一条插着一朵玫瑰的皮腰带，系在柔软的设得兰裙腰上；这就是书面的衣服。[5]

在巴特看来，书面服装既依赖语言，又反抗语言。他写道：“‘真正的’服装是承担着实际考量的（保护、谦逊、装饰）”，相比之下，“只有书面服装没有实用或审美功能：它完全是由视点构成的意义”。[6]

与传统的（及男性主导的）时尚理论不同，伊丽莎白·威尔逊（Elizabeth Wilson）指出：“在现代西方社会，没有衣服能自外于时尚；时尚设定了所有服装行为的条件。”[7] 在这个过程中，“时尚并没有否定情感，它只是在美学领域里取代了情感”。[8] 作为具体化的文化实践的代表，文学作品中的服装，或曰书面服装，有一个独特的优势。正如兰迪·S. 科彭（Randi S. Koppen）[4] 所观察到的那样，照片中缺少了服装的感觉——触觉、嗅觉甚至声音，而这些都可以通过文学唤起。这样一来，衣服就代表了“现代主 / 客体关系发生一系列的相遇和破裂中的阈值”。[9] 最终，正如科彭所总结的：“衣服是让人物变成形象的地方，是让一个人在文化和交换系统中的记录变得可见的地方。”[10]

至于文学中的分析时尚的方法，本书这一章是建立在彼得·麦克尼尔、薇

[4] 兰迪·S. 科彭：挪威卑尔根大学教授。——译注

琪·卡拉明纳斯和凯茜·科尔（Cathy Cole）[5] 编辑的《小说中的时尚：文学、电影和电视中的文本和服装》（*Fashion in Fiction：Text and Clothing in Literature, Film and Television*，2009 年）之上，让该书对"提取文学和文学来源中的时尚痕迹"不感兴趣，更多的是关注"时尚的丰富的想象能力可以……同时执行多种功能"。[11] 这些编辑研究了时尚神话是如何通过虚构的文本构建和传播的。他们的方法还强调了"时尚隐喻作为文学修辞、诗学领域以及通过诸如民族和性别差异等机制塑造社会的核心问题"。[12]

因此，这一章会强调时尚在漫长的 20 世纪文学中的各种塑造功能从世纪之交的现代主义横跨到后现代主义文学，揭示了虚构和非虚构成为 20 世纪服装风格的重要支柱。虽然我们的材料主要包括英国和跨大西洋两岸的文学案例——包括高雅和通俗文学——但我们主要更关注的是美国文学。我们按照时间顺序设置主题重点，探讨的主题包括时尚、消费主义和经济；魅力和特定视角；作为标准化和抵制代理的时尚；时尚和反时尚；易装癖；作为身份象征的时尚；阶级、民族、性别、性和年龄交汇的时尚。本章的观点是，时尚远不是一种被动存在和某种反映，它是一种积极、动态的力量，塑造了 20 世纪的文学和人物；反过来，文学也以有助于让某些风格具有标志性的方式同时尚发生接触。时尚和文学交织在一起，构成了 20 世纪的现代主义和后现代主义的服饰小说。

[5] 三人的身份：彼得·麦克尼尔，加拿大导演；薇琪·卡拉明纳斯，新西兰时尚学者；凯茜·科尔，演员。——译注

时尚、消费和阶级：社会现实主义者

“总有一天有个女人会对衣服写下整套哲学理论。不管她多么年轻，穿衣打扮都是她完全能理解的事情之一。”[13]西奥多·德莱塞（Theodore Dreiser, 1871—1945年）在他受争议的小说《嘉莉妹妹》（*Sister Carrie*’1900年）中如是写道。18岁的嘉罗琳（嘉莉）·米贝[6]离开美国威斯康星州的乡村，来到芝加哥，后来又去了纽约，她通过服装这个标志来解读自己眼前的世界，通过服装和配饰来解码社会地位和权力。尽管她是一个没有钱也没有关系的被动角色，但她在时尚界并通过时尚界扮演着非凡的角色。《嘉莉妹妹》的衣服简直就是在同她对话。“‘亲爱的，’从帕特里奇那里得到的蕾丝领子对她说，‘我很适合你，不要放弃我。’”[14]时尚很快成为嘉莉身份和社会地位提升的必要组成部分：“她本可以战胜对饥饿和回‘工厂做工的生活’的恐惧……但破坏她的外表？——衣衫老旧，蓬头垢面？——绝不！”[15]服装和配饰具有诱惑力和说服力，它们讲述了令人向往的社会角色；它们有助于宣扬地位和权力，但也宣告了地位与权力的缺乏。如果说衣服提供了愉悦和可能性，那么德莱塞有关服装的社会现实主义小说也记录了它的反作用：衣服拥有给穿着者灌输羞耻感和带来强烈挫败感的能力。德莱塞这部有关时装的小说通过平衡嘉莉作为女演员的惊人崛起和乔治·赫斯渥（George Hurstwood）的悲惨堕落，实现了对社会批评的及时和永恒的阐述。嘉莉曾经的丈夫在堕落的过程中褪去了昂贵的西装和配饰；在小说的结尾，赫斯渥的“曾经的浅黄牛皮革外套已经被煤烟和

[6] 英文为“Caroline（Carrie）Meeber”。——译注

雨水改变”，宣告他成了一个包厘街（Bowery）的流浪汉。16 在他人生的最后一幕中，外套成了一种工具，他把大衣塞进门缝里，然后打开煤气，在一张肮脏的床上伸展身体躺着。

虽然时尚魅力和高级的布尔乔亚的世界就是伊迪丝·华顿（Edith Wharton）[7] 笔下的纽约，但她也对社会现实主义和讽刺文学感兴趣。因此，华顿将读者从画室带到城市街道上，从私人舞厅带到歌剧院，将这些空间描绘成展示衣着和魅力的特权场所。在《纯真年代》（*The Age of Innocence*，1920 年）一书中，饱受丑闻困扰的埃伦·奥兰斯卡伯爵夫人（Countess Ellen Olenska）是作为一个场景对象出现在小说中的。她出生在美国，但嫁给了一个欧洲贵族。自她神秘地回到纽约，头次在歌剧院露面时，旁人对她的服装的审查和判断就与对她婚姻状况的猜测结合在一起。埃伦穿着“当时被称为‘约瑟芬造型（Josephine look）’[8] 的衣服”，17 她的衣服让人想起保罗·波烈的帝国式腰线设计（图 8.1）。

埃伦的风格似乎刻意强调了她的外国特性和艺术独立性，在纽约社交界观察者看来，它甚至还带有模糊的不正当暗示。“‘我想知道她下午是戴圆帽还是戴无边女帽，’詹妮猜测道，‘在歌剧院，我知道她穿的是深蓝色丝绒，它素淡得完美，而且平坦得像一件长睡袍。’”18 正如华顿的小说所揭示的那样，这种公开的、有阶级意识的娱乐活动的魅力有其阴暗的一面。在《展示女性：伊迪丝·华顿的纽约的休闲景象》（*Displaying Women: Spectacles of Leisure*

[7] 伊迪丝·华顿：美国女作家，著有《高尚的嗜好》《纯真年代》《四月里的阵雨》《马恩河》《战地英雄》等小说。——译注

[8] 约瑟芬指拿破仑一世的皇后，以引领巴黎时尚闻名。——译注

图 8.1　由巴黎设计师简・帕昆于 1911 年设计的带保罗・波烈的帝国式腰线的晚礼服。水彩画。© Victoria and Albert Museum, London.

in Edith Wharton's New York）一书中，莫琳·E. 蒙哥马利（Maureen E. Montgomery）探讨了上层社会展示时尚的空间，如名媛社交亮相舞会、订婚以及其他社会活动。她指出，在一个女性开始主张其性权利的时代，女性对其服装选择的公开展示会将她们置于强烈的具有性意味的嘲讽、谣言和歪曲之中。

时尚与颠覆：种族化的服饰

如果说华顿和德莱塞关注的是把时尚作为让女性和男性融入一个经过精确校准的社会等级制度的场所，那么他们的小说也发现了时尚作为社会颠覆和创造场所的潜力，这是另外几个美国作家探索得更充分的主题。安齐亚·叶泽斯卡（Anzia Yezierska, 1880—1970 年）[9] 的小说《施舍面包的人》（*Bread Givers*，1925 年）中的波兰女孩萨拉·斯莫伦斯基（Sara Smolinsky）被描述为经历了一场与德莱塞笔下的嘉莉相似的灰姑娘式变身。作为一个移民，一个外来的犹太人，萨拉购买了一套"由朴素的哔叽做的"套装，"是的，只有朴素的哔叽。但它于朴素中含有比最贵的丝绒更多的风格"，借此进入了美国的中产阶级。[19] 正如梅雷迪斯·戈德史密斯（Meredith Goldsmith）所写："叶泽斯卡的小说挖掘了犹太女性在该文化中自我肯定的可能性和局限性。"[20]

这种来自边缘地位的自我肯定在非裔美国小说家杰西·雷德蒙·福塞特（Jessie Redmon Fauset，1882—1961 年）的作品中也很明显，她是哈莱姆文艺复兴时期（the Harlem Renaissance）[10] 的作家，也是《苦楝树：美国生活

[9] 安齐亚·叶泽斯卡：犹太裔美国小说家，出生于波兰。——译注

[10] 哈莱姆文艺复兴是一场主要发生在 20 世纪 20 年代的非洲裔文化运动。因许多参与者集中在美国纽约哈莱姆区而得名，许多来自非洲和加勒比海殖民地的讲法语的黑人作家也深受影响。——译注

的小说》(*Chinaberry Tree: Novel of American Life*, 1931 年)和《喜剧:美国风格》(*Comedy: American Style*, 1933 年)的作者。洛丽·哈里森-卡汉(Lori Harrison-Kahan)[11]认为,所有主要(非白人)角色都通过成为设计师来调整自己的身份。哈里森-卡汉超越了聚焦于将时尚当作一种确定的社会整合的方法,而是认为,成为一名时装设计师为反抗与性别、阶级和民族有关的社会规范创造了更重要的机会。她解释说:“时尚成为民族自豪感的载体,也是暴露民族和性别的共同构造的手段。”[21]因此,20 世纪初美国少数族裔文学中的时装设计师的形象作为一个赋权形象就变得很重要。福赛特书中的女性角色将时尚作为“一种抵抗的形式,反对由主流文化决定身份的方式”,而不是作为一种需要强行遵守民族和性别规范的工具。[22]黑人和白人、女性和男性、移民和美国人的二分法通过时装被打破。

时尚有着进行一种富有想象力的社会反抗行为的潜力,在牙买加裔美国作家克劳德·麦凯(Claude McKay)的以跨大西洋为背景的小说《班卓:一个没有情节的故事》(*Banjo: A Story Without a Plot*, 1929 年)中可以看到这点。小说的主人公,非裔美国人林肯·阿格里帕·达利(Lincoln Agrippa Daily),又名班卓(Banjo),是 20 世纪 20 年代在法国凡尔赛的一名流浪汉,小说记录了他与一帮失业的水手和流浪汉的冒险。在谈到班卓的“服装自我塑造”时,格雷姆·阿伯内西(Graeme Abernethy)[12]探讨了在整部小说中,“服装是如何与两次世界大战的间隔期中个体固有的偶然性的其他主要表达方式(特别是语言和音乐)相抗衡的”。[23]阿伯内西认为,班卓的流浪汉们代表了一种跨国

[11] 洛丽·哈里森-卡汉:美国文学文化专家。——译注

[12] 格雷姆·阿伯内西:加拿大温哥华亚历山大学院教授。——译注

无产阶级黑人的命运，反过来又为“哈莱姆核心的‘颠覆性的时髦’概念提供了一个不同的视角”。[24] 班卓穿着蓝色牛仔衬衫，“打结的围巾上‘两端都是黑色、黄色和红色的精致图案’”，[25] 班卓用丹迪风格的颜色进行反击，宣告了他的无产阶级根基。麦凯笔下的班卓将肤色描述为一种民族化的服饰，从“金棕色”到“巧克力黑”。[26] 流浪层面的时尚，被小说当作一种造型者的品位，促使人们注意到欧洲和美国时尚之间代表了不同概念的观点。在小说中，班卓的流浪生活成为一个地缘政治的和个人的旅程，因为他“通过采用（或适应）他的临时家园的时尚风俗……永久地改变他自己的衣着方式为乐”。[27] 到达马赛时，“班卓买了一套新衣服，花哨的鞋子，和一条鲜艳的休闲缎面睡衣。他有很好的美国衣服，但他想以普罗旺斯的风格炫耀自己。”[28] 麦凯的小说将流浪生活作为写作身份过程的隐喻，是对黑人男性气质的自我塑造，也是对自由的追求，所有这些都使班卓的拼凑服装成为被双重边缘化的左派作家的替身。（图 8.2）

图 8.2　1930 年，克劳德·麦凯在巴黎身着西装和礼服，衣饰整洁、正式，证明了他在服装方面的多才多艺。Photo: Universal History Archive/Getty Images.

时尚与性：现代派

麦凯和福塞特的例子说明了从文学现实主义到现代主义的转变，现代主义越来越关注酷儿及易装身份和文学风格，这两者都成为大西洋两岸现代主义文学自我意识的实验。尽管 D.H. 劳伦斯（D.H.Lawrence）是英国现代派作家中最著名的一个，但他的作品非常有争议，甚至被认为是色情的。身体及服装是劳伦斯作品中的关键性的比喻。在《恋爱中的女人》（*Women in Love*，1920 年）的开篇，古德伦・布兰文（Gudrun Brangwen）从灰暗的米德兰兹（Midlands）煤矿小镇中脱颖而出，她刚从英国伦敦的波希米亚式生活回到家乡。她不寻常的着装风格引起了人们的注意：

> 她穿着深蓝色的丝绸衣服，领口和袖口都缀着蓝色和绿色的亚麻褶子花边，脚上是宝石绿的长筒袜……当地人被古德伦那副镇定自若、露骨的孤傲举止给吓着了，都说她是个“衣着得体的女子”。[29]

在整部小说中，古德伦的服装标志着她的现代性及她与当地社区的疏远。她的艺术性和知识性表现在她对服装的精心设计和个性化选择上，这遭到了乡亲们的反感和攻击：当古德伦走过小镇时，有人在她身后说，“这丝袜得花多少钱！”[30] 强调了隐藏在她的现代化外表下的阶级差异。

劳伦斯对妇女的服装和她们不断变化的社会地位之间关系的兴趣，在他的战争小说中得到了进一步体现。特别是在他的战争题材的中篇小说《狐狸》（*The Fox*，1922 年）中，劳伦斯描绘了妇女承担男性角色的表现就包括穿着男性服装。在《狐狸》中，士兵亨利·格伦费尔（Henry Grenfel）在战争期间回到了他祖父的农场，发现农场正由妇女经营。在两次世界大战期间，英国组建了一支妇女地面防卫军（Women’s Land-Army）作为战争的后备力量。这些妇女被称为“大地女孩”（Land Girls），她们身着男装在农场工作，代替前往战场的男子（图 8.3）。

管理亨利祖父农场的大地女孩是内莉·马奇（Nellie March）和吉尔·班福德（Jill Banford）。这两位妇女以对方的姓氏相称，班福德穿着传统的女性服装，而马奇则穿着男性化的服装，穿着大地女孩那种扣得很紧的束腰工装上衣制服，她负责干重活。小说情节集中在亨利对马奇的性追求上，他将她作为性对象的看法也随着她的服装而改变。在第一次看到马奇穿着裙子和精致的女式鞋袜后，亨利被她的女性气质震撼：她总是穿着“硬布马裤，臀部很宽，扣子扣到膝盖上，像盔甲一样结实，由于她总是穿着棕色皮绑腿和厚靴子，

图 8.3　第一次世界大战期间女性大地工人的招募海报，展示了“大地女孩”所穿的功能性的男性制服。Photo: Buyenlarge/Getty Images.

他从来没有想到她也有女性的腿和脚。现在他突然想到了。她有一双女人的柔软且饰有裙边的腿，她是可以接近的”。[31] 服装是劳伦斯性哲学的核心，也是他的现代主义观点的核心：异性关系的脆弱和性别的流动性是现代主义文学中塑造现代主义时装小说的流行修辞。

另一个有说服力的例子是 F. 司各特 · 菲茨杰拉德（F.Scott Fitzgerald），他是爵士乐时代的男性时尚标志（图 8.4），也是《了不起的盖茨比》的作者，该书广泛普及了迷人的飞来波风格，并扭曲了阶级的界限。书中的主人公盖茨比用他的服装展示了一种特有的男性气质，他利用这种气质，与在战时有过一

图 8.4 F. 司各特 · 菲茨杰拉德，爵士乐时代的风格偶像，1925 年。Photo: Hulton Archive/Getty Images.

段短暂的爱情经历的富家女黛西重新建立了联系。盖茨比最初来自一个贫穷的家庭，他把自己重新塑造成一个富有的有闲阶层成员。在最戏剧性的服装场景之一中，盖茨比和黛西聚在他的两个衣橱前，他的衬衫就在那里：

> 一打一打像砖头一样堆起来的衬衣……薄亚麻布衬衫、厚绸衬衫、细法兰绒衬衫……条子衬衫、花纹衬衫、方格衬衫，珊瑚色的、苹果绿的、浅紫色的、淡橘色的、上面绣着深蓝色字母的衬衫。[32]

在某个层面上，盖茨比的衬衫标志着他的巨大财富，因此也标志着他的吸引力。然而，它们也揭示了他自我转变的不完整性。正如肖恩·科尔（Shaun Cole）在《男士内衣的故事》（*The Story of Men's Underwear*）中所描述的那样，由于衬衫已经从正式内衣的地位转变为大规模生产的五彩缤纷的日常服装，因此“衬衫不再是社会等级的象征”。[33] 盖茨比的过度展示对注重地位的黛西来说有一种让人清醒的作用：五颜六色的衬衫系列揭示了盖茨比类似于科尔所说的“工人阶级的浪荡子”，他们试图用艳丽的色彩来打动人。[34] 因此，是时尚暴露了盖茨比这个自食其力的人在黛西的豪门世家里是个社会局外人的事实。正如菲茨杰拉德和劳伦斯小说中的例子所揭示的那样，异性关系的破裂是一个现代主义主题，它与性别转换和女性的焦虑密切相关，这些女性承担了下面这些男性的角色：开汽车、挣工资、穿男装，甚至像男性对手一样表现出可疑的道德准则。

在那个年代更具实验性和前卫性的时装小说中，这种变装的姿态甚至具有更激进的一面。作为今天女权主义者的典范，美国作家朱娜·巴恩斯（Djuna

Barnes，1892—1982 年）与男性和女性都有过性关系，并在大西洋两岸以性的波希米亚主义为人所关注，她在对现代性行为和性政治的审视中多次采用了易装主题。她的畅销书《令人厌恶的女人之书》（*Book of Repulsive Women*，1915 年）探讨了曼哈顿的女同性恋文化，而《女士年鉴》（*Ladies Almanack*，1928 年）则是一部罗曼蒂克的作品，讽刺了娜塔莉·巴尼（Natalie Barney）[13] 的巴黎女同性恋圈子，这些圈内常客 [14] 通过颂扬莎孚（Sappho）[15] 和身着白色希腊长袍来表明她们的另类身份。她们抛弃了传统内衣，在巴尼位于雅各布街的花园里穿着凉鞋或赤脚跳舞，实现她们的同性恋幻想。正如泰勒斯·米勒（Tyrus Miller）[16] 发现的那样：小说中的许多神秘词汇（如 underkirtel、gusset、snood）[17] 都是指那些“明显不合时宜”的服装。35 米勒认为，这些神秘的词语就像画家罗曼·布鲁克（Romaine Brooks，巴尼的同性情人）所戴的高帽一样，在非书面语和服装代码的结合下，编制了有关“不敢说出自己名字的爱”的秘密语言（图 8.5）。因此，成为一名“时尚女士”就是成为一个张扬、桀骜不驯甚至可疑的人物。

在巴恩斯的小说《夜林》（*Nightwood*，1936 年）中，异装癖的比喻更加突出。《夜林》打破了现实主义小说的所有惯例，讲述了一个在欧洲大陆四处漂泊的美国人诺拉·弗拉德、她多变的情人罗宾·沃特和一个贫穷的异装癖、

[13] 娜塔莉·克利福德·巴尼：美国剧作家、诗人和小说家，长期侨居巴黎。她的沙龙有许多“迷惘一代”的法国文学领军人物。——译注

[14] 原文为法文。——译注

[15] 莎孚：古希腊女诗人。——译注

[16] 泰勒斯·米勒：美国加利福尼亚大学尔湾分校艺术史教授。——译注

[17] 大意为女式裙服下装（underkirtel），“kirtel”应作“kirtle”；三角布（gusset）；束发带（snood）。——译注

图 8.5　罗曼·布鲁克的自画像，画像中展示了她标志性的大礼帽，1923 年。Photo: Smithsonian American Art Museum, gift of the artist.

医疗信誉令人怀疑的医生马修·奥康纳之间相互纠缠的故事。这位医生化着妆，穿着女人的法兰绒睡袍出现。[36] 其他人物也参与了这种性别和时代的跨界，即便是在梦中。我们被告知，双性化或异装癖的爱情是在另一性别中寻找一种理想化的性别。“失去的女孩”不过是“找到的王子”，漂亮的小伙子是个女孩。[37] 在罗宾的案例中，跨性别程度进一步扩大：她是“被关在女人皮肤里的野物”，是“第三性”，[38] 在激进的服饰小说中表现出一种跨物种身份，同时创造一个新性别身份。《夜林》作为一种破坏性别稳定和扰乱二元逻辑的手段，肯定了性别的内在可变性。正如雷切尔·沃伯顿（Rachel Warburton）[18]所写的：

> 两者［巴恩斯和弗吉尼亚·伍尔夫（Virginia Woolf）[19]的《奥兰多》（*Orlando*）］都构建了主体……他们最终都不是男性、女性，也不是雌雄同体，没有屈服于无性。相反，作家们构建的主体，其性别、欲望和意义永远是被推迟和不稳定的。39

性别是通过巴恩斯对对立的应用来体现的：黑夜和白天、动物和人类、儿童和成人。因此，巴恩斯挑战了“拟态语言的假设和现实主义表现模式的性别化假设”。40

小黑裙：从香奈儿到霍莉

1926年，海明威的小说《太阳照常升起》（*The Sun Also Rises*）介绍了勃莱特·阿什利夫人（Lady Brett Ashley），一个喝酒、抽烟、找情人的战时护士。勃莱特夫人是海明威笔下的故事讲述者、战争中的伤员之一、性无能的杰克·巴恩斯（Jake Barnes）的爱慕对象。杰克最初对她的描述突出了她的魅力、现代性和她的双性化，“勃莱特长得真他妈的好看。她穿着套头针织衫和斜纹软呢裙，头发后梳，像个男孩。”41后来，她穿着“黑色无袖晚礼服”在聚会上引人注目地亮相。男人们，最明显的是她的前情人罗伯特·科恩

[18] 加拿大湖首大学副教授。——译注

[19] 英国作家，20世纪现代主义与女性主义的先锋。——译注

(Robert Cohn)，“忍不住盯着她看”。[42] 以前，黑色的衣服与哀悼有关，而海明威的小说则将其与女性的性欲联系起来。巧合的是，嘉柏丽尔·“可可”·香奈儿的双绉“小黑裙”于 1926 年 10 月 1 日首次出现在 *Vogue* 杂志上。嘉柏丽尔·香奈儿的设计并不像勃莱特的衣服那样充满了性意味，她端庄的长袖设计是作为“一种适合所有有品位女性的制服”而首次亮相的。[43] 这位现代主义设计师通过实用、简单而又剪裁得当的设计，为女性提供了行动自由，为她们的工作生活提供了服装便利。勃莱特夫人的针织套衫进一步证明了嘉柏丽尔·香奈儿所代表的时尚创新：羊毛针织衫，这种以前用于男性内衣的面料在她的设计中经常出现。勃莱特夫人的服装由此标志了她的现代性，这也是她的性魅力的核心，就像海明威通过易装塑造了 20 世纪的时装小说，从而表明了他的现代性。

小黑裙后来成为 20 世纪时尚革命的典型。由于它可以用极多的面料和多样化的价格复制，因而被称为“福特”[20]，并迅速成为一种强大的现代独立女性的象征（图 8.6）。

在简·里斯（Jean Rhys）的 20 世纪 30 年代的小说中，女性反复想象着黑裙具有改变她们生活的力量。里斯出生于英国殖民地多米尼加，但在十多岁时移居英国，她非常关注妇女在男人主宰的世界里的无力感，以及妇女的服装赋予她们的作用和尊重。《离开麦肯齐先生之后》（*After Learing Mr.Mackenzie*，1930 年）的女主人公朱莉娅·马丁认识到衣服的保护力。在本章开始的第一段题记中，她对自己的毛皮大衣被卖掉表示惋惜，这件大衣作

[20] 指小黑裙能够像福特汽车一样进行流水线生产，参见本书前面的章节。——译注

图8.6 舞蹈演员兼编舞家德西蕾·卢博夫斯卡（Desiree Lubovska）身着一件由让·巴杜设计的、前面饰有公鸡羽毛的织花乔其纱连衣裙，1923年。

为“保护色”，可以抵御他人的粗暴行为，因此在她被情人抛弃后痛苦地回到自己的家庭中时可以帮助她。[44] 在后来一个失望的时刻，她想象自己“穿着新的黑裙，戴着一顶有刚刚遮住眼睛的面纱的小黑帽”，她把这等同于“幸福”。[45] 当她路过巴黎的时候，她又回到了对黑裙的想象中，“像着了魔一样”想着这种形象[46]：它预示着她所渴望的被尊重和幸福的存在。里斯发表于1939年的小说《早安，午夜》(*Good Morning, Midnigh*)中的女主人公萨莎·詹森(Sasha Jansen）也同样赋予黑裙以变革的力量：她希望能买到“一条黑裙，宽大的袖子上绣着鲜艳的颜色——红、绿、蓝、紫。这是我的衣服。如果我穿上它，我就永远不会结巴或犯傻了”。[47] 时尚的黑裙因此被赋予了一种变革的力量，为穿着者提供了镇定的、成功的现代女性的特权。

到 20 世纪 50 年代，出生在新奥尔良的杜鲁门·卡波特已经成为在服装小说中将文学和时装完全交织在一起的启蒙者。他发表于 1958 年的中篇小说《蒂凡尼的早餐》(*Breakfast at Tiffany's*) 讲述了霍莉的故事，通过奥黛丽·赫本主演的根据小说改编的同名电影（1961 年），霍莉一直作为神话活在大众的心中。(图 8.7)

在杜鲁门·卡波特的中篇小说中，即兴的身份认同是与服装联系在一起的。霍莉利用服装将自己从一个没有安全感的乡下女孩重塑为受人追捧的社会女性。在海明威的《太阳照常升起》中，勃莱特夫人的小黑裙充满了战后的性张力，而对霍莉来说，小黑裙则是优雅、精致和多用途的服装。然而，霍莉

图 8.7 奥黛丽·赫本饰演的霍莉·戈莱特丽，1960 年电影《蒂凡尼的早餐》的宣传照片。Photo: ullstein bild via Getty Images.

的表演仍然不完美。加布里埃尔·费南（Gabrielle Finnane）在讨论漂泊人物时，将《蒂凡尼的早餐》与其前导作品，英国作家克里斯托弗·伊舍伍德的《再见柏林》做了比较。费南认为，漂泊者的原型取决于服装的描述。伊舍伍德的主人公萨利·鲍尔斯（Sally Bowles），是后来霍莉的榜样，对这两位漂泊者来说，围巾都被用作一种视觉比喻，用以暗示“一种被束缚但又自由飞翔之物的”波希米亚感。[48] 黑色的衣服表明妇女的“不受束缚的道德”，正如费南所观察到的：“霍莉的墨镜具有隐蔽的含义，这表明这位垮掉的女孩（the beat girl）[21] 的生活在道德上是模糊的。”[49] 虽然霍莉的形象可能具有象征性，但在其最初的版本中，它也是模糊的。霍莉是一个曼哈顿人，但仍然扎根于她的乡下人的过去。她穿着当时还被认为是工装的牛仔裤、网球鞋和防风外套去中央公园骑马，以一身明显违背社会习俗的服装出现。霍莉因涉嫌参与毒品走私活动而被捕时，就是穿着这身衣服。报纸上的照片显示她被夹在两个肌肉发达的探员之间，一男一女，“在这种肮脏的环境中，甚至她的衣服（她仍然穿着骑马服、风衣和牛仔裤）也暗示着这是一个女性黑帮小流氓：戴着墨镜、凌乱的发型和从闷闷不乐的嘴唇上垂下的皮卡伊恩（Picayune）[22] 香烟的形象并没有被减弱。”[50] 穿着黑裙的霍莉的形象经久不衰，消除了霍莉本人的模糊性，证明了小黑裙代表的令人向往的社会地位。嘉柏丽尔·香奈儿所开创的现代女性形象至今仍具有强大的力量，它意味着一种通过自信和独立来维持的、不会被削弱的女性气质。

[21] 出自埃德蒙·T. 格雷维尔（Edmond T. Gréville）执导的电影《垮掉的女孩》（*Beat Girls*）。——译注

[22] 皮卡伊恩有不值钱之意，双关暗示她抽的是廉价香烟。——译注

魅力、时尚和繁荣：特工 007

到了 20 世纪中叶，时装小说已经将品牌作为一个主题典范，并由英国特工詹姆斯·邦德（James Bond）在全球范围内进行推广。以“时尚和繁荣的新时代”为背景[51]，伊恩·弗莱明（Ian Fleming）最畅销的詹姆斯·邦德故事已售出超过 1 亿册。第一本邦德小说《皇家赌场》(*Casino Royale*, 1953 年）为以后的小说和短篇小说集树立了模板，其中涉及美女和创新技术的动作情节同对奢侈品消费文化的细致再现相结合（图 8.8)。在邦德的世界里，所有东西都是定制的，都是专门挑选和建造的，都是昂贵的，都有品牌名称。邦德的香烟是“格罗夫纳街的莫兰（Morlands）公司为他制作的巴尔干和土耳其混合烟”;[52] 他的法国助手抽的是“开普罗”(Caporals)[23]。邦德的汽车是一辆 1933 年生产的 4.5 升车型敞篷宾利，[53] 他的打火机是朗生（Ronson）的。小说不仅对邦德的服装和财产一一做了细致分类，对邦德的同事、后来被证明是双重间谍的薇丝朋·琳德的服装也进行了详细的分类。他们第一次见面时，她穿着一件“中等长度的灰色‘柞蚕丝’(soie sauvage）连衣裙，方形剪裁的连衣裙上身……裙子有着紧密的褶皱……她戴着一条 3 英寸宽的手工缝制的黑色腰带。一个手工缝制的黑色‘皮制佩囊（sabretache)’放在她身边的椅子上，旁边有一顶宽大的金麻茎编贵妇帽，一条细长的黑色丝绒带环绕在帽冠上并在后面打了一个短蝴蝶结。她的鞋子是普通黑皮方头鞋”。[54] 后来，她穿了一件（借来的）黑色丝绒的迪奥礼服。[55]

---

[23]　一种法国产的高级香烟。——译注

图 8.8 肖恩·康纳利在电影《007 大战金手指》(*Goldfinger*, 1964 年)中饰演的邦德。
Photo: Michael Ochs Archives/ Getty Images.

克里斯汀·迪奥在1947年才在巴黎展示了他的第一个系列，以此确立了巴黎作为第二次世界大战后的时尚中心的地位。选择迪奥，表明弗莱明对当时的奢侈品是多么的关注。

40年后，时尚品牌在布雷特·伊斯顿·艾利斯（Bret Easton Ellis）的第三部，也是最著名的小说《美国精神病人》（*American Psycho*，1991年）中再次出现，其核心人物是一个连环杀手，是一位名叫帕特里克·贝特曼（Patrick Bateman）的曼哈顿商人。书中每一页都向读者展示了无数的品牌，让读者笼罩在消费主义的阴霾中。在一个典型段落中，帕特里克描述了他为一次约会所做的准备："我走进卧室，脱下我今天穿的衣服：乔治·格雷嘉里（Giorgio Correggiari）的人字呢羊毛套装、带褶皱的裤子，拉夫·劳伦（Ralph Lauren）的棉质牛津衬衫，保罗·斯图尔特（Paul Stuart）的针织领带和科尔-汉（Cole-Haan）的麂皮鞋。我穿上在巴尼百货（Barney）买的一条60美元的拳击短裤，做了一些伸展运动。"[56]

艾利斯提供的细节是过度和讽刺性的，虽然这个角色是公开的异性恋，但他的服装描述略带同性恋和色情色彩，同样还有点儿自恋和唯我论。他的品牌意识涉及周围人的服装。在这种情况下，包括他约会对象的服装："穿着透明丝织女装衬衫，有着路易斯·戴尔奥廖（Louis Dell' Olio）的莱茵石袖扣，下身是一条萨克斯百货买的刺绣丝绒裤，搭配着温迪·盖尔（Wendy Gell）为安妮·克莱因（Anne Klein）设计的水晶耳环和金色后袢带高跟鞋。"[57]打断列举这些品牌清单的，是对帕特里克的性活动和他可怕的暴力杀人行为的明确描述，艾利斯以此强调了消费主义、性和暴力之间的联系，所有这些联系在邦德小说中都是潜在但不大刻意的。

后现代主义的自我塑造

就像时尚引导了早期的文学风格一样，后现代文学的特点是通过戏仿来对早期文学、风格和类型进行倒叙和再利用。托妮·莫里森（Toni Morrison）[24]的小说《爵士乐》（*Jazz*，1992 年）以 20 世纪 20 年代的哈莱姆区作为自己的后现代框架，通过对美容院和时尚的引用，唤起了人们心中的美国爵士乐消费主义。小说的核心服装是一条绿色的裙子，它世代相传，是一件交织了爱和种族歧视、记忆和历史的服装。娜塔莉·斯蒂尔曼 - 韦伯（Natalie Stillman-Webb）在研究莫里森对服装的使用时得出结论：莫里森的描写“可以看作对与消费文化及其与种族欲望和认同关系相关的危险与可能性的强调。”58 小说中的绿色衣服可以被看作“人物在构建主体性时面临的文化约束和机会的标志”，莫里森“展示了这种文化又是如何同时促成自我塑造的新机会的”。59

和莫里森一样，玛格丽特·阿特伍德（Margaret Atwood）[25]戏剧化地描述了服装在个体自我和社会自我之间的调解作用，在其中服装是两个领域之间的阈值门槛。作为身体的延伸，衣服被赋予了记忆和情感。在《跳舞的女孩和其他故事》（*Dancing Girls and Other Stories*，1977 年）里叙述者是一位年轻女性，穿着一件对她的身材来说太大的黑色长外套，戴着发饰。“这是我的技巧，我通过衣服来复活自己，”叙述者继续观察道，“事实上，我不可能记得我做过什么、在我身上发生过什么事，除非我能记得当时我穿的是什么，

[24] 托妮·莫里森：美国非洲裔女性作家，1993 年获诺贝尔文学奖。——译注

[25] 玛格丽特·阿特伍德：加拿大诗人、小说家。——译注

而每次我丢弃一件针织套衫或裙子，就是丢弃我生命中的一部分。”[60] 叙述者通过从廉价的法林（Filene）地下商店里拼凑出来的衣服来建立“一个拼凑的自我”，[61] 用一种能反映后现代小说的写作方式来对待她的衣服——后现代小说也是用记忆和身份碎片拼凑起来的。辛西娅·库恩（Cynthia Kuhn）在审视阿特伍德的小说中的自我塑造时指出，阿特伍德的“人物常常被时尚的规定强迫，但又被服装的编码能力困扰。在许多情况下，他们试图通过表现出对服饰的抵制来挑战局限”。[62] 库恩关注的是潮流如何有助于呈现科幻小说《末世男女》（*Oryx and Crake*，2003 年）提供的错位反乌托邦景象——更具体地说，是阿特伍德的愿景。自我塑造的概念在小说中被表现为诱惑和挫折，而且库恩总结说，《末世男女》是一个“警示故事”，其中“身体仍然是不稳定的符号，而时尚的欲望和焦虑则被放在首位”。[63]

与阿特伍德的反乌托邦宇宙相比，2013 年诺贝尔文学奖获得者爱丽丝·门罗（加拿大第一位获得者）将她的服装小说设定在加拿大安大略省的小镇上。她在早期作品《你以为你是谁？》（*Who Do You Think You Are？* 1978 年）中探索了女性通过服装进行自我认同的问题。这些故事——除两篇外，最初被分别发表在不同的杂志上，共同构成了一部实验性小说，也是一部有关主人公罗丝的成长小说。时间跨度为从第二次世界大战前到 20 世纪 60 年代初。罗丝的衣服部分地模仿了她的阶级：她来自镇上的贫困地区，在那里，东汉拉蒂和西汉拉蒂两区不仅被一座桥分割开，还被人们用什么吃早餐以及他们的厕所位于何处分割开。罗丝的继母弗洛有一个朋友叫梅维斯，她看上去像美国电影明星弗朗西斯·法默（Frances Farmer）。

梅维斯有意识地通过她的服装来强调这种相似性：她“给自己买了一顶垂

下来能遮住一只眼睛的大帽子，还有一条完全由蕾丝制成的裙子”。[64] 梅维斯在服装上模仿与她酷似的那位电影明星的外表，并去了乔治亚湾的一个度假村，希望人们会认为她就是弗朗西斯·法默本人。“她有一个小烟嘴，是黑色和珍珠母色的。她本可以被逮捕，弗洛评论说，因为她的胆子太大了（这里主要指她怪异的穿着）。”[65] 弗洛对梅维斯模仿法默行为感到震惊，也许是因为法默狼藉的名声：1943 年冬天，这位女演员因为醉驾又没有支付最后一笔罚款在圣莫尼卡被捕，这在当时很出名。事件被拍了照，照片中的法默衣衫不整，目中无人，手夹香烟（图 8.9）。魅力四射的法默也是叛逆的，她在各个方面都拒绝了好莱坞的魅力产业，职业生涯也因被短暂送入精神病院而永远蒙上了阴影。因此，对名人服装的模仿为魅力和反叛提供了机会：在效仿一个性别化和反叛的电影明星风格时，梅维斯通过违抗她贫穷和传统的背景，颠覆性地重新塑造了自己。

在探讨后现代对过去的参与和游戏中，最后一部代表作通过 20 世纪的时尚史将我们带回 40 多年前。歌手兼歌曲作家帕特丽夏·李·（帕蒂）·史密斯[26] 的回忆录《只是孩子》（*Just Kids*, 2010 年）概述了 20 世纪文学中许多早期的服装主题：黑色服装的重要性、服装中的节拍和嬉皮文化的发展、二手衣服被提升为复古风格、男性和女性风格的融合，以及影视对女性穿着方式的影响。在史密斯的笔下，另一个丰富的脉络不仅是电影明星和他们的穿着的重要性，还有文学的影响，如威廉·布莱克（William Blake）、阿蒂尔·兰波

[26] 英文为“Patricia Lee （Patti） Smith”。——译注

图 8.9　1943 年，声名狼藉的电影明星弗朗西斯・法默抽着烟，衣衫不整。Photo: Bettmann/contributor.

（Arthur Rimbaud）和让·热内（Jean Genet）[27]之类文学人物的影响，以及音乐家和视觉艺术家对个人风格的影响。《只是孩子》为西方文化艺术的中心从巴黎转移到纽约这个重要时期提供了一部有质感的历史。它主要聚焦纽约文化十年多一点的时间，即1967—1979年，但史密斯的叙述将我们带到了1989年罗伯特·梅普尔索普（Robert Mapplethorpe）[28]的死亡。当史密斯在1967年到达纽约时，她身穿劳动布工作服、黑色高领毛衣和一件二手灰色旧雨衣。[66]回忆录变成了一种怀旧的服装叙事，自我被那个时代的服装风格激发，成熟的作家将它们逐个列出。在讽刺和怀旧的张力中，她穿上和脱下自我，呈现出垮掉一代的时尚之旅。找工作，被史密斯说成在培养自己"良好的垮掉的芭蕾舞外形"。[67]当约翰·柯川（John Coltrane）[29]去世时，史密斯通过当时的服装来纪念这一事件：小区的男孩们穿着条纹喇叭裤和军装外套，女孩们则裹着扎染布。[68]史密斯和她的性伙伴梅普尔索普在鲍厄里区寻找二手衣物，"破烂的丝绸连衣裙、磨损的羊绒大衣，以及二手摩托车夹克"。[69]这对搭档通过使用文学、电影和流行文化的碎片，自觉地认同了一种身份。对穿二手衣服或旧衣服的描述，一度看上去似乎只适用于妓女：她们租借漂亮衣服以出卖自己的肉体。相比之下，对史密斯来说，对性身份的质疑是这个服装故事的最显著的问题。梅普尔索普正处于一个发现自己的同性恋身份以及找到前卫摄影师这个工作的过程中，他很快将以前卫的同性恋肖像照震惊美国。史密斯的回忆录详细描述了他们之间关系的转变以及她作为崭露头角的艺术家的身份转型，

[27] 威廉·布莱克，英国诗人、画家；阿蒂尔·兰波，法国著名诗人，超现实主义诗歌的鼻祖；让·热内，法国当代著名小说家、剧作家、诗人。——译注

[28] 美国著名摄影师。——译注

[29] 美国爵士乐大师。——译注

成为后现代自传式服装叙事的文学实验，她在本章的序言中对此做了最好的总结。她在谈到为梅普尔索普拍摄的照片时说:“我满脑子都是这样的参考物。”在梅普尔索普的新情人萨姆·瓦格斯塔夫（Sam Wagstaff）的公寓里，史密斯穿着黑色的锥形裤和白衬衫，以女扮男装的姿态出现（图 8.10）。[70]

这样拍出来的照片具有“魔力”。她发现:“当我现在看它时，我看到的不是自己。我看到的是我们。”[71] 她对照片的占有欲指向了作者边界的消解:梅普尔索普拍摄照片，瓦格斯塔夫对灯光大动干戈，史密斯则展示自己。她的服装叙事是边界消解的结果，自我写作存在于文学和服装交织的阈值空间里。

图 8.10　罗伯特·梅普尔索普为帕蒂·史密斯拍摄的照片，1975 年。Photo: Michael Ochs Archive/Getty Images.

结　语

正如我们在本章中所论证的，时尚和文学共同创作了漫长的20世纪的服装虚构和非虚构故事。现代主义时期探索了性别扭曲的时尚，助长了裸露手臂和腿部的情色和性欲表达，现代主义文学对女性作为性动因加以肯定。后现代时期的文学对早期的服装和类型风格进行了生机勃勃的发挥，通过戏仿和进行元小说评论，自觉地影射了文学和时尚风格。正如我们所论证的，文学在霍莉的案例中既反映又共同产生了符号化的风格。在嘉柏丽尔·香奈儿推出自己的发明的同时，黑裙也出现在文学作品中，而文学作品为这一发明注入了性的元素。许多文学名家，如德莱塞、伍尔夫和巴恩斯，都是从为时尚杂志写作或编辑开始他们的职业生涯的。这些作家深深地浸润在时尚和时尚消费的世界里，同时也在与他们进行时尚写作的背景作斗争。他们试图克服自己此种根基成为文学作家，因而文学与时尚之间的关系虽是相辅相成的，但也会被批判性的张力推动。20世纪的许多文人利用时尚和魅力在公众面前把自己塑造成名人作家，同时通过在日记和自传中对自己精心修饰来保护自己的遗产。菲茨杰拉德的魅力使他成为飞来波时代的代表作家，而海明威头上的绷带和敞开的衬衫使他成为失落一代的作家。现代主义和先锋派作家、诗人在曼·雷和贝兰妮丝·阿博特（Berenice Abbott）拍摄的昂贵的肖像照中摆出自己的姿态，被他俩拍摄的还有时尚设计师，如嘉柏丽尔·香奈儿和艾尔莎·夏帕瑞丽。在这些肖像照中，帽子、领带、围巾和面纱是构建身份的工具，同时被用来揭示和掩饰自我，就像充斥在20世纪的文学作品中的双重性一样。

最后，在后现代时代，向后回溯的外观占主导地位，文学和时尚中的过去冲击着现在。在20世纪后期，复古带着一些指控，对当代人、对奢侈品、对商品文化嗤之以鼻，但它也提出了一种将过去的一切伪装呈现的方式。时装和文学纠缠在一起，以历史为动力，以这种对过去的唤起所产生的自由和约束为动力。

原书注释

Introduction

1. Marie Riegels Melchior, "Introduction: Understanding Fashion and Dress Museology," in *Fashion and Museums: Theory and Practice*, Marie Riegels Melchior and Birgitta Svensson (eds), (London: Bloomsbury, 2014), 3–5.
2. George H. Darwin, "Development in Dress," *Macmillan Magazine* (1872): 410–16.
3. Edmund Bergler, *Fashion and the Unconscious* (Madison: International Universities Press (1953) 1987), vii, xii.
4. Ibid., vii, xxiii, 14.
5. Sarah Fee, "Anthropology and Materiality," in Sandy Black et al. (eds), *Handbook of Fashion Studies* (London: Bloomsbury, 2013), 302.
6. James Laver, *Clothes* (London: Burke, 1952).
7. Polly Feele, "Fashions and the Seven-year Schedule," *The Globe and Mail*, February 13, 1915: 10.
8. Alexandra Palmer, "Chanel: American as Apple Pie," in *The Chanel Legend* (Draiflessen Collection, Mettingen, Germany, 2013), 170–81; "Du fil au vêtement. La production de textiles pour la haute couture" in *La mode en France, 1947–1957*, Alexandra Bosc (ed.+) (Musée Galliera, Musée de la mode de la ville de Paris, 2014): 98–113.
9. Barbara Vinken, *Fashion Zeitgeist: trends and cycles in the fashion system,* trans, Mark Hewson (Oxford & New York: Berg, 2005), 63.
10. Alexandra Palmer, *Couture & Commerce: the transatlantic fashion trade in the 1950s* (University of British Columbia Press and Royal Ontario Museum, 2001).
11. Vanessa Friedman, "Saint Laurent is Creating a Line Even More Exclusive Than Couture," *New York Times*, July 29, 2015, http://www.nytimes.com/2015/07/29/fashion/saint-laurent-is-creating-a-line-even-more-exclusive-than-couture.html [accessed August 3, 2015].
12. Lawrence Langer, *The Importance of Wearing Clothes* (New York: Hastings House, 1959), 303.
13. Alexandra Jacobs, "Smooth Moves: how Sara Blakely rehabilitated the girdle," *The New Yorker*, March 28, 2011, http://www.newyorker.com/magazine/2011/03/28/smooth-moves [accessed August 2, 2015].
14. Vinken, *Fashion Zeitgeist,* 119–28.
15. Laver, *Clothes*, ix–x.
16. Bergler, *Fashion and the Unconscious,* 99–116.
17. George Simmel, "Fashion," *International Quarterly*, 10, no. 1 (1904): 130–55.
18. http://www.wmagazine.com/fashion/2010/05/nan_kempner/ [accessed July 25, 2015].
19. http://www.metmuseum.org/about-the-museum/press-room/exhibitions/2003/bravehearts-men-in-skirts [accessed July 26, 2015].
20. Alan Feuer, "Do Real Men Wear Skirts? Try Disputing a 340-Pounder," *New York Times*, February 8, 2004, http://www.nytimes.com/2004/02/08/nyregion/08skirts.html [accessed July 26, 2015].

21. Angela McRobbie, *In the Culture Society: art, fashion and popular music* (London, New York: Routledge, 1991); *Zoot Suits and Second-hand Dresses: an anthology of fashion and music* (Boston: Unwin Hyman, 1988); M.E. Davis, *Classic Chic: music, fashion, and modernism* (Berkeley: University of California Press, 2006).
22. Simmel, "Fashion."
23. Armand Limnander, "Miguel Adrover, Fall 2001 Ready-to-Wear," February 11, 2001, http://www.style.com/fashion-shows/fall-2001-ready-to-wear/miguel-adrover [accessed July 30, 2015].
24. http://www.style.com/fashion-shows/spring-2001-ready-to-wear/miguel-adrover [accessed July 30, 2015].
25. Cathy Horyn, "Fashion: some things new, most borrowed," *New York Times*, September 11, 2001, http://www.nytimes.com/2001/09/11/nyregion/review-fashion-some-things-new-most-borrowed.html [accessed July 30, 2015].
26. Colleen Nika, "Whatever Happened to Miguel Adrover?" February 1, 2011, http://fashionetc.com/fashion/influencers/439-whatever-happened-to-miguel-adrover [accessed July 30, 2015].
27. Julia Twigg, *Fashion and Age: Dress, the Body and Later Life* (London: Bloomsbury, 2013), 2, 18.
28. Langer, *The Importance of Wearing Clothes*, 301, 307.

1 Textiles

1. Mary Schoeser, *World Textiles: A Concise History* (London: Thames & Hudson, 2003), 183.
2. Alexandra Palmer, "Du fil au vêtement. La production de textiles pour la haute couture," in Alexandra Bosc (ed.), *Les années 50. La mode en France, 1947–1957* (Paris: Paris Musées, 2014), 98–112.
3. Jacqueline Field, "Dyes, Chemistry and Clothing: The Influence of World War I on Fabrics, Fashions and Silk," *Dress* 28, no. 1 (2001): 77–91; Regina Lee Blaszczyk, *The Color Revolution* (Cambridge, MA: MIT Press, 2012).
4. See Dorothy Siegert Lyle, *Focus on Fabrics* (Silver Spring: National Institute of Drycleaning, 1964 (revised edition)), http://www.cs.arizona.edu/patterns/weaving/books.html#L [accessed July 19, 2010]; Helen Anstey and Terry Weston, *The Anstey Weston Guide to Textile Terms* (London: Weston Publishing Ltd., [1997] 2005); R.W. Moncrieff, *The Man-Made Fibres* (New York and Toronto: John Wiley & Sons, 1975 (6th edition)).
5. Kaori O'Connor, "The Other Half: The Material Culture of New Fibres," in Susanne Küchler and Daniel Miller (eds), *Clothing as Material Culture* (Oxford: Berg, 2005); Kaori O'Connor, *Lycra: How a Fiber Shaped America* (New York and London: Routledge, 2011), 58–61; Susannah Handley, *Nylon: The Story of a Fashion Revolution* (Baltimore: Johns Hopkins University Press, 1999), 22–8.
6. Field, "Dyes, Chemistry and Clothing": 86–7.
7. Susan Hay (ed.), *From Paris to Providence: Fashion, Art, and the Tirocchi Dressmakers' Shop, 1915–1947* (Providence: Museum of Art, Rhode Island School of Design, 2000).
8. Madelyn Shaw, "H.R. Mallinson & Company, Inc., of New York, New Jersey and Pennsylvania," in Jacqueline Field, Marjorie Senechal, and Madelyn Shaw, *American Silk 1830–1930* (Lubbock: Texas Tech University Press, 2007).
9. Ibid., 209
10. Field, "Dyes, Chemistry and Clothing": 81, 83.
11. Whitney Blausen, "Rodier," in *Contemporary Fashion* (Farmington Hills: St. James Press, 1994), 575; Hay, *From Paris to Providence*, 185–7.
12. Mary Lynn Stewart, *Dressing Modern Frenchwomen: Marketing Haute Couture, 1919–1939* (Baltimore: Johns Hopkins University Press, 2008), 78.
13. Hay, *From Paris to Providence*, 185–6.

14. Edwina Ehrman, "Glamourous Modernity: 1914–30," in Christopher Breward, Edwina Ehrman, and Caroline Evans, *The London Look: Fashion from Street to Catwalk* (New Haven: Yale University Press/Museum of London, 2004), 106–7.
15. Amy de la Haye and Shelley Tobin, *Chanel: The Couturiere at Work* (London: Victoria & Albert Museum, [1994] 2003), 16.
16. Ibid., 24–6
17. Amy de la Haye, "Patou, Jean," in Valerie Steele (ed.), *Encyclopedia of Clothing and Fashion* (Detroit: Thompson Gale, 2005); Meredith Etherington-Smith, *Patou* (New York: St. Martin's/Marek, 1983), 56–68; Emmanuelle Polle, Francis Hammond and Alexandra Keens, *Jean Patou: A Fashionable Life* (Paris: Flammarion, 2013), 90–101, 198–214.
18. Dilys E. Blum, *Shocking! The Art and Fashion of Elsa Schiaparelli* (Philadelphia: Philadelphia Museum of Art, 2003), 13–20.
19. Quoted in Guillaume Garnier (ed.), *Paris-Couture-Années Trente* (Paris: Musée de la Mode et du Costume, Palais Galliera, 1987), 18.
20. Betty Kirke, *Madeleine Vionnet* (San Francisco: Chronicle Books, 1998), 69; see also ibid., 38.
21. Patricia Cunningham, "Swimwear in the Thirties: The B.V.D. Company in a Decade of Innovation," *Dress* 12, no. 1 (1986): 20–2; Susan Ward, "Swimwear," in Valerie Steele (ed.), *Encyclopedia of Clothing and Fashion* (Detroit: Thompson Gale, 2005), 253.
22. Blum, *Shocking!* 60–5; Handley, *Nylon*, 27.
23. American Fabrics, *Encyclopedia of Textiles* (Englewood Cliffs: Prentice-Hall, 1960), 453–6.
24. Handley, *Nylon*, 31–48; O'Connor, *Lycra*, 62.
25. Colin McDowell, *Forties Fashion and the New Look* (London: Bloomsbury, 1997); see also Fabienne Falluel and Marie-Laure Gutton, *Elégance et Système D: Paris 1940–1944* (Paris: Paris Musées, 2009), Dominique Veillon, *Fashion Under the Occupation* (London: Berg, 2002), and Irene Guenther, *Nazi "Chic"?: Fashioning Women in the Third Reich* (London: Berg, 2004).
26. McDowell, *Forties Fashion*, 156–68, and Alexandra Palmer, *Couture & Commerce: The Transatlantic Fashion Trade in the 1950s* (Toronto: Royal Ontario Museum, 2001), 16–40.
27. Metropolitan Museum of Art. *American Textiles,'48* (exhibition brochure) (New York: Thomas J. Watson Library, Metropolitan Museum of Art, 1948).
28. See "American Fabrics Presents a Key to the Man-Made Fibers," *American Fabrics* 26 (Spring 1953): 70–4; "Guide to some well known finishes and finishing terms," *American Fabrics* 28 (Spring 1954): 80–3; Lyle, *Focus on Fabrics*.
29. Handley, *Nylon*; Regina Lee Blaszczyk, "Styling Synthetics: DuPont's Marketing of Fabrics and Fashions in Postwar America," *The Business History Review* 80, no. 3 (2006): 485–528; Regina Lee Blaszczyk, "Designing Synthetics, Promoting Brands: Dorothy Liebes, DuPont Fibres and Post-war American Interiors," *Journal of Design History* 21, no. 1 (2008): 75–99; O'Connor, "The Other Half"; O'Connor, *Lycra*.
30. Frank D. Barlow, Jr., *Cotton, Rayon, Synthetic Fibers—Competition in Western Europe* (Washington: US Department of Agriculture, 1957).
31. Palmer, "du Fil au vêtement," 103–4; Blaszczyk, "Styling Synthetics," 506–14; Handley, *Nylon*, 77–97.
32. Blaszczyk, "Styling Synthetics," 490–1.
33. Ibid.; Lyle, *Focus on Fabrics*.
34. American Fabrics 1960, 453–6; Perkins H. Bailey, "Report on Men's Wear," *New York Times* (May 1, 1955), SMA7; Isadore Barmash, "Men's Shirts Get Permanent Press," *New York Times* (February 21, 1965): 43.
35. Richard Martin, *American Ingenuity: Sportswear 1930s–1970s* (New York: Metropolitan Museum of Art, 1998); Kohle Yohannan and Nancy Nolf, *Claire McCardell: Redefining Modernism* (New York: Abrams, 1998).

36. Jessica Daves, *Ready-Made Miracle: The Story of American Fashion for the Millions* (New York: G.P. Putnam's & Sons, 1967), 113–20.
37. Ibid., 132–6.
38. Valerie Steele and Gillian Carrara, "Italian Fashion," in Valerie Steele (ed.), *Encyclopedia of Clothing and Fashion* (Detroit: Thompson Gale, 2005), 254–5; Nicola White, *Reconstructing Italian Fashion: America and the Development of the Italian Fashion Industry* (Oxford and New York: Berg, 2000), 113–22.
39. Luigi Settembrini (ed.), *Emilio Pucci* (Florence: Skira, 1996), 34–40.
40. Bailey, "Report on Men's Wear."
41. Pendleton Woolen Mills, Pendleton Company History, http://www.pendleton-usa.com/custserv/custserv.jsp?pageName=CompanyHistory&parentName=Heritage [accessed June 15, 2014]; William R. Scott, "California Casual: Lifestyle Marketing and Men's Leisurewear, 1930–1960," in Regina Lee Blaszczyk (ed.), *Producing Fashion: Commerce, Culture, and Consumers* (Philadelphia: University of Pennsylvania Press, 2008); Daves, *Ready-Made Miracle*, 120–2.
42. Susan Ward, "Chemise Dress," in Valerie Steele (ed.), *Encyclopedia of Clothing and Fashion* (Detroit: Thompson Gale, 2005).
43. Lesley Ellis Miller, *Cristóbal Balenciaga* (London: B.T. Batsford, Ltd., 1993), 48; Cristóbal Balenciaga Museoa, *Cristóbal Balenciaga* (New York: Thames & Hudson, 2011), 382.
44. Valérie Guillaume, *Courrèges* (London: Thames & Hudson, 1998), 9.
45. Lyle, *Focus on Fabrics*, 219; Daves, *Ready-Made Miracle*, 131–2.
46. Jacqueline Field, "Bernat Klein's Couture Tweeds: Color and Fabric Innovation, 1960–1980," *Dress*, 36, no. 1 (2006): 41–55; Handley, *Nylon*, 113–4; Lyle, *Focus on Fabrics*, 301–4.
47. Handley, *Nylon*, 88–90.
48. Ibid., 106–8; Mary Quant, *Quant by Quant* (London: Cassell & Co., 1966), 135.
49. Alexandra Palmer, "Paper Clothes: Not Just a Fad," in Patricia A. Cunningham and Susan Voso Lab (eds), *Dress and Popular Culture* (Bowling Green: Bowling Green State University Popular Press, 1991), 85–104.
50. Peggy Moffitt, *The Rudi Gernreich Book* (Köln: Taschen, 1999), 90.
51. Richard Martin, "Missoni," in *Contemporary Fashion* (Farmington Hills: St. James Press, 1994).
52. Bernadine Morris, "Jogging Suits Are Off and Running in a Race for Style," *New York Times* (March 11, 1979): AD1; Kaori O'Connor, "The Body and the Brand: How Lycra Shaped America," in Regina Lee Blaszczyk (ed.), *Producing Fashion: Commerce, Culture, and Consumers* (Philadelphia: University of Pennsylvania Press, 2008).
53. Marianne Aav (ed.), *Marimekko: Fabrics, Fashion, Architecture* (New Haven and London: Yale University Press, 2003), 241.
54. Roy Reed, "Happy Days for Cotton," *New York Times* (July 9, 1972): F1.
55. Clare Sauro, "Jeans," in Valerie Steele (ed.), *Encyclopedia of Clothing and Fashion* (Detroit: Thompson Gale, 2005), 274.
56. Myra Walker, "Cardin, Pierre," in Valerie Steele (ed.), *Encyclopedia of Clothing and Fashion* (Detroit: Thompson Gale, 2005), 224.
57. Lauren D. Whitley, *Hippie Chic* (Boston: MFA Publications, 2013); Christopher Breward, David Gilbert and Jenny Lister (eds), *Swinging Sixties* (London: Victoria & Albert Museum, 2006).
58. Blaszczyk, "Styling Synthetics," 520–2.
59. Leonard Sloane, "Suiting Up for Leisure," *New York Times* (October 27, 1974): 178.
60. Blaszczyk, "Styling Synthetics"; O'Connor, "The Other Half"; O'Connor, *Lycra.*
61. Moffitt, *The Rudi Gernreich Book*, 20.
62. Herbert Koschetz, "Du Pont Unfurls a New Silklike Fiber," *New York Times* (June 28, 1968): 57; Handley, *Nylon*, 94–6.

63. George Wagner, "Ultrasuede," *Perspecta*, 33 (2002): 90–103; Toray Industries, "The Science of Ultrasuede®," http://www.ultrasuedc.com/about/science.html [accessed June 4, 2014].
64. Handley, *Nylon*, 117–20.
65. Ibid.; Jane Schneider, "In and Out of Polyester: Desire, Disdain and Global Fibre Competitions," *Anthropology Today* Vol. 10, No. 4 (August 1994): 2–10.
66. Isadore Barmash, "Manufacturers Warned on Rising Textile Waste," *New York Times* (March 27, 1971): 35.
67. Woolmark Company, "The Woolmark brand celebrates 50 years," (March 26, 2014), http://www.woolmark.com/history [accessed June 5, 2014].
68. Cotton Incorporated. "Cotton Incorporated's History," http://www.cottoninc.com/corporate/About-Cotton-Incorporated/Cotton-Incorporated-company-history/ [accessed June 5, 2014].
69. Seth S. King, "The Restoration of King Cotton," *The New York Times* (March 2, 1980): F1.
70. Steele and Carrara, "Italian Fashion."
71. Handley, *Nylon.*
72. Lisa Birnbach and Jonathan Roberts, Carol McD. Wallace, Mason Wiley, *The Official Preppy Handbook* (New York: Workman Publishing, 1980).
73. *Jane Fonda's Workout Book* 1981; http://www.cbsnews.com/news/jane-fondas-feel-the-burn-workout-video-turns-32/ [accessed February 1, 2015]; O'Connor, "The Body and the Brand," 222–4.
74. Lauren D. Whitley, "Azzedine Alaïa," in P. Parmal, et al., *Fashion Show: Paris Style* (Boston: MFA Publications, 2006), 109.
75. Handley, *Nylon*, 157–8.
76. Ibid., 129–38; Sarah E. Braddock and Marie O'Mahony, *Techno Textiles: Revolutionary Fabrics for Fashion and Design* (New York: Thames & Hudson, 1998), 10–12, 105–9.
77. Handley, *Nylon,* 129.
78. Midori Kitamura (ed.), *Pleats Please Issey Miyake* (Köln: Taschen, 2012).
79. Ibid., 565; Hervé Chandès (ed.), *Issey Miyake Making Things* (Zurich: Scalo, 1999), 4.
80. Braddock and O'Mahony, *Techno Textiles.*
81. Ibid., 12–16.
82. Ibid., 25–7.
83. Sandy Black, *The Sustainable Fashion Handbook* (London: Thames & Hudson, 2013); Kate Fletcher and Lynda Grose, *Fashion and Sustainability: Design for Change* (London: Laurence King Publishing Ltd., 2012).
84. www.Oeko-tex.com [accessed June 7, 2014].
85. http://www.polartec.com/about_us/faq [accessed June 7, 2014].
86. Braddock and O'Mahoney, *Techno Textiles*, 16–19.

2 Production and Distribution

1. Thorstein Veblen, *The Theory of the Leisure Class. An Economic Study of Institutions* (New York: Penguin, 1899 [1994]). Georg Simmel, *Philosophie der Mode* (Berlin: Pan-Verlag, 2005). Gilles Lipovetsky, *L'empire de l'éphémère. La mode et son destin dans les sociétés modernes* (Paris: Gallimard, 1987).
2. Véronique Pouillard, "Fashion for All? The Transatlantic Fashion Business and the development of a popular press culture during the interwar period," *Journalism Studies*, 14 (5) (2013): 716–29.
3. Christopher Breward, David Gilbert (eds), *Fashion's World Cities* (Oxford: Berg, 2006).
4. Kai Raustiala, Christopher Sprigman, "The Piracy Paradox: Innovation and Intellectual Property in Fashion Design," *Virginia Law Review* 92 (1996): 1687–777.
5. Nancy J. Green, *Ready-to-Wear and Ready-to-Work: A Century of Industry and Immigrants in Paris and in New York* (Durham: Duke University Press, 1997).
6. Helen E. Meiklejohn, "Dresses. The Impact of Fashion on a Business," in Walton Hamilton, *Price and Price Policies* (New York: McGraw-Hill, 1938), 308.

7. Green, *Ready-to-Wear and Ready-to-Work*, 41–3.
8. Morris D.C. Crawford, *The Ways of Fashion* (New York: Putnam, 1941), 151.
9. Claudia B. Kidwell, Margaret Christman, *Suiting Everyone. The Democratization of Clothing in America* (Washington: Smithsonian Institution, 1994).
10. Lisa Tiersten, *Marianne in the Market. Envisioning Consumer Society in Fin-de-Siècle France* (Berkeley: University of California Press, 2001).
11. Didier Grumbach, *Histoires de la mode* (Paris: Editions du Regard—Institut Français de la Mode, 1993 [2008]), 434.
12. Pierre Vernus, *Art, Luxe, Industrie. Bianchini-Férier. Un siècle de soieries lyonnaises 1888–1992* (Grenoble: Presses Universitaires de Grenoble, 2006).
13. Crawford, *The Ways of Fashion*, 194.
14. Claude A. Rouzaud, *Un problème d'intérêt national: Les industries du luxe* (Thèse pour le doctorat d'Etat, Strasbourg: Librairie du Recueil Sirey, 1946), 115.
15. Dean Merceron, *Lanvin* (New York: Rizzoli, 2007), 20.
16. Crawford, *The Ways of Fashion*, 218.
17. Rouzaud, *Un problème d'intérêt national*, 115.
18. Véronique Pouillard, "Design Piracy in the Fashion Industries of Paris and New York in the Interwar Years," *Business History Review*, 85(2), (2011): 323.
19. Georges Le Fèvre, *Au secours de la couture (industrie française)* (Paris: Editions Baudinière, 1929), 61–2.
20. Nancy J. Troy, *Couture Culture: A Study in Modern Art and Fashion* (Cambridge: MIT Press, 2002), 22–5.
21. Florence Brachet-Champsaur, "Madeleine Vionnet and the Galeries Lafayette: The unlikely marriage of a Parisian couture house and a French department store, 1922–40," *Business History*, 54 (1), (2012), 48–66; Nancy J. Troy, *Couture Culture*, 42–7.
22. Pamela Golbin, *Vionnet, Puriste de la Mode* (Paris: Les Arts Décoratifs, 2009).
23. Marguerite Coppens, *Mode en Belgique au XIXe siècle* (Brussels: Musées Royaux d'Art et d'Histoire, 1996).
24. Véronique Pouillard, "The Rise of Fashion Forecasting and Fashion PR, 1920–1940. The History of Tobé and Bernays," in Hartmut Berghoff, Thomas Kuehne, *Globalizing Beauty: Consumerism and Body Aesthetics in the 20th Century* (New York: Palgrave, 2013), 151–69.
25. William R. Leach, *Land of Desire: Merchants, Power, and the Rise of a New American Culture* (New York: Vintage, 1994), 311–13; Thierry Maillet, *Histoire de la médiation entre textile et mode en France: des échantillonneurs aux bureaux de style (1825–1975)*, PhD thesis (Paris: EHESS, 2013).
26. Betty Kirke, *Madeleine Vionnet* (San Francisco: Chronicle Books, 1991 [2005]).
27. Mary Lynn Stewart, *Dressing Modern Frenchwomen: Marketing Haute Couture, 1919–1939* (Baltimore: Johns Hopkins University Press, 2008), 111–33.
28. Véronique Pouillard "Design Piracy": 319–44; Scott C. Hemphill, Jeannie Suk, "The Fashion Originators' Guild of America. Self-help at the edge of IP and antitrust," in Rochelle C. Dreyfuss, Jane C. Ginsburg, *Intellectual Property at the Edge: The Contested Contours of IP* (Cambridge, Cambridge University Press, 2014), 159–79.
29. Andrew C. Mertha, *The Politics of Piracy: Intellectual Property in Contemporary China* (Ithaca: Cornell University Press, 2005), 118–63.
30. Annallee Saxenian, *Regional Advantage: Culture and Competition in Silicon Valley and Route 128* (Cambridge MA: Harvard University Press, 1994 [1996]), 1–9.
31. Caroline Rennolds Milbank, *New York Fashion: The Evolution of American Style*, (New York: Harry N. Abrams, 1989); Jessica Daves, *Ready-Made Miracle: The American story of fashion for the millions* (New York: Putnam, 1967), 112–18.
32. Beryl Williams, *Fashion is Our Business* (New York-Philadelphia: Lippincott, 1945), 138.
33. Ibid., 155–70.

34. Crawford, *The Ways of Fashion*, 234–5.
35. Meiklejohn, "Dresses," 312–3; Green, *Ready-to-Wear and Ready-to-Work.*
36. Crawford, *The Ways of Fashion*, 14.
37. Meiklejohn, "Dresses," 314–15.
38. Crawford, *The Ways of Fashion*, 171; Meiklejohn, "Dresses," 343.
39. Saskia Sassen, *The Global City: New York, London, Tokyo* (Princeton: Princeton University Press, 1991), 4.
40. Crawford, *The Ways of Fashion*, 171.
41. Green, *Ready-to-Wear and Ready-to-Work,* 60.
42. Leon Stein, *The Triangle Fire* (Ithaca: Cornell University Press, 1962); David von Drehle, *Triangle: The Fire that Changed America* (New York: Grove Press, 2003); Hasia R. Diner, *Roads Taken. The Great Jewish Migrations to the New World and the Peddlers Who Forged the Way* (New Haven: Yale University Press, 2015), 15–16.
43. Adam Davidson, "Economic recovery, Made in Bangladesh?" *New York Times*, May 14, 2013: MM16.
44. Naomi Klein, *No Logo. Taking Aim at the Brand Bullies* (Toronto-New York: Knopf, 1999); Marie-Emmanuelle Chessel, *Consommateurs engagés à la Belle Epoque. La Ligue sociale d'acheteurs* (Paris: Presses de Sciences Po, 2012), 179–201.
45. European Parliament briefing, Workers' conditions in the textile and clothing sector: just an Asian affair? Issues at stake after the Rana Plaza tragedy, August 2014, http://www.europarl.europa.eu/EPRS/140841REV1-Workers-conditions-in-the-textile-and-clothing-sector-just-an-Asian-affair-FINAL.pdf
46. On the Rana Plaza tragedy, see for example the webpage set up by *The Guardian*: http://www.theguardian.com/world/rana-plaza
47. Robert Ross, *Clothing: A Global History* (Cambridge: Polity Press, 2008).
48. Alexandra Palmer, *Couture & Commerce: The Transatlantic Fashion Trade in the 1950s* (Vancouver: University of British Columbia Press and Royal Ontario Museum, 2001); Mary Lynn Stewart, "Copying and Copyrighting Haute Couture: Democratizing Fashion, 1900–1930," *French Historical Studies*, 28(1), (2005): 103–30.
49. Green, *Ready-to-Wear and Ready-to-Work*, 29.
50. Meiklejohn, "Dresses," 310.
51. Roland Barthes, *Système de la mode* (Paris: Seuil, 1967).
52. Yuniya Kawamura, *Fashion-ology: An Introduction to Fashion Studies* (London: Bloomsbury, 2005).
53. Grumbach, *Histoires de la mode*, 30–1.
54. http://www.modeaparis.com/1/news/article/membres-invites-janvier-2015?archive=1 [accessed March 4, 2015].
55. *Lilly Daché, Glamour at the Drop of a Hat* (New York: The Museum at FIT, 2007).
56. Daves, *Ready-Made Miracle*, 112–18.
57. New York Public Library, Fashion Group International Archives, 73, Meeting, New York, January 26, 1928: 11–12; Caroline Rennolds Milbank, *Couture: The Great Designers* (New York: Stuart, Tabori, and Chang, 1989).
58. Valerie Wingfield, *The Fashion Group International, Records c. 1930–1997* (New York: New York Public Library, 1997), 4–5.
59. Ibid., 9.
60. Dominique Veillon, *La mode sous l'occupation. Débrouillardise et coquetterie dans la France en guerre (1939–1945)*, (Paris: Payot, 1990); Irene Guenther, *Nazi Chic?: Fashioning Women in the Third Reich* (New York: Berg, 2004); Eugenia Paulicelli, *Fashion under Fascism: Beyond the Black Shirt* (New York: Berg, 2004).
61. Veillon, *La mode sous l'occupation*, p. 229.
62. Guenther, *Nazi Chic;* Paulicelli, *Fashion under Fascism.*
63. Crawford, *The Ways of Fashion*, 30.

64. Solange Montagné-Villette, *Le Sentier, un espace ambigu* (Paris: Masson, 1990).
65. Lourdes Font, "Dior before Dior," *West 86th: A Journal of Decorative Arts, Design History, and Material Culture*, 18, 1 (2011): 26–49.
66. Alexandra Palmer, *Dior* (London: Victoria & Albert Museum Publishing, 2009), 32.
67. Claire Wilcox (ed.), *The Golden Age of Couture: Paris and London 1947–57* (London: Victoria & Albert Museum, 2009), 122–7.
68. Palmer, *Dior,* 76–98.
69. Wilcox, *The Golden Age of Couture,* 102–6.
70. Florence Brachet-Champsaur, "Un grand magasin à la pointe de la mode: les Galeries Lafayette," in Michèle Ruffat, Dominique Veillon, *La mode des sixties, l'entrée dans la modernité* (Paris: Autrement, 2007), 174–9.
71. Sophie Chapdelaine de Montvalon, *Le beau pour tous* (Paris: L'Iconoclaste, 2010); Maillet, *Histoire de la médiation entre textile et mode en France.*
72. Shoshana-Rose Marzel, "De quelques Success Stories dans la creation vestimentaire parisienne des années 60," *Archives juives*, 2, 39 (2006): 72–84.
73. Wilcox, *The Golden Age of Couture,* 122–3.
74. Tomoko Okawa, "Licensing Practices at Maison Dior," in Regina L. Blaczszyk (ed.). *Producing Fashion. Commerce, Culture, and Consumers* (Philadelphia: University of Pennsylvania Press, 2007), 88–102.
75. Elisabetta Merlo, Francesca Polese, "Turning Fashion into Business: the emergence of Milan as an international hub," *Business History Review*, 80 (3) (2006): 415–47.
76. Lou Taylor, "L'English Style: les origines de la mode en Grande-Bretagne de 1950 aux années 1970," Ruffat, Veillon, *La mode des sixties,* 27–30.
77. Green, *Ready-to-Wear and Ready-to-Work,* 37–39.
78. Mary Quant, *Quant by Quant. The Autobiography of Mary Quant* (London: Victoria & Albert Publications, [1965] 2012), 67.
79. Marnie Fogg, *Boutique: A 60s Cultural Phenomenon* (London: Mitchell Beazley, 2003), 21–2.
80. Barry Eichengreen, *The European Economy Since 1945. Coordinated Capitalism and Beyond* (Princeton: Princeton University Press, 2007), 129–30.
81. Djurdja Bartlett, *Fashion East: The Spectre that Haunted Socialism* (Cambridge MA: MIT Press, 2010); Larisa Zakharova, *S'habiller à la soviétique. La mode et le dégel en URSS* (Paris: CNRS, 2011).
82. Olga Klymenko, "Fashion Week(s) in Kyiv—The Attempt to create Fashion Industry in Post-Sovient Ukraine," paper presented at Fashioning the City Conference, Royal College of Art, London, 2012.
83. Sabine Chrétien-Ichikawa, *La réémergence de la mode en Chine et le rôle du Japon.* PhD thesis (Paris: EHESS, 2012).
84. Yuniya Kawamura, *The Japanese Revolution in Paris Fashion* (Oxford: Berg, 2004).
85. Barbara Vinken, *Fashion Zeitgeist: Trends and Cycles in the Fashion System* (New York: Berg, 2005), 139–51.
86. Olivier Saillard (ed.), *Fashion Mix. Mode d'ici. Créateurs d'ailleurs* (Paris: Flammarion, 2014).
87. Roy Y.J. Chua, Robert G. Eccles, *Managing Creativity at Shanghai Tang*, Harvard Business School Case 410-018 (2009); Chrétien-Ichikawa, *La réémergence de la mode en Chine et le rôle du Japon.*
88. Simona Segre Reinach, "China and Italy: Fast Fashion versus Prêt- à -Porter. Towards a New Culture of Fashion," *Fashion Theory: The Journal of Dress, Body and Culture* 9 (1) (2005), 43–56.
89. Klein, *No Logo.*
90. Liesbeth Sluiter, *Clean Clothes: A Global Movement to End Sweatshops* (London: Pluto Press, 2009); Lucy Siegel, *To Die For: Is Fashion Wearing out the World?* (London: Harper Collins, 2011).

91. Djurdja Bartlett, Shaun Cole, Agnès Rocamora (eds), *Fashion Media: Past and Present* (London: Bloomsbury, 2013).

3 *The Body*

1. Adam Geczy and Vicki Karaminas, *Queer Style* (London: Bloomsbury, 2013).
2. Paul Poiret, *En habillant l'époque* (Paris: Grasset, 1930), 64.
3. Adam Geczy, *Fashion and Orientalism* (London: Bloomsbury, 2012).
4. Valerie Steele, *Fashion and Eroticism* (Oxford and New York: Oxford University Press, 1985), 232–3.
5. Geczy, *Fashion and Orientalism*, ch. 4 and passim.
6. Cit. Amy Homan Edelman, *The Little Black Dress* (New York: Simon and Schuster 1997), 15. See also Caroline Evans, *The Mechanical Smile: Modernism and the First Fashion Shows in France and America, 1900–1929* (New Haven and London: Yale University Press, 2013); Emanuelle Polle, Francis Hammond, and Alexandra Keens, *Patou: A Fashionable Life* (Paris: Fammarion, 2013); and Meredith Etherington-Smith, *Patou* (London: St Martin's Press, 1983).
7. Barbara Burman, "Better and Brighter Clothes, The Men's Dress Reform Party, 1929–1940," *Journal of Design History*, vol. 8, no. 4 (1995): 275–90.
8. Patricia Campbell Warner, "The Americanisation of Fashion: Sportwear, the Movies and the 1930s," in Linda Welters and Patricia Cunningham (eds), *Twentieth Century American Fashion* (London: Bloomsbury, 2005), 79.
9. Ibid., 79–98.
10. Ibid., 79–80.
11. See Emily Mayhew, *Wounded: A New History of the Western Front in World War I* (Oxford: Oxford University Press, 2013).
12. Mario Lupano and Alessandra Vacari, *Fashion at the Time of Fascism* (Rome: Damiani, 2009), 156.
13. Elizabeth Bosch, cited in Irene Guenther, *Nazi Chic? Fashioning Women in the Third Reich*, (Oxford: Berg, 2004), 100.
14. Khasana advertisement, cited in ibid., 104.
15. Richard Gray, *About Face: German Physiognomic Thought from Lavatar to Auschwitz* (Detroit: Wayne State University, 2004).
16. Allison Nella Ferrara, "Fashion's Forgotten Fascists." VICE, April 8, 2015, http://www.vice.com/read/fashions-forgotten-fascists [accessed November 18, 2014]; http://www.vice.com/read/fashions-forgotten-fascists [accessed March 20, 2015].
17. Eugenia Paulicelli, *Fashion Under Fascism: Beyond the Black Shirt* (London: Berg, 2004), 14.
18. Katie Milestone and Anneke Meyer, *Gender and Popular Culture* (London: Polity Press, 2011).
19. Marianne Thesander, *The Feminine Ideal* (London: Reaktion, 1997), 135.
20. Joseph Hancock II and Vicki Karaminas, "The Joy of Pecs. Representations of Masculinity in Fashion Advertising," *Clothing Cultures* (Bristol: Intellect, 2014).
21. Hugh Hefner, cited by Steven Cohan (1996) "So Functional for its Purposes: Rock Hudson's Bachelor Apartment in *Pillow Talk*," in Joel Sanders (ed.), *Stud. Architectures of Masculinity* (New York: Princeton University Press, 1996), 30.
22. Ibid., 29.
23. Jessica Sewell, "Performing Masculinity Through Objects in Postwar America. The Playboy's Pipe," in Anna Moran and Sorcha O'Brian (eds), *Love Objects. Emotion, Design and Material Culture* (London: Bloomsbury 2014), 64.
24. Ray Ferris and Julian Lord, *Teddy Boys: A Concise History* (London: Milo, 2012).
25. Joseph H. Hancock II, "Chelsea on 5th Avenue: Hypermasculinity and Gay Clone Culture in the Retail Brand Practices of Abercrombie and Fitch," *Fashion Practice* 1, vol. 1 (May, 2009): 75.

26. Ibid., 78.
27. Guy Snaith, "Tom's Men: The Masculinization of Homosexuality and the Homosexualization of Masculinity at the end of the Twentieth Century," *Paragraph* 26 (2203): 77.
28. Ibid., 78.
29. Interview with Paul Mathiesen, lighting designer, July 26, 2015.
30. Marc Stern, *The Fitness Movement and Fitness Centre Industry 1960–2000*, Business History Conference 2008, 5–6, http://www.thebhc.org/publications/BEHonline/2008/stern.pdf [accessed February 20, 2014].
31. See also Kiku Adatto, *Picture Perfect: Life in the Age of the Photo Op* (Princeton: Princeton University Press, 2008), passim.
32. Pamela Church Gibson and Vicki Karaminas, Letter from the Editors, *Fashion Theory: The Journal of Dress, Body and Culture, Special Issue, Fashion and Porn*, 18.2 (April 2014): 118.
33. Ibid., 119
34. See Ariel Levy, *Female Chauvinist Pigs: The Rise of Raunch Culture* (London: Free Press, 2006).
35. Annette Lynch, *Porn Chic. Exploring the Contours of Raunch Eroticism* (London: Berg, 2012), 3.
36. Pamela Church Gibson, "Pornostyle: Sexualized Dress and the Fracturing of Feminism," in *Fashion Theory: The Journal of Dress, Body and Culture, Special Issue, Fashion and Porn*, 18.2 (April 2014): 189–90.
37. Meredith Jones, *Skintight: An Anatomy of Cosmetic Surgery* (London: Berg, 2008), 1.
38. See also Adam Geczy, "Straight Internet Porn and the Natrificial: Body and Dress," *Fashion Theory: The Journal of Dress, Body and Culture, Special Issue, Fashion and Porn*, 18.2 (April, 2014): 169–88.
39. Casey Legler, "*I am a Woman Who Models Male Clothes. This is not about Gender,*" *The Guardian*, Friday November 1, 2013, http://www.theguardian.com/commentisfree/2013/nov/01/woman-models-mens-clothes-casey-legler [accessed March 21, 2015].
40. Julia Twigg, *Fashion and Age* (London: Bloomsbury, 2013), 1.

4 Gender and Sexuality

1. Joe Lucchesi, "'The Dandy in Me': Romaine Brooks's 1923 Portraits," in Susan Fillin-Yeh (ed.), *Dandies. Fashion and Finesse in Art and Culture* (New York and London: New York University Press, 2001), 13.
2. Judith Butler, *Gender Trouble. Feminism and the Subversion of Identity* (New York and London: Routledge, 1990), 187.
3. Annamari Vänskä, "New kids on the mall: Babyfied dogs as fashionable co-consumers," *Young Consumers,* vol. 15, iss. 3 (2014): 263–72.
4. Clare Rose, *Making, Selling and Wearing Boys' Clothes in Late-Victorian England* (Farnham: Ashgate, 2010), 158.
5. Annamari Vänskä, *Fashioning Childhood. Children in fashion advertising* (London and New York: Bloomsbury, forthcoming).
6. Liz Conor, *The Spectacular Modern Woman: Feminine Visibility in the 1920s* (Bloomington & Indianapolis: Indiana University Press, 2004), 209–52.
7. Elizabeth Ewing, *History of 20th Century Fashion* (London: Batsford, 2008), 62.
8. Phyllis G. Tortora and Sara B. Marcketti, *Survey of Historic Costume* (New York & London: Fairchild Books, Bloomsbury, 2015), 449.
9. Christopher Breward, *The Culture of Fashion* (Manchester: Manchester University Press, 1995), 185.

10. Rhonda Garelic, "The Layered Look: Coco Chanel and Contagious Celebrity," in Fillin-Yeh, Susan (ed.), *Dandies: Fashion and Finesse in Art and Culture* (New York: New York University Press, 2001), 41–3.
11. Brenda Polan and Reger Tredre, *The Great Fashion Designers* (Oxford, New York: Berg Publishers, 2009), 44–5.
12. Steven Zdatny, "The Boyish Look and the Liberated Woman: The Politics and Aesthetics of Women's Hairstyles," *Fashion Theory: The Journal of Dress, Body and Culture*, vol. 1, no. 4 (1997): 367–98.
13. Farid Chenoune, *A History of Men's Fashion,* trans. Deke Dusinberre (Paris, New York: Flammarion, 1995), 143.
14. Andrew Bolton, *Bravehearts: Men in Skirts* (London: Victoria & Albert Museum, 2004).
15. Chenoune, *A History of Men's Fashion*, 163.
16. Valerie Steele, *Fashion and Eroticism: Ideals of Feminine Beauty from the Victorian Era to the Jazz Age* (New York: Oxford University Press, 1985), 146. Suffragettes wore trousers since Amelia Bloomer introduced the "bloomer costume," an ensemble of the knee-length dress over full trousers.
17. Joanne Entwistle, *The Fashioned Body: Fashion, Dress and Modern Social Theory* (Cambridge: Polity Press, 2000), 168.
18. Annamari Vänskä, "See-through Closet: Female Androgyny in the 1990s Fashion Images, the Concepts of 'Modern Woman' and 'Lesbian Chic'," in *Farväl heteronormativitet. Papers presented at the conference Farewell to heteronormativity*. Vol. 1. Sverige: Lambda Nordica Förlag; 2003: 71–82; Adam Geczy and Vicki Karaminas, *Queer Style* (London: Bloomsbury, 2013), 24–32.
19. Shaun Cole, *"Don We Now Our Gay Apparel": Gay Men's Dress in the Twentieth Century* (Oxford: Berg, 2000). However, cross-dressing was not (yet) an everyday routine because of its illegality. Cross-dressing also relates to class: while upper class women could cross-dress, lower class women only wore mannish clothes in private (Geczy and Karaminas, *Queer Style*, 29).
20. Radu Stern, *Against Fashion: Clothing as Art, 1850-1930* (Massachusetts: Massachusetts Institute of Technology, 2004), 29–62.
21. Chenoune, *A History of Men's Fashion*, 175; see also Ewing, *History of 20th Century Fashion*, 123–5.
22. Breward, *The Culture of Fashion,* 187; Chenoune, *A History of Men's Fashion*, 174.
23. "Female masculinity" is a concept introduced by Judith Halberstam, *Female Masculinity* (Duke University Press: Durham and London, 1998). It defines masculinity constructed by women.
24. Polan and Tredre, *The Great Fashion Designers*, 52, suggest that since Schiaparelli enjoyed shocking the bourgeois she was "thoroughly Punk in spirit."
25. Drake Stutesman, "Costume Design, or, what is fashion in film?" in Adrienne Munich (ed.), *Fashion in Film* (Indiana: Indiana University Press, 2011).
26. Sara B. Marcketti and Emily Angstman, "The Trend for Mannish Suits in the 1930," *Dress,* vol. 39, iss. 2, 135–52 (2013): 7.
27. Ibid., 8.
28. Tortora and Marcketti, *Survey of Historic Costume,* 464.
29. Marcketti and Angstman, "The Trend for Mannish Suits in the 1930": 14.
30. This mainly applied to upper and middle class lesbians (Geczy and Karaminas, *Queer Style*, 29).
31. Alexandra Palmer, *Couture & Commerce: The Transatlantic Fashion Trade in the 1950s* (Vancouver: University of British Columbia, 2001); Ewing, *History of 20th Century Fashion,* 155–60.
32. Alexandra Palmer, "Inside Paris haute couture," in Claire Wilcox (ed.), *The Golden Age of Couture: Paris and London, 1947–1957* (London: Victoria & Albert Publications, 2007); Ewing, *History of 20th Century Fashion,* 139–54.
33. Polan and Tredre, *The Great Fashion Designers*, 83.
34. Christian Dior, *Christian Dior et moi* (Paris: Vuibert, [1956] 2011), 35.

35. Simone de Beauvoir, *The Second Sex*, trans. and ed. H.M. Parshley, (London: Jonathan Cape [1949] 1972), 273.
36. See also, Valerie Steele, "A Queer History of Fashion: From the Closet to the Catwalk," in Steele, Valerie (ed.), *A Queer History of Fashion: From the Closet to the Catwalk* (New Haven and London: Yale University Press, 2013), 37–8.
37. Rémy G. Saisselin, "From Baudelaire to Christian Dior: The Poetics of Fashion," *The Journal of Aesthetics and Art Criticism*, vol. 18, no. 1 (1959): 112.
38. Even though female impersonators had a role to increase the morale of the troops during wars, it was increasingly associated with homosexuality (S.P. Schacht and L. Underwood, "The Absolutely Fabulous but Flawlessly Customary World of Drag Queens and Female Impersonators," *Journal of Homosexuality* 46, no. 3/4 2004, 1–17: 5).
39. Cole, *"Don We Now Our Gay Apparel."*
40. Ibid.
41. See Roland Barthes, *The Language of Fashion* (Oxford: Berg 2006), 60–4.
42. Cole, *"Don We Now Our Gay Apparel."*
43. Richard Sennett, *The Fall of Public Man* (London: Faber & Faber, 1992), 152–3.
44. Roland Barthes, *The Fashion System*, trans. M. Ward, R. Howard (Berkeley: University of California Press, [1967] 1990).
45. Sue-Ellen Case, "Toward a Butch-Femme Aesthetic," in Fabio Cleto (ed.), *Camp: Queer Aesthetics and the Performing Subject. A Reader* (Edinburgh: Edinburgh University Press, [1988] 1999), 186.
46. Tortora & Marcketti, *Survey of Historic Costume*, 494.
47. See Thorstein Veblen, *The Theory of the Leisure Class* (Oxford and New York: Oxford University Press, [1899] 2009).
48. Becky Conekin, "Fashioning the Playboy: Messages of Style and Masculinity in the Pages of *Playboy* Magazine, 1953–1963," *Fashion Theory*, vol. 4, iss. 4(2000): 449.
49. Ibid., 453–4.
50. Ibid., 462.
51. Stutesman, "Costume Design."
52. Ibid., in reality, Brando's outfit was made to look stained and greasy.
53. Tortora & Marcketti, *Survey of Historic Costume*, 499.
54. Ted Polhemus, *Streetstyle: From Sidewalk to Catwalk* (London: Thames & Hudson, 1994).
55. Chenoune, *A History of Men's Fashion*, 239.
56. Women's Liberation Movement advocated women's rights but was largely against fashion (e.g. Naomi Wolf, *The Beauty Myth* (London: Vintage, 1990). This is symbolized in the myth of "bra-burning."
57. Annamari Vänskä, "From Marginality to Mainstream: On the Politics of Lesbian Visibility During the Past Decades," in M. McAuliffe and S. Tiernan (ed.), *Sapphists, Sexologists and Sexualities: Lesbian Histories*, vol. 2, (Cambridge: Cambridge Scholars Press, 2009), 227–35.
58. James Darsey, "From 'gay is good' to the scourge of AIDS: The evolution of gay liberation rhetoric, 1977–1990," *Communication Studies* 42, no. 1 (1991): 43–66.
59. Ewing, *History of 20th Century Fashion*, 200.
60. Angela McRobbie and Jenny Garber, "Girls and subcultures," in Stuart Hall and Tony Jefferson (eds), *Resistance Through Rituals* (New York: Routledge, [1993] 2006), 182; Schacht & Underwood, "The Absolutely Fabulous": 103.
61. They also differentiated themselves from the outspokenly white rocker- and teddy-culture and identified with black culture and its musical heritage of jazz and soul (Dick Hebdige, "The Meaning of Mod," in *Resistance Through Rituals*, 72).
62. Chenoune, *A History of Men's Fashion*, 254.
63. Ewing 2008: 178, 180. However, Quant has denied creating the mini skirt (Schacht & Underwood 2004: 103.)

64. Patricia Juliana Smith, "'You don't have to say you love me.' The Camp Masquerades of Dusty Springfield," in *The Queer Sixties*, ed. P. J. Smith, New York and London: Routledge, 1999), 105.
65. Ibid., 112–13.
66. Valerie Steele, "Anti-Fashion: The 1970s," *Fashion Theory* 1, no. 3 (1997): 280.
67. Jon Savage, "Oh! You Pretty Things," in *David Bowie Is* (London: Victoria & Albert Publishing, 2013), 108.
68. Cole, *"Don We Now Our Gay Apparel."*
69. Malcolm Barnard, *Fashion as Communication* (London and New York: Routledge, 1996), 44–5.
70. Dick Hebdige, *Subculture: The Meaning of Style* (London: Routledge, 1979).
71. Barbara Vinken, *Fashion Zeitgeist: Trends and Cycles in the fashion System* (Oxford: Berg, 2005), 64.
72. Frank Mort, *Cultures of Consumption: Masculinities and Social Space in Late Twentieth-Century Britain* (London: Routledge, 1996); Sean Nixon, *Hard Looks: Masculinities, Spectatorship and Contemporary Consumption* (London: University College London Press, 1996).
73. Martin P. Levine and Michael Kimmel, *Gay Macho: The Life and Death of the Homosexual Clone* (New York: New York University Press, 1998).
74. Holly Devor, *Gender Blending: Confronting the Limits of Duality* (Bloomington and Indianapolis: Indiana University Press, 2011). Rebecca Jennings, *A Lesbian History of Britain: Love and Sex Between Women Since 1500* (Oxford and Westport: Greenwood World Publishing, 2007), 187.
75. Karen Bettez Halnon, "Poor Chic: The Rational Consumption of Poverty," *Current Sociology*, Vol. 50(4) (2002): 501–16.
76. Yuniya Kawamura, *Fashion-ology. An Introduction to Fashion Studies* (Oxford: Berg, 2005).
77. Agnès Rocamora, "How New Are New Media? The Case of Fashion Blogs," in Djurdja Bartlett, Shaun Cole, and Agnès Rocamora (eds), *Fashion Media: Past and Present* (London: Bloomsbury, 2013), 155–64.
78. Katherine Sender, *Business, Not Politics. The Making of the Gay Market* (New York, Chichester, West Sussex: Columbia University Press, 2004.
79. Teresa De Lauretis, "'Queer Theory': Lesbian and gay sexualities," *Differences: a journal of feminist cultural studies*, Vol. 3(2) (1991): iii–xviii; Butler, *Gender Trouble*.
80. Butler, *Gender Trouble*.
81. Halberstam, *Female Masculinity*.
82. Annamari Vänskä, "Why Are There No Lesbian Advertisements?" *Feminist Theory*, 6(1) (2005), 67–85.
83. See for example Annamari Vänskä, "Seducing children?" *lambda nordica* 2-3/2011: 69–109.
84. Vänskä, "See-through Closet".
85. *Metrosexual* was first coined by Mark Simpson in 1994. It defines men who are interested in fashion and lifestyle stereotypically associated with homosexual men but who are claimed to be heterosexual. Mark Simpson, "Here Come the Mirror Men: Why The Future is Metrosexual," *The Independent*, 15 November 1994.
86. Sender, "Business, Not Politics," in Amy Gluckman and Betsy Reed (eds.), *Homo Economics. Capitalism, Community, and Lesbian and Gay Lives* (New York and London: Routledge, 1997).
87. Entwistle, *The Fashioned Body*.
88. Pamela Church Gibson, *Fashion and Celebrity Culture* (London and New York: Berg, 2012).
89. Stella Bruzzi and Pamela Church Gibson, "Fashion is the fifth character," in Kim Akass and Janet McCabe (eds), *Reading Sex and the City* (London: I.B. Tauris & Co., 2008), 115–29.
90. Anna König, "Sex and the City: A fashion editor's dream?" in ibid.: 140.
91. Vänskä, *Fashioning Childhood*.
92. Vänskä, "New kids on the mall:" 263–72.

5 Status

1. Roland Barthes, *The Language of Fashion* (Oxford: Berg, 2006).
2. Fred Davis, "Of Maids' Uniforms and Blue Jeans: The Drama of Status Ambivalences in Clothing and Fashion," *Qualitative Sociology* 12 (4) (1989): 349.
3. Elizabeth Wilson, *Adorned in Dreams: Fashion in Modernity* (London: Virago, 1985), 12.
4. Paul Fussell, *Class: Style and Status in the USA* (London: Arrow, 1984); David Cannadine, *Class in Britain* (New Haven: Yale University Press, 1998).
5. Patrizia Calefato, *The Clothed Body* (Oxford, Berg 2004), 1.
6. Georg Simmel, "Fashion," *International Quarterly* 10 (1) (1904): 133
7. Ibid., 130–55.
8. Ibid., 133.
9. Joanne Entwistle and Agnes Rocamora, "The Field of Fashion Materialized: A Study of London Fashion Week," *Sociology* 40 (4) (2004): 735–51.
10. Joanne Entwistle, *The Aesthetic Economy of Fashion: Markets and Value in Clothing and Modelling* (London: Bloomsbury, 2009).
11. Mike Featherstone, "The Body in Consumer Culture," in Mike Featherstone et al. (eds), *The Body: Social Process and Cultural Theory* (London: Sage, 1991).
12. Diana Crane, *Fashion and its Social Agendas: Class, Gender, and Identity in Clothing* (Chicago: University of Chicago Press, 2000).
13. Ibid., 3.
14. Alison Lurie, *The Language of Clothes* (London: Random House, 1981), 115.
15. Gilles Lipovetsky, *The Empire of Fashion: Dressing Modern Democracy*, (Princeton: Princeton University Press, 1994), 29.
16. Philip Coelho and James McClure, "Toward an Economic Theory of Fashion," *Economic Inquiry* 31 (4) (1993): 595–608.
17. Crane, *Fashion and its Social Agendas*, 4.
18. Ruth Barnes and Joanne Eicher, *Dress and Gender: Making and Meaning* (Oxford: Berg, 1992).
19. Nancy F. Cott, *The Grounding of Modern Feminism* (New Haven: Yale University Press, 1987), 12.
20. Betty Friedan, *The Feminine Mystique* (London: Penguin, 1963); Andrea Dworkin, *Pornography: Men Possessing Women* (New York: G.P. Putnam's Sons, 1981), 126.
21. Elizabeth Wilson, *Adorned in Dream*s; Caroline Evans and Minna Thornton, "Fashion, Representation, Femininity," *Feminist Review* 38 (1991): 48–66.
22. Cheryl Buckley and Hilary Fawcett, *Fashioning the Feminine: Representation and Women's Fashion from the Fin de Siècle to the Present* (London: I.B. Tauris, 2002), 11.
23. Rosemary Betterton, *Looking On: Images of Femininity in the Visual Arts and Media* (London: Pandora, 1987).
24. Joanne Entwistle, *The Fashioned Body* (Cambridge: Polity, 2000).
25. Farid Chenoune, *A History of Men's Fashion* (Paris: Flammarion, 1993); Jennifer Craik, *The Face of Fashion: Cultural Studies in Fashion* (London: Routledge, 1994); Christopher Breward, *The Hidden Consumer: Masculinities, Fashion and City Life 1860–1914* (Manchester: Manchester University Press, 1999); David Kuchta, *The Three-Piece Suit and Modern Masculinity: England, 1550–1850* (London: University of California Press, 2002).
26. John Carl Flügel, *The Psychology of Clothes* (London: Hogarth Press, 1930), 113.
27. Chenoune, *A History of Men's Fashion*.
28. John Harvey, *Men in Black* (London: Reaktion, 1997).
29. Breward, *The Hidden Consumer.*
30. Kuchta, *The Three-Piece Suit and Modern Masculinity*, 164.
31. Lipovetsky, *The Empire of Fashion*.
32. Christopher Breward, *Fashion* (Oxford: Oxford University Press, 2003), 53.
33. Clare Rose, *Making, Selling and Wearing Boys' Clothes in Late-Victorian England* (Farnham: Ashgate, 2010), 211

34. Ibid., 228.
35. Jane Pilcher, "No logo? Children's consumption of fashion," *Childhood* 18 (1) (2010): 128–41.
36. Crane, *Fashion and its Social Agendas*, 83–4.
37. Ibid., 84.
38. Christobel Williams-Mitchell, *Dressed for the Job: Story of Occupational Costume* (London: Blandford Press, 1982), 103.
39. Jennifer Craik, *Uniforms Exposed* (Oxford: Berg, 2005).
40. Jacqueline Durran, "Dandies and Servants of the Crown: Sailors' Uniforms in the Early 19th Century," *Things* (3) (1995): 6–19.
41. Juliet Ash, *Dress Behind Bars: Prison Clothing as Criminality* (London: I.B. Tauris, 2010).
42. Diana de Marly, *Working Dress: A History of Occupational Clothing* (London: Batsford Books, 1986), 123.
43. Wendy Parkins, *Fashioning the Body Politic: Dress, Gender, Citizenship* (Oxford: Berg, 2002).
44. Phyllis Cunnington and Catherine Lucas, *Occupational Costume in England*, (London: A.&C. Black, 1976), 251–60.
45. Williams-Mitchell, *Dressed for the Job*, 101.
46. William Keenan, "From Friars to Fornicators: The Eroticization of Sacred Dress," *Fashion Theory* 3 (4) (1999): 389–410.
47. Fred Davis, "Of Maids' Uniforms and Blue Jeans": 348.
48. Jane Tynan, "Military Dress and Men's Outdoor Leisurewear: Burberry's Trench Coat in First World War Britain," *Journal of Design History* 24 (2) (2011): 139–56.
49. Don Slater, *Consumer Culture and Modernity* (Cambridge: Polity, 1997), 24.
50. Mary Douglas and Baron Isherwood, *The World of Goods: Towards an Anthropology of Consumption* (London: Penguin, [1978] 1996), 75–6.
51. Crane, *Fashion and its Social Agendas*, 160.
52. Peter Braham, "Fashion: unpacking a cultural production," in Paul Du Gay (ed.) *Production of Culture/Cultures of Production* (London/Milton Keynes: Sage/Open University, 1997).
53. Celia Lury, *Consumer Culture* (New Brunswick: Rutgers University Press, 1996).
54. Lipovetsky, *The Empire of Fashion*, 29.
55. Valerie Steele, *Fetish: Fashion, Sex and Power* (Oxford: Oxford University Press, 1996).
56. Malcolm Barnard, *Fashion as Communication* (London: Routledge, 2002).
57. Steven Miles, *Consumerism: As a Way of Life* (London: Sage, 1998), 103.
58. Thorstein Veblen, *The Theory of the Leisure Class* (Oxford: Oxford University Press, [1899] 2009).
59. Pierre Bourdieu, *Distinction: A Social Critique of the Judgement of Taste* (Harvard: Harvard University Press, 1984), 6.
60. Ibid., 201.
61. Daniel Miller, *Stuff* (Cambridge: Polity, 2010), 13.
62. Karen Rafferty, "Class-based Emotions and the Allure of Fashion Consumption," *Journal of Consumer Culture* 11 (2) (2011): 239–60.
63. Ibid., 257.
64. Sophie Woodward, "The Myth of Street Style," *Fashion Theory* 13 (1) (2009): 83–10.
65. Judd Stitziel, *Fashioning Socialism: Clothing, Politics and Consumer Culture in East Germany* (Oxford: Berg, 2005).
66. Juanjuan Wu, *Chinese Fashion: From Mao to Now* (Oxford: Berg, 2009), 163.
67. Radu Stern, *Against Fashion: Clothing as Art, 1850–1930* (Cambridge MA: MIT Press, 2000).
68. Stuart Hall and Tony Jefferson (eds), *Resistance Through Rituals: Youth Subcultures in Post-War Britain* (London: Routledge, 1976).
69. Dick Hebdige, *Subculture: The Meaning of Style* (London: Routledge, 1979), 18.

70. Caroline Evans, "Dreams That Only Money Can Buy . . . Or, The Shy Tribe in Flight from Discourse," *Fashion Theory* 1 (2) (1997): 180.
71. Ibid., 169–70.
72. Woodward, "The Myth of Street Style": 84.
73. Greg Martins, "Subculture, Style, Chavs and Consumer Capitalism: Towards a Critical Cultural Criminology of Youth," *Crime, Media, Culture* 5 (2) (2009): 123–45.
74. Ibid., 139.
75. Pierre Bourdieu, *Sociology in Question* (London: Sage, 1993), 113.

6 *Ethnicity*

1. Andrew Bolton, *Alexander McQueen: Savage Beauty* (New York: Metropolitan Museum of Art, 2011), 130.
2. Roberto Rossellini, *Quasi un'autobiografia* (Milano: Mondadori, 1987), 123–4.
3. www.kamat.com/mmghandi/churchill.htm
4. Simona Segre Reinach, *Orientalismi* (Roma: Meltemi, 2006).
5. Adam Geczy, *Fashion and Orientalism* (London: Bloomsbury, 2013), 7.
6. Karen Tranberg Hansen and D. Soyini Madison, *African Dress: Fashion, Agency, Performance* (London: Bloomsbury, 2013), 1.
7. Lise Skov "Dreams of Small Nation in a Polycentric Fashion World," in *Fashion Theory*, 15, (2) (2011): 137–56.
8. D. Okuefuna *The Wonderful World of Albert Khan* (London: BBC Books, 2008).
9. José Teunissen, "Global Fashion/Local Tradition. On the globalization of fashion," in J. Brand and J.Teunissen (eds), *Global Fashion Local Tradition: On the Globalization of Fashion* (Utrecht: Centraal Museum Utrecht/Terra, 2005), 8–23.
10. Elizabeth Wilson, *Adorned in Dreams* (London: I.B. Tauris, 2005); Ulrich Lehman, *Tigersprung: Fashion in Modernity* (Boston: MIT Press, 2000).
11. Carl Flügel, *The Psychology of Clothes* (London: Institute of Psychoanalysis/Hogarth Press, 1930).
12. Victoria Rovine, www.africulture.com [accessed December 13, 2013].
13. Thorstein Veblen, *The Theory of Leisure Class* (Oxford, New York: Oxford University Press, 2007).
14. Edward Said, *Orientalism: Western Representations of the Orient* (London: Routledge & Kegan Paul, 1978).
15. Joanne Eicher, et al., *The Visible Self: Global Perspectives on Dress, Culture and Society* (New York: Fairchild Publications, 2008).
16. Margaret Maynard, *Dress and Globalization* (Manchester: Manchaster University Press, 2004); Antonia Finnane, *Changing Clothes in China: Fashion, History, Nation* (New York: Columbia University Press, 2008); Karen Tranberg Hansen, *Salaula: The World of Second-Hand Clothing and Zambia* (Chicago and London: University of Chicago Press, 2000); G. Riello and P. McNeil, *The Fashion History Reader* (New York: Routledge, 2010).
17. Karen Tranberg Hansen, "The World in Dress: Anthropological Perspectives on Clothing, Fashion, and Culture," *Annual Review of Anthropology* 33, (2004): 387.
18. Sarah Grace Heller, "The Birth of Fashion," in G. Riello and P. McNeil (eds), *The Fashion History Reader: Global Perspectives* (London and New York: Routledge, 2010).
19. Leslie W. Rabine, *The Global Circulation of African Dress* (Oxford and New York: Berg, 2002).
20. Maynard, *Dress and Globalization*; Jennifer Craik, *Fashion: The Key Concepts* (Oxford, New York: Berg, 2009); G.I. Kunz and M.B. Garner, *Going Global: The Textile and Apparel Industry* (New York: Fairchild, 2006).
21. Diane Crane, *Fashion and Its Social Agendas* (Chicago: University of Chicago Press, 2000); Sandra Niessen, "Interpreting Civilization Through Dress," in *Berg Encyclopedia of World Dress and Fashion*, vol. 8, West Europe (Oxford and New York: Berg, 2010).

原书注释

22. John E. Vollmer, "Cultural Authentication," in *Berg Encyclopedia of World Dress and Fashion*, vol. 6, East Asia (Oxford and New York: Berg, 2010), 69–76.
23. Maynard, *Dress and Globalization*; Rabine, *The Global Circulation of African Dress*.
24. Hansen, *Salaula*.
25. Christine Tsui, *China Fashion: Conversations with Designers* (Oxford and New York: Berg, 2010); Juanjuan Wu, *China Fashion From Mao to Now* (Oxford and New York: Berg, 2009).
26. http://www.africultures.com/php/index.php?nav=article&no=5754§hash.mbgtROaQ.dpuf
27. Thuy Linh Nguyen Tu, *The Beautiful Generation: Asian Americans and the Cultural Economy of Fashion*, (Durham NC: Duke University Press, 2011), 121.
28. Andrew Zhao, *The Chinese Fashion Industry* (London: Bloomsbury, 2013), 12–13.
29. Mukulika Banerjee, and Daniel Miller, *The Sari* (London: Bloomsbury, 2003).
30. Amartya Sen, *The Argumentative Indian* (New York: Allen Lane, 2005), 341.
31. Dipesh Chakrabarty, *Provincializing Europe: Post-Colonial Thought and Historical Difference* (Princeton: Princeton University Press, 2007).
32. Geczy, *Fashion and Orientalism*, 199.
33. Richard Martin and Harold Koda, *Visions of the East in Western Dress* (New York: Metropolitan Museum of Art, 1994).
34. Yunika Kawamura, *The Japanese Revolution in Paris Fashion* (Oxford and New York: Berg, 2004).
35. Dorinne Kondo, *About Face: Performing Race in Fashion and Theatre* (New York: Routledge, 1997).
36. *Notebook on Cities and Clothes*, dir. Wim Wenders, 1989.
37. Carla Jones, and Ann Marie Leschkowich, "Three Scenarios from Batak Clothing History: Designing Participation in the Global Fashion Trajectory," in S. Niessen et al., *Re-Orienting Fashion: The Globalization of Asian Dress* (Oxford: Berg, 2003), 2.
38. Tamara Walker, "He outfitted his family in notable decency": Slavery, Honour and Dress in Eighteenth-Century Lima, Peru," in *Slavery and Abolition: A Journal of Slave and Post-Slave Studies,* 30, (2009): 383–402.
39. Fadwa El Guindi, "Hijab," in V. Steele (ed.) *Encyclopedia of Clothing and Fashion*, New York: Scribner, 1 (2004): 414–16; Gole 1996, quoted in E. Tarlo and A. Moors (eds), "Introduction," *Fashion Theory* 11, no, 2/3 (2013), 22.
40. Reina Lewis, *Rethinking Orientalism* (New Brunswick: Rutgers University Press, 2004).
41. Saloni Mathur, *India by Design* (Berkeley: University of California Press, 2007), 167.
42. Hansen, "The World in Dress": 372.
43. Agnès Rocamora, "Personal fashion blogs: screens and mirrors in digital self-portraits," *Fashion Theory*, vol. 15, 4 (2011): 407–24.
44. Michael Keane, *Created in China: The Great Leap Forward* (New York: Routledge, 2007).
45. Tu, *The Beautiful Generation*.
46. Alexandra Palmer, *Fashion: A Canadian Perspective* (Toronto: University of Toronto Press, 2004), 4.
47. Craik, *Fashion*.
48. Tu, *The Beautiful Generation,* 25.
49. Craik, "Fashion, Tourism, and Global Culture," in S. Black, A. de la Haye et al. (eds), *The Handbook of Fashion Studies* (London: Bloomsbury, 2013); Carla Cooper, "Caribbean Fashion Week: Remodeling Beauty in 'Out of Many One' Jamaica," in *Fashion Theory*: 14, 3, (2010): 387–404; Wessie Ling "Fashionalization. Why so many cities host fashion weeks?" in J. Berry (ed.), *Fashion Capital* (Oxford: Interdisciplinary Press, 2012).
50. Crane, *Fashion and Its Social Agendas*.
51. Ibid.; Benedict Anderson, *Imagined Communities: Reflections on the Origin and Spread of Nationalism* (London: Verso, London, 1983); Eric J. Hobsbawn and Trevor O. Ranger, *The Invention of Tradition* (Cambridge: Cambridge University Press [1983], 2012); Emma Tarlo,

Visibly Muslim: Fashion, Politics, Faith (Oxford and New York: Berg, 2010); Simona Serge Reinach, *Un modo di mode* (Roma-Bari: Laterza, 2011).
52. Palmer, *Fashion.*
53. Skov, "Dreams of Small Nation in a Polycentric Fashion World,"; Orvar Lofgren and Robert Willim, *Magic Culture and the New Economy* (Oxford and New York: Berg, 2005).
54. Hildi Hendrickson, *Clothing and Difference: Embodied Identities in Colonial and Post Colonial Africa*, (Durham NC, Duke University Press, 1996), 1.
55. Ibid.
56. Toby Slade, *Japanese Fashion: A Cultural History* (Oxford and New York: Berg, 2009).
57. Arjun Appadurai, *Modernity at Large: Cultural Dimensions of Globalization* (Minneapolis: University of Minnesota Press, 1996).
58. Claire Dwyer and Peter Jackson, "Commodifying Difference: Selling Eastern Fashion," *Environment and Planning: Society and Space*, vol. 21 (2003): 269–91.
59. Anthony Giddens, *The Consequences of Modernity* (Cambridge: Polity Press, 1990).
60. Roland Barthes, *The Fashion System* (Berkeley: University of California Press, 1983); Annette B. Weiner and Jane Schneider, *Cloth and the Human Experience* (Washington: Smithsonian Institution Press, 1989).
61. Rovine, "Viewing Africa Through Fashion," *Fashion Theory* 13, 2 (2009): 133–40.
62. See *Critical Studies on Fashion and Beauty*, 4 (2013).
63. Nandi Bhatia, "Fashioning Women in Colonial India," *Fashion Theory. The Journal of Dress, Body & Culture*, 7.3/4 (2003): 327–44.
64. Rey Chow, *Il sogno di Butterfly. Costellazioni Postcoloniali,* P. Calefato (ed.) (Milan: Meltemi, 2004).
65. Marshall Sahlins, *Culture and Practical Reason* (Chicago: Chicago University Press, 1976).

7 *Visual Representations*

1. Charles Baudelaire, *The Painter of Modern Life and Other Essays*, trans. Jonathan Mayne (London: Phaidon, 1964), 1–2.
2. Anne Hollander, "Fashion and Image," in *Feeding the Eye* (New York: Farrar, Straus & Giroux, 1999), 142.
3. Nast quoted in Caroline Seebohm, *The Man Who Was Vogue: The Life and Times of Condé Nast* (New York: Viking Press, 1982), 178–9.
4. *On the Edge: Images from 100 Years of Vogue* (New York: Random House, 1992), vii.
5. Nancy Hall-Duncan, *The History of Fashion Photography* (New York: Alpine Book Company, Inc., 1979), 35–6.
6. Quoted in Edward Steichen, *A Life in Photography* (Garden City, NY: Doubleday & Co., 1963), n.p.
7. Ibid., n.p.
8. Quoted in Seebohm, *The Man Who Was Vogue*, 201–3.
9. Steichen as quoted in Patricia Johnston, *Real Fantasies: Edward Steichen's Advertising Photography* (Berkeley: University of California Press, 1997), 113.
10. Martin Harrison, *Shots of Style: Great Fashion Photographs Chosen by David Bailey* (London: Victoria and Albert Museum, 1985), 22.
11. Horst as quoted in Horst P. Horst, *Horst Portraits: 60 Years of Style* (New York: Harry N. Abrams, Inc., 2001), 182.
12. Hans-Michael Koetzle, *Photo Icons: The Story Behind the Pictures, 1928–1991*, vol. II (Köln: Taschen, 2002), 42.
13. William A. Ewing, "A Natural Means of Expression," in *Style in Motion: Munkacsi Photographs 20s, 30s, 40s* (New York: Clarkson N. Potter, Inc., 1979), 9–12.
14. Carmel Snow and Mary Louise Aswell, *The World of Carmel Snow* (New York: McGraw-Hill Book Company, Inc., 1962), 88. Emphasis original.

15. Winthrop Sargeant, "A Woman Entering a Taxi in the Rain," *The New Yorker*, November 8, 1958: 49.
16. Ibid., 70.
17. Quoted in Philippe Garner, "Richard Avedon: A Double-Sided Mirror," in *Avedon Fashion: 1944–2000* (Munich: Schirmer/Mosel, 2009), 21.
18. Penn, quoted in Susan Bright, *Face of Fashion* (New York: Aperture Foundation/ D.A.P. Distributed Art Publishers, 2007), 12.
19. Susan Sontag, "The Avedon Eye," *Vogue* [New York], September 1, 1978: 507.
20. Norberto Angeletti and Alberto Oliva, *In Vogue: The Illustrated History of the World's Most Famous Fashion Magazine* (New York: Rizzoli, 2012), 234.
21. See "A Major Innovation: The Style Essay," in ibid., 262–71.
22. *Vogue* editor Grace Mirabella as quoted in ibid, 232.
23. Hilton Kramer, "The Dubious Art of Fashion Photography," *New York Times*, December 28,1975: 100.
24. Francine Crescent, as quoted in Alison M. Gingeras, *Guy Bourdin* (London: Phaidon Press, 2006), n.p.
25. Vince Aletti, "Bruce Weber for Calvin Klein," *Artforum* 41, no. 7 (March 2003): 116.
26. See Teal Triggs, "Framing Masculinity: Herb Ritts, Bruce Weber and the Body Perfect," in Juliet Ash and Elizabeth Wilson (eds), *Chic Thrills: A Fashion Reader*, (Berkeley: University of California Press, 1992).
27. Aletti, "Bruce Weber for Calvin Klein": 116.
28. Michael Gross, "Bruce Weber: Camera Chameleon," *Vanity Fair*, June 1986: 116.
29. Bruce Weber, *Hotel Room with a View* (Washington, DC: Smithsonian Institution Press, 1992), 8.
30. Paul Jobling, *Fashion Spreads: Word and Image in Fashion Photography since 1980* (Oxford: Berg, 1999), 145.
31. Jane Pavitt, "Logos," in Valerie Steele (ed.), *The Berg Companion to Fashion*, (Oxford: Berg, 2010), 485.
32. Sontag, "The Avedon Eye": 508.
33. John Leo, "Selling the Woman-Child," *U.S. News and World Report* 116, no. 23 (June 13, 1994); Louise Lague, "How Thin Is Too Thin?" *People Weekly* 40 (September 20, 1993); and "A Fat Chance of Winning This Model Argument," *The Guardian*, October 10, 1995.
34. Ellen Gray, "'Waif' Spoof Reached out and Touched," *Philadelphia Daily News*, January 28, 1994.
35. Mark Hooper, "The Image Maker," *Observer Fashion Supplement*, Summer 2006.
36. Matthew Schneier, "Fashion in the Age of Instagram," *New York Times*, April 10, 2014.

8 Literary Representations

We would like to thank Alexandra Palmer for inviting us to contribute to this volume and for providing generous feedback on our drafts; Emma Doran and Alyssa Mackenzie for invaluable research assistance and feedback with this essay; and Jason Wang for his fashion studies expertise.

1. Jean Rhys, *After Leaving Mr. Mackenzie* (London: Penguin, 1971), 57.
2. Patti Smith, *Just Kids* (New York: Harper Collins, 2010), 251.
3. Roland Barthes, *The Fashion System*, trans. M. Ward and R. Howard (New York: Hill and Wang, 1967), 12.
4. J.C. Flügel, *The Psychology of Clothes* (London: Hogarth Press, 1950), 160–6.
5. Barthes, *The Fashion System*, 3.
6. Ibid., 8.
7. Elizabeth Wilson, *Adorned in Dreams: Fashion and Modernity* (Los Angeles: University of California Press, 1985), 3.
8. Ibid., 9.

9. R.S. Koppen, *Virginia Woolf: Fashion and Literary Modernity* (Edinburgh: Edinburgh University Press, 2009), 35.
10. Ibid., 35.
11. Peter McNeil, V. Karaminas and C. Cole (eds), *Fashion in Fiction: Text and Clothing in Literature, Film and Television* (New York: Berg, 2009), 2.
12. Ibid., 4.
13. Theodore Dreiser, *Sister Carrie* (New York: Modern Library, 1961), 5.
14. Ibid., 111.
15. Dreiser, *Sister Carrie*, 111–12.
16. Ibid., 551.
17. Edith Wharton, *The Age of Innocence* (Peterborough, ON: Broadview, 2002), 62.
18. Ibid., 86.
19. Anzia Yezierska, *Bread Givers*, (New York: Persea Books, 1975), 239.
20. Meredith Goldsmith, "Dressing, Passing, and Americanizing: Anzia Yezierska's Sartorial Fictions," *Studies in America Jewish Literature* 16 (1997): 35.
21. Lori Harrison-Kahan, "No Slaves to Fashion: Designing Women in the Fiction of Jessie Fauset and Anzia Yezierska," in C. Kuhn and C. Carlson (eds), *Styling Texts: Dress and Fashion in Literature* (Youngstown: Cambria University Press, 2007), 312.
22. Ibid., 313.
23. Graeme Abernethy, "'Beauty on Other Horizons': Sartorial Self-Fashioning in Claude McKay's *Banjo: A Story Without a Plot*," *Journal of American Studies* 48, no. 2 (2014): 445.
24. Ibid., 448.
25. Ibid., 449.
26. C. McKay, quoted in Abernathy, "'Beauty on Other Horizons'," 450.
27. Abernathy, "'Beauty on Other Horizons'," 450.
28. McKay, quoted in ibid., 450.
29. D.H. Lawrence, *Women in Love* (New York: Random House, 2000), 4.
30. Ibid., 9.
31. Lawrence, *The Fox/The Captain's Doll/The Ladybird*, ed. Dieter Mehl (London: Penguin, 2006), 48–9.
32. F. Scott Fitzgerald, *The Great Gatsby* (New York: Charles Scribner's Sons, 1953), 93.
33. Shaun Cole, *The Story of Men's Underwear* (New York: Parkstone Press, 2011), 58.
34. Ibid., 57.
35. Tyrus Miller, *Late Modernism: Politics, Fiction, and the Arts Between the World Wars* (Berkeley: University of California Press, 1999), 141, 142.
36. Djuna Barnes, *Nightwood* (New York: New Directions, 1961), 79.
37. Ibid., 136.
38. Ibid., 146, 148.
39. Rachel Warburton, "'Nothing could be seen whole or read from start to finish': Transvestitism and Imitation in *Orlando* and *Nightwood*," in Kuhn and Carlson, *Styling Texts*, 269–70.
40. Ibid., 271.
41. Ernest Hemingway, *The Sun Also Rises* (New York: Scribner, 1954), 31.
42. Ibid., 150.
43. "The Chanel 'Ford,'" *Vogue* (American), October 1, 1926, 69.
44. Rhys, *After Leaving Mr. Mackenzie*, 57.
45. Ibid., 68.
46. Ibid., 68.
47. Jean Rhys, *Good Morning, Midnight* (London: Andre Deutsch, 1969), 28.
48. Gabrielle Finnane, "Holly Golightly and the Fashioning of the Waif," in P. McNeil, V. Karaminas and C. Cole (eds), *Fashion in Fiction: Text and Clothing in Literature, Film and Television*, (New York: Berg, 2009), 138.
49. Ibid., 145.

50. Truman Capote, *Breakfast at Tiffany's and Other Voices, Other Rooms* (New York: Modern Library, 2013), 71.
51. Ian Fleming, *Casino Royale* (Las Vegas, NV: Thomas Mercer, 2013), 28.
52. Ibid., 22.
53. Ibid., 30.
54. Ibid., 32–3.
55. Ibid., 49.
56. Bret Easton Ellis, *American Psycho* (New York: Vintage/Random House, 1991), 72.
57. Ibid., 76–7.
58. Natalie Stillman-Webb, "'Be What You Want': Clothing and Subjectivity in Toni Morrison's *Jazz*," in Kuhn and Carlson (eds), *Styling Texts,* 335.
59. Ibid., 335.
60. Margaret Atwood, *Dancing Girls and Other Stories* (New York: Simon and Schuster, 1982), 114.
61. Ibid., 114.
62. Cynthia Kuhn, "'Clothes Would Only Confuse Them': Sartorial Culture in *Oryx and Crake*," in Kuhn and Carlson (eds), *Styling Texts*, 389.
63. Ibid., 390.
64. Alice Munro, *Who Do You Think You Are?* (Toronto: Penguin, 2006), 64.
65. Ibid., 64.
66. Smith, *Just Kids*, 25.
67. Ibid., 29.
68. Ibid., 30.
69. Ibid., 64.
70. Ibid., 251.
71. Ibid., 251.

参考文献

Aav, M. (ed.) (2003), *Marimekko: Fabrics, Fashion, Architecture*, New Haven and London: Yale University Press.
Abernethy, G. (2014), "'Beauty on Other Horizons': Sartorial Self-Fashioning in Claude McKay's *Banjo: A Story Without a Plot*," *Journal of American Studies* 48, no. 2: 445–60.
Adatto, K. (2008), *Picture Perfect: Life in the Age of the Photo Op*, Princeton: Princeton University Press.
Aletti, V. (March 2003), "Bruce Weber for Calvin Klein." *Artforum* 41, no. 7: 116.
Allison, D.C. (1998), *Jesus of Nazareth: Millenarian Prophet*, Augsburg Fortress: Fortress Press.
American Fabrics (Spring 1953), "American Fabrics Presents a Key to the Man-Made Fibers," 26: 70–4.
American Fabrics (Spring 1954), "Guide to Some Well Known Finishes and Finishing Terms": 28: 80–3.
American Fabrics (1960), *Encyclopedia of Textiles,* Englewood Cliffs, NJ: Prentice-Hall.
Anderson, B. (1983), *Imagined Communities: Reflections on the Origin and Spread of Nationalism*, London: Verso.
Angeletti, N. and A. Oliva (2012), *In Vogue: The Illustrated History of the World's Most Famous Fashion Magazine*, New York: Rizzoli.
Anstey, H. and T. Weston ([1997] 2005), *The Anstey Weston Guide to Textile Term*, London: Weston Publishing Ltd.
Appadurai, A. (1996), *Modernity at Large: Cultural Dimensions of Globalization*, Minneapolis: University of Minnesota Press.
Arnold, R. (2001), *Fashion, Desire and Anxiety: Image and Morality in the 20th Century*, New Brunswick: Rutgers University Press.
Ash, J. (2010), *Dress Behind Bars: Prison Clothing as Criminality*, London: I.B. Tauris.
Ashcraft, M. (2002), *The Dawn of the New Cycle: Point Loma Theosophists and American Culture*, Knoxville: University of Tennessee Press.
Ashcroft, B. et al. (1995), *The Post-Colonial Studies Reader*, London and New York: Routledge.
Atwood, M. ([1977] 1982), *Dancing Girls and Other Stories*, New York: Simon & Schuster.
Auclair, R. (1982), *The Lady of All Peoples*, Quebec: Limoilou.
"Babes Take Age-Old Prejudice off their Chests," *India Today*, August 25, 2009.
Bailey, P.H. (1955), "Report on Men's Wear," *New York Times*, May 1, 1955, SMA7.
Banerjee, M. and D. Miller (2003), *The Sari*, London: Bloomsbury.
Barlow, F.D., Jr. (1957), *Cotton, Rayon, Synthetic Fibers—Competition in Western Europe*, Washington: US Department of Agriculture.
Barmash, I. (1965), "Men's Shirts Get Permanent Press." *New York Times*, February 21, 1965: 43.
— (1971), "Manufacturers Warned on Rising Textile Waste," *New York Times*, March 27, 1971: 35.
Barnard, M. (1996), *Fashion as Communication*, London and New York: Routledge.
Barnes, D. ([1936] 1961), *Nightwood*, New York: New Directions.

— ([1928] 1972), *Ladies Almanack*, New York: Harper & Row.
— ([1915] 2003), *Book of Repulsive Women*, Manchester: Carcanet Press.
Barnes R. and J. Eicher (1992), *Dress and Gender: Making and Meaning*, Oxford: Berg, 1992.
Barry, C. (1994), *Rasafari: Roots and Ideoloy*, Syracuse: Syracuse University Press.
Barthes, R. (1967), *Système de la mode*, Paris: Seuil.
— ([1967] 1990), *The Fashion System*, trans. M. Ward and R. Howard, Berkeley: University of California Press.
— (2006), *The Language of Clothing*, Oxford: Berg.
Bartlett, D. (2010), *Fashion East: The Spectre that Haunted Socialism*, Cambridge, MA: MIT Press.
Bartlett, D., S. Cole, and A. Rocamora (eds) (2013), *Fashion Media. Past and Present*, London: Bloomsbury.
Baudelaire, C. (1964), *The Painter of Modern Life and Other Essays*, trans. J. Mayne, London: Phaidon.
Beauvoir, S. de. *The Second Sex* ([1949] 1972), trans. and ed. H.M. Parshley, London: Jonathan Cape.
Berg, M. (2005), *Luxury and Pleasure in Eighteenth-Century Britain*, Oxford: Oxford University Press.
Bergeron, L. (ed.) (1993), *La Révolution des aiguilles. Habiller les Français et les Américains 19e–20e siècle*, Paris: EHESS.
Berghoff, H. and T. Kuehne (eds) (2013), *Globalizing Beauty: Consumerism and Body Aesthetics in the Twentieth Century*, New York: Palgrave.
Bergler, E. ([1953] 1987), *Fashion and the Unconscious*, Madison: International Universities Press.
Bettany, S. and R. Daly (2008), "Figuring companion-species consumption: A multi-site ethnography of the post-canine Afghan hound," *Journal of Business Research*, no. 61: 408–18.
Betterton, R. (1987), *Looking On: Images of Femininity in the Visual Arts and Media*, London: Pandora.
Bezzola, T. (2008), "Lights Going All over the Place," in *Edward Steichen in High Fashion: The Condé Nast Years 1923–1937*, eds W.A. Ewing and T. Brandow, New York: W.W. Norton & Co.
Bhatia, N. (September/December 2003), "Fashioning Women in Colonial India," *Fashion Theory: The Journal of Dress, Body & Culture*, 7.3/4: 327–44.
Birnbach, L. and J. Roberts, C. McD. Wallace, and M. Wiley (1980), *The Official Preppy Handbook*, New York: Workman Publishing.
Black, S. (2013), *The Sustainable Fashion Handbook,* London: Thames & Hudson.
Bland, L. (2013), *Modern Women on Trial: Sexual Transgression in the Age of the Flapper*. Manchester: Manchester University Press.
Blaszczyk, R.L. (2006), "Styling Synthetics: DuPont's Marketing of Fabrics and Fashions in Postwar America," *The Business History Review* 80, no. 3: 485–528.
— (ed.) (2007), *Producing Fashion: Commerce, Couture, and Consumers*, Philadelphia: University of Pennsylvania Press.
— (2008), "Designing Synthetics, Promoting Brands: Dorothy Liebes, DuPont Fibres and Post-war American Interiors," *Journal of Design History* 21, no. 1: 75–99.
— (2012), *The Color Revolution*, Cambridge, MA: MIT Press.
Blausen, W. (1994), "Rodier," in *Contemporary Fashion*, Farmington Hills: St. James Press.
Blum, D.E. (2003), *Shocking! The Art and Fashion of Elsa Schiaparelli*, Philadelphia: Philadelphia Museum of Art.

Bolton, A. (2004), *Bravehearts: Men in Skirts*, London: V&A Publishing.
— (2011), *Alexander McQueen: Savage Beauty*, New York: Metropolitan Museum of Art.
Bosquart, M. (1985), *De La Trinité Divine À L'immaculée-Trinité*, Quebec City: Limoilou.
Bosc, A. (ed.) (2014), "Du fil au vêtement. La production de textiles pour la haute couture," in Alexandra Bosc et al, *Les Années 50. La mode en France, 1947–1957*, Paris: Paris Musées.
Bourdieu, P. (1984), *Distinction: A Social Critique of the Judgement of Taste*, Cambridge, MA: Harvard University Press.
— (1993), *Sociology in Question*, London: Sage.
Bourdieu, P. and Y. Delsaut (1975), "Le couturier et sa griffe: contribution à une théorie de la magie," *Actes de la recherche en sciences sociales*, 1.
Bouzar, D. (2010), *Laïcité, mode d'emploi: Cadre légal et solutions pratiques, 42 études de cas*, Paris: Eyrolles.
Brachet-Champsaur, F. (2006a), "La mode et les grands magasins," in *Les cathédrales du commerce parisien. Grands Magasins et enseignes*, Paris: Editions de l'Action Artistique de la Ville de Paris.
— (2006b), "Un grand magasin à la pointe de la mode: les Galeries Lafayette," in *La mode des sixties, l'entrée dans la modernit*, eds M. Ruffat and D. Veillon, Paris: Autrement.
— (2012), "Madeleine Vionnet and the Galeries Lafayette: The unlikely marriage of a Parisian couture house and a French department store, 1922–40," *Business History* 54, no. 1: 48–66.
Braddock, S.E. and M. O'Mahony (1998), *Techno Textiles: Revolutionary Fabrics for Fashion and Design*, New York: Thames & Hudson.
Braham, P. (1997), "Fashion: unpacking a cultural production," in *Production of Culture/ Cultures of Production*, ed. P. Du Gay, London and Thousand Oaks: Sage in association with the Open University.
"Bravehearts: Men in Skirts," *The Metropolitan Museum of Art*, http://www.metmuseum.org/about-the-museum/press-room/exhibitions/2003/bravehearts-men-in-skirts [accessed July 26, 2015].
Breward, C. (1995), *The Culture of Fashion*, Manchester: Manchester University Press.
— (1999), *The Hidden Consumer: Masculinities, Fashion and City Life 1860–1914*, Manchester: Manchester University Press.
— (2003), *Fashion*, Oxford: Oxford University Press.
Breward, C. and D. Gilbert (eds) (2006), *Fashion's World Cities*, Oxford: Berg.
Breward, C., D. Gilbert, and J. Lister (2006), *Swinging Sixties: Fashion in London and Beyond 1955–1970*, London: V&A Publishing.
Bright, S. (2007), *Face of Fashion*, New York: Aperture.
Bromley, D.G. and S. Palmer (2007), "Deliberate Heresies: New Religious Myths and Rituals as Critiques," in *Teaching New Religious Movements*, ed. David G. Bromlet, New York: Oxford University Press.
Bruzzi, S. and P. C. Gibson (2008), "Fashion is the fifth character," in *Reading Sex and the City*, eds K. Akass and J. McCabe, London: I.B. Tauris.
Buckley, C. and H. Fawcett (2002), *Fashioning the Feminine: Representation and Women's Fashion from the Fin de Siècle to the Present*, London: I.B. Tauris.
Burke, P. (2008), *What is Cultural History*, London: Polity Press.
Burman, B. (1995), "Better and Brighter Clothes, The Men's Dress Reform Party, 1929–1940," *Journal of Design History* 8 (4): 275–90.
— (1999), *The Culture of Sewing: Gender, Consumption and Home Dressmaking*, Oxford: Berg.
Butler, J. (1990), *Gender Trouble: Feminism and the Subversion of Identity*, London and New York: Routledge.
Calefato, P. (2004), *The Clothed Body*, Oxford: Berg.

Canadian Conference of Catholic Bishops (1999), *Doctrinal Note of the Catholic Bishops of Canada Concerning the Army of Mary.*
Cannadine, D. (1998), *Class in Britain*, New Haven and London: Yale University Press.
Carlyle, T. (1908), *Sartur Resartus: On Heroes, Hero Worship and the Heroic in History*, London: J.M. Dent.
Capote, T. (2013), *Breakfast at Tiffany's and Other Voices, Other Rooms*, New York: Modern Library.
Case, S. ([1988] 1999), "Toward a Butch–Femme Aesthetic," in *Camp: Queer Aesthetics and the Performing Subject. A Reader*, ed. F. Cleto, Edinburgh: Edinburgh University Press.
Chakrabarty, D. (2007), *Provincializing Europe. Post-Colonial Thought and Historical Difference*, Princeton: Princeton University Press.
Chandés, H. (ed.) (1999), *Issey Miyake Making Things*, Zurich: Scalo.
"The Chanel 'Ford'," in *Vogue* (US), October 1, 1926: 69.
Chapdelaine de Montvalon, S. (2010), *Le beau pour tous*, Paris: L'Iconoclaste.
Chenoune, F. (1993), *A History of Men's Fashion*, Paris: Flammarion.
— (1995), *A History of Men's Fashion,* trans. D. Dusinberre, Paris and New York: Flammarion.
Chessel, M. (2012), *Consommateurs engagés à la Belle Epoque. La Ligue sociale d'acheteurs*, Paris: Presses de Sciences Po.
Chevannes, B. (1994), *Rasafari: Roots and Ideoloy*, Syracuse: Syracuse University Press.
Chow, R. (2004), *Il sogno di Butterfly. Costellazioni Postcoloniali*, ed. P. Calefato, Roma: Meltemi.
Chrétien-Ichikawa, S. (2012), *La réémergence de la mode en Chine et le rôle du Japon*, PhD thesis, Paris: EHESS.
Chua, R.Y.J. and R.G. Eccles (2009), *Managing Creativity at Shanghai Tang*, Boston: Harvard Business School Case 410–018.
Clarke, S. and M. O'Mahony (2006), *Techno Textiles 2: Revolutionary Fabrics for Fashion and Design*, New York: Thames & Hudson.
Coelho, P. and J. McClure (1993), "Toward an Economic Theory of Fashion," *Economic Inquiry*, 31 no. 4: 595–608
Cohan, S. (2006), "So Functional for its purposes: Rock Hudson's Bachelor Apartment in Pillow Talk," in *Stud: Architectures of Masculinity*, ed. J. Sanders, Princeton: Princeton University Press.
Cole, S. (2000), *"Don We Now Our Gay Apparel": Gay Men's Dress in the Twentieth Century*, Oxford: Berg.
— (2011), *The Story of Men's Underwear*, New York: Parkstone Press.
Conekin, B. (2000), "Fashioning the Playboy: Messages of Style and Masculinity in the Pages of *Playboy* Magazine, 1953–1963," *Fashion Theory* 4, no 4: 447–66.
Conor, L. (2004), *The Spectacular Modern Woman. Feminine Visibility in the 1920s*, Bloomington and Indianapolis: Indiana University Press.
Cooper, C. (2010), "Caribbean Fashion Week: Remodeling Beauty in 'Out of Many One' Jamaica," *Fashion Theory* 14, no. 3: 387–404.
Coppens, M. (1996), *Mode en Belgique au XIXe siècle*, Brussels: Musées Royaux d'Art et d'Histoire.
Cott, N. (1987), *The Grounding of Modern Feminism*, New Haven: Yale University Press.
"Cotton Incorporated's History," *Cotton Incorporated*, http://www.cottoninc.com/corporate/About-Cotton-Incorporated/Cotton-Incorporated-company-history/ [accessed June 5, 2014].
Craik, J. (1994), *The Face of Fashion: Cultural Studies in Fashion*, London: Routledge.
— (2005), *Uniforms Exposed: From Conformity to Transgression*, Oxford and New York: Berg.

— (2009), *Fashion: The Key Concepts*, Oxford and New York: Berg.
— (2013), "Fashion, Tourism, and Global Culture," in *The Handbook of Fashion Studies*, eds S. Black, A. de la Haye, et al. London: Bloomsbury.
Crane, D. (2000), *Fashion and its Social Agendas: Class, Gender, and Identity in Clothing*, Chicago: University of Chicago Press.
Crawford, M.D.C. (1941), *The Ways of Fashion*, New York: Putnam.
Cristóbal Balenciaga Museoa (2011), *Cristóbal Balenciaga*, New York: Thames & Hudson.
Cunningham, P. (1986), "Swimwear in the Thirties: The B.V.D. Company in a Decade of Innovation," *Dress* 12, no. 1: 11–27.
Cunnington, P. and C. Lucas (1976), *Occupational Costume in England,* London: A&C Black.
Darsey, J. (1991), "From 'gay is good' to the scourge of AIDS: The evolution of gay liberation rhetoric, 1977–1990," *Communication Studies* 42, no. 1: 43–66.
Darwin, G.H. (1872), "Development in Dress," *Macmillan Magazine* 26: 410–16.
Daves, J. (1967), *Ready-Made Miracle: The American story of fashion for the millions*, New York: Putnam.
Davidson, A. (2013), "Economic recovery, Made in Bangladesh?" *New York Times*, May 14: MM16.
Davis, F. (1989), "'Of Maids' Uniforms and Blue Jeans: The Drama of Status Ambivalences in Clothing and Fashion," *Qualitative Sociology* 12, no. 4: 337–55.
Davis, M.E. (2006), *Classic Chic: Music, Fashion, and Modernism,* Berkeley: University of California Press.
de la Haye, A. (2005), "Patou, Jean," in *Encyclopedia of Clothing and Fashion,* ed. V. Steele, Detroit: Thompson Gale.
de la Haye, A. and S. Tobin ([1994] 2003), *Chanel: The Couturiere at Work*, London: V&A Publishing.
de Lauretis, T. (1991), "'Queer Theory': Lesbian and gay sexualities," *Differences: A Journal of Feminist Cultural Studies* 3, no. 2: iii–xviii.
de Marly, D. (1986), *Working Dress: A History of Occupational Clothing*, London: Batsford Books.
de Meyer, A. (1976), *De Meyer*, ed. R. Brandau with text by P. Jullian, New York: Alfred A. Knopf.
Devor, H. (2011), *Gender Blending: Confronting the Limits of Duality*, Bloomington and Indianapolis: Indiana University Press.
Dior, C. ([1956] 2011), *Christian Dior et moi,* Paris: Vuibert.
Diner, H.R. (2015), *Roads Taken: The Great Jewish Migrations to the New World and the Peddlers Who Forged the Way*, New Haven: Yale University Press.
Douglas, M. and B. Isherwood ([1978] 1980), *The World of Goods: Towards an Anthropology of Consumption*, London: Penguin.
Dreiser, T. ([1900] 1961), *Sister Carrie*, New York: Modern Library.
Durran, J. (1995), "Dandies and servants of the Crown: Sailors' uniforms in the early 19th century," *Things* 3: 6–19.
Dworkin, A. (1981), *Pornography: Men Possessing Women*, New York: G.P. Putnam's Sons.
Dwyer, C. and P. Jackson (2003), "Commodifying Difference: Selling Eastern Fashion," *Environment and Planning: Society and Space* 21: 269–91.
Edelman, A.H. (1997), *The Little Black Dress*, New York: Simon and Schuster.
Ehrman, E. (2004), "Glamourous Modernity: 1914–30," in *The London Look: Fashion from Street to Catwalk*, eds C. Breward, E. Ehrman, and C. Evans, New Haven: Yale University Press/Museum of London.

Eichengreen, B. (2007), *The European Economy Since 1945: Coordinated Capitalism and Beyond*, Princeton: Princeton University Press.

Eicher, J.B., et al. (2008), *The Visible Self: Global Perspectives on Dress, Culture and Society*, New York: Fairchild Publications.

Ellis, B.E. (1991), *American Psycho*, New York: Vintage/Random House.

Ellwood, R.S. (1979), *Religious and Spiritual Groups in North America*, New Jersey: Prentice Hall.

Entwistle, J. (2000), *The Fashioned Body: Fashion, Dress and Modern Social Theory*, Cambridge: Polity Press.

— (2009), *The Aesthetic Economy of Fashion: Markets and Value in Clothing and Modelling*, New York: Berg.

Entwistle, J. and A. Rocamora (2006), "The Field of Fashion Materialized: A Study of London Fashion Week," *Sociology* 40, no. 4: 735–51.

Etherington-Smith, M. (1983), *Patou*, New York: St. Martin's/Marek.

European Parliament briefing, "Workers' conditions in the textile and clothing sector: just an Asian affair? Issues at stake after the Rana Plaza tragedy," European Parliament, August, 2014. http://www.europarl.curopa.cu/EPRS/140841REV1-Workers-conditions-in-the-textile-and-clothing-sector-just-an-Asian-affair-FINAL.pdf [January 20, 2015].

Evans, C. (1997), "Dreams That Only Money Can Buy . . . Or, The Shy Tribe in Flight from Discourse," *Fashion Theory: The Journal of Dress, Body and Culture* 1 (2): 169–80.

— (2013), *The Mechanical Smile: Modernism and the First Fashion Shows in France and America, 1900–1929*, New Haven and London: Yale University Press.

Evans, C. and M. Thornton (Summer 1991), "Fashion, Representation, Femininity," *Feminist Review* no. 38: 48–66.

Ewing, E. (2008), *History of 20th Century Fashion*, London: Batsford.

Ewing, W.A. (1979), "A Natural Means of Expression," in *Style in Motion: Munkacsi Photographs 20s, 30s, 40s*, New York: Clarkson N. Potter, Inc.

Falluel, F. and M. Gutton (2009), *Elégance et Système D: Paris 1940–1944*, Paris: Paris Musées.

"A Fat Chance of Winning This Model Argument," *The Guardian*, October 10, 1995: 17.

Fauset, J.R. ([1931] 1995a), *The Chinaberry Tree: Novel of American Life*, New York: G.K. Hall.

— ([1933] 1995b), *Comedy: American Style*, New York: G.K. Hall.

Featherstone, M. (1991), "The Body in Consumer Culture," in *The Body: Social Process and Cultural Theory*, eds M. Featherstone et al., London: Sage.

Fee, S. (2013), "Anthropology and Materiality," in *The Handbook of Fashion Studies*, eds S. Black et al., London: Bloomsbury.

Feele, P. (1915), "Fashions and the Seven-year Schedule," *The Globe and Mail*, February 13: 10.

Ferrara, A.N. (2015), "Fashion's Forgotten Fascists." *VICE*, April 8, 2015, http://www.vice.com/read/fashions-forgotten-fascists [accessed November 18, 2014].

Ferris, R. and J. Lord (2012), *Teddy Boys: A Concise History*, London: Milo.

Festinger, L., H. Riecken, and S. Schachter (1956), *When Prophecy Fails: A Social and Psychological Study of a Modern Group That Predicted the Destruction of the World*, Minneapolis: University of Minnesota Press.

Feuer, A. (2004), "Do Real Men Wear Skirts? Try Disputing a 340-Pounder," *New York Times*, February 8, 2004, http://www.nytimes.com/2004/02/08/nyregion/08skirts.html [accessed July 26, 2015].

Field, J. (2001), "Dyes, Chemistry and Clothing: The Influence of World War I on Fabrics, Fashions and Silk," *Dress* 28, no. 1: 77–91.

— (2006), "Bernat Klein's Couture Tweeds: Color and Fabric Innovation, 1960–1980," *Dress* 36, no. 1: 41–55.

Fillin-Yeh, S. (2001), "Dandies, marginality, and Modernism: Georgia O'Keeffe, Marcel Duchamp, and Other Cross-Dressers," in *Dandies: Fashion and Finesse in Art and Culture*, ed. S. Fillin-Yeh, New York and London: New York University Press.

Finnane, A. (2008), *Changing Clothes in China: Fashion, History, Nation*, New York: Columbia University Press.

Finnane, G. (2009), "Holly Golightly and the Fashioning of the Waif," in P. McNeil, V. Karaminas and C. Cole (eds), *Fashion in Fiction: Text and Clothing in Literature, Film and Television*, New York: Berg.

Fitzgerald, F. Scott ([1925] 1953), *The Great Gatsby*, New York: Charles Scribner's Sons.

Fleming, I. ([1953], 2013), *Casino Royale*, Las Vegas, NV: Thomas Mercer.

Fletcher, K. and L. Grose (2012), *Fashion and Sustainability: Design for Change*, London: Laurence King Publishing Ltd.

Flügel, J.C. (1930), *The Psychology of Clothes*, London: Institute of Psychoanalysis and Hogarth Press.

Fogg, M. (2003), *Boutique: A 60s Cultural Phenomenon*, London: Mitchell Beazley.

Fonda, J. (1981), *Jane Fonda's Workout Book*, New York: Simon & Schuster.

Font, L. (2011), "Dior before Dior," *West 86th: A Journal of Decorative Arts, Design History, and Material Culture* 18, no. 1: 26–49.

Friedan, B. (1963), *The Feminine Mystique*, London: Penguin.

Friedman, V. (2015), "Saint Laurent Is Creating a Line Even More Exclusive Than Couture," *New York Times*, July 29, 2015, http://www.nytimes.com/2015/07/29/fashion/saint-laurent-is-creating-a-line-even-more-exclusive-than-couture.html [accessed August 3, 2015].

Fussell, P. (1984), *Class: Style and Status in the USA*, London: Arrow.

Garber, M. (1992), *Vested Interests: Cross-Dressing and Cultural Anxiety*, New York: Harper Perennial.

Gareau, P.L. (2009), "Unveiling the Army of Mary: A Gendered Analysis of a Conservative Catholic Marian Devotional Organization," MA dissertation, Montreal: Concordia University.

Garelic, R. (2001), "The Layered Look: Coco Chanel and Contagious Celebrity," in *Dandies: Fashion and Finesse in Art and Culture*, ed. S. Fillin-Yeh, New York and London: New York University Press.

Garner, P. (2009), "Richard Avedon: A Double-Sided Mirror," in *Avedon Fashion: 1944–2000*, Munich: Schirmer/Mosel.

Garnier, G., (ed.) (1987), *Paris-Couture-Années Trente*, Paris: Paris Musées.

Geczy, A. (2013), *Fashion and Orientalism*, London: Bloomsbury.

— (2014), "Straight Internet Porn and the Natrificial: Body and Dress," *Fashion Theory: The Journal of Dress, Body and Culture, Special Issue, Fashion and Porn* 18 (2): 169–88.

Geczy, A. and V. Karaminas (2013), *Queer Style*, London: Bloomsbury.

Gibson, P. C. (2012), *Fashion and Celebrity Culture*, London and New York: Berg.

— (2014), "Pornostyle: Sexualized Dress and the Fracturing of Feminism," *Fashion Theory: The Journal of Dress, Body and Culture, Special Issue, Fashion and Porn* 18, no. 2: 189–90.

Gibson, P. C. and V. Karaminas (2014), "Letter from the Editors," *Fashion Theory: The Journal of Dress, Body and Culture, Special Issue, Fashion and Porn* 18, no. 2: 118.

Giddens, A. (1990), *The Consequences of Modernity*, Cambridge: Polity Press.

Giguère, M. and J. d'Arc Demers (2004), *Vie d'Amour*, Québec City: Limoilou.

Gingeras, A.M. (2006), *Guy Bourdin*, London: Phaidon Press.
Gluckman, A. and B. Reed (eds) (1997), *Homo Economics: Capitalism, Community, and Lesbian and Gay Lives*, New York and London: Routledge.
Golbin, P. (2009), *Vionnet, Puriste de la Mode*, Paris: Les Arts Décoratifs.
Goldsmith, M. (1997), "Dressing, Passing, and Americanizing: Anzia Yezierska's Sartorial Fictions," *Studies in America Jewish Literature* 16: 34–45.
Gray, E. (1994), "'Waif' Spoof Reached out and Touched," *Philadelphia Daily News*, January 28, 1994.
Gray, R. (2004), *About Face: German Physiognomic Thought from Lavatar to Auschwitz*, Detroit: Wayne State University.
Green, N.J. (1997), *Ready-to-Wear and Ready-to-Work: A Century of Industry and Immigrants in Paris and in New York*, Durham: Duke University Press.
Gross, M. (2008), "Bruce Weber: Camera Chameleon," *Vanity Fair*, June 1986, 102–6, 116–18.
Grumbach, D. ([1993] 2008), *Histoires de la mode*, Paris: Editions du Regard/Institut Français de la Mode.
Guenther, I. (2004), *Nazi 'Chic'?: Fashioning Women in the Third Reich*, London: Berg.
Guillaume, V. (1998), *Courrèges*, London: Thames & Hudson.
Guindi, E.F. (2004), "Hijab," in V. Steele (ed.) *Encyclopedia of Clothing and Fashion*, New York: Scribner.
Gwynne, P. (2008), *World Religions in Practice: A Comparative Introduction*, Oxford: Blackwell Publishers.
Halberstam, J. (1998), *Female Masculinity*, Durham and London: Duke University Press.
Hall, S. and T. Jefferson (eds) (1976), *Resistance Through Rituals: Youth Subcultures in Post-War Britain*, London: Routledge.
Hall-Duncan, N. (1979), *The History of Fashion Photography*, New York: Alpine Book Company Inc.
Halnon, K.B. (2002), "Poor Chic: The Rational Consumption of Poverty," *Current Sociology* 50, no. 4: 501–16.
Hancock, J.H. II. (2009), "Chelsea on 5th Avenue: Hypermasculinity and Gay Clone Culture in the Retail Brand Practices of Abercrombie and Fitch," *Fashion Practice: The Journal of Design, Creative Process and the Fashion Industry* 1, no.1: 63–85.
Hancock, J.H. II and V. Karaminas (2014), "The Joy of Pecs. Representations of Masculinity in Fashion Advertising," *Clothing Cultures* 1, no. 3: 269–288.
Handley, S. (1999), *Nylon: The Story of a Fashion Revolution*, Baltimore: The Johns Hopkins University Press.
Hansen, K.T. (2000), *Salaula: The World of Second-Hand Clothing and Zambia*, Chicago and London: University of Chicago Press.
— (2004), "The World in Dress: Anthropological Perspectives on Clothing, Fashion, and Culture," *Annual Review of Anthropology* 33: 369–92.
Hansen, K.T. and D.M. Soyini (eds) (2013), *African Dress: Fashion, Agency, Performance*, London: Bloomsbury.
Harrison, M. (1985), *Shots of Style: Great Fashion Photographs Chosen by David Bailey*, London: V&A Publishing.
Harrison-Kahan, L. (2007), "No Slaves to Fashion: Designing Women in the Fiction of Jessie Fauset and Anzia Yezierska," in C. Kuhn and C. Carlson (eds), *Styling Texts: Dress and Fashion in Literature*, Youngstown: Cambria University Press.
Harvey, J. (1997), *Men in Black*, London: Reaktion.

Hay, S. (ed.) (2000), *From Paris to Providence: Fashion, Art, and the Tirocchi Dressmakers' Shop, 1915–1947*, Providence: Museum of Art, Rhode Island School of Design.
Hebdige, D. (1979), *Subculture: The Meaning of Style*, London: Routledge.
— (2006), "The Meaning of Mod," in *Resistance Through Rituals*, eds S. Hall and T. Jefferson, New York: Routledge.
Heller, S.G. (2010), "The Birth of Fashion," in *The Fashion History Reader: Global Perspectives*, eds G. Riello and P. McNeil, London and New York: Routledge.
Hemingway, E. ([1926] 1954), *The Sun Also Rises*, New York: Scribner.
Hemphill, C.S. and J. Suk (2014), "The Fashion Originators' Guild of America. Self-help at the edge of IP and antitrust," in *Intellectual Property at the Edge. The Contested Contours of IP*, eds R.C. Dreyfuss and J.C. Ginsburg, Cambridge, Cambridge University Press.
Hendrickson, H. (1996), *Clothing and Difference: Embodied Identities in Colonial and Post Colonial Africa*, Durham: Duke University Press.
Hobsbawn, E.J. and T. O. Ranger ([1983] 2012), *The Invention of Tradition*, New York: Cambridge University Press.
Hollander, A. (1999), "Fashion and Image," in *Feeding the Eye*, New York: Farrar, Straus & Giroux.
Holt, S. (1964), *Terror in the Name of God: The Story of the Sons of Freedom Doukhobors*, Toronto: McClelland and Stewart.
Hooper, M. (Summer 2006), "The Image Maker," *Observer Fashion Supplement*.
Horst, H.P. (2001), *Horst Portraits: 60 Years of Style*, New York: Harry N. Abrams, Inc.
Horyn, C. (2001), "Fashion; Some Things New, Most Borrowed," *New York Times*, September 11, 2001, http://www.nytimes.com/2001/09/11/nyregion/review-fashion-some-things-new-most-borrowed.html [accessed July 30, 2015].
Isherwood, C. (1939), *Goodbye to Berlin*, London: Hogarth Press.
Jacobs, A. (2011), "Smooth Moves, how Sara Blakely rehabilitated the girdle," *The New Yorker*, March 28, 2011, http://www.newyorker.com/magazine/2011/03/28/smooth-moves [accessed August 2, 2015].
Jennings, R. (2007), *A Lesbian History of Britain: Love and Sex Between Women Since 1500*, Oxford and Westport: Greenwood World Publishing.
Jobling, P. (1999), *Fashion Spreads: Word and Image in Fashion Photography Since 1980*, Oxford and New York: Berg.
Johnson, R. "Ritual Nudity or Skyclad," Amethyst's Wicca website, www.angelfire.com/realm2/amethystbt/ skyclad2.html [accessed January 1, 2006].
Johnston, P. (1997), *Real Fantasies: Edward Steichen's Advertising Photography*, Berkeley: University of California Press.
Jones, C. and A.M. Leschkowich (2003), "Three Scenarios from Batak Clothing History: Designing Participation in the Global Fashion Trajectory," in *Re-Orienting Fashion: The Globalization of Asian Dress*, eds S. Niessen, et al, Oxford: Berg.
Jones, G.J. and V. Pouillard (2009), *Christian Dior: A New Look for Haute Couture*, Boston: Harvard Business School, case 809–159.
Jones, M. (2008), *Skintight: An Anatomy of Cosmetic Surgery*, London: Berg.
Kawamura, Y. (2004), *The Japanese Revolution in Paris Fashion*, Oxford and New York: Berg.
— (2005), *Fashion-ology: An Introduction to Fashion Studies*, London: Bloomsbury.
Keane, M. (2007), *Created in China: The Great Leap Forward*, New York: Routledge.
Keenan, W. (1999), "From Friars to Fornicators: The Eroticization of Sacred Dress," *Fashion Theory* 3, no. 4: 389–410.
Kelly, K.F. (2011), "Performing Prison: Dress, Modernity, and the Radical Suffrage Body," *Fashion Theory,* 15, no. 3: 299–322.

Kertzer, D.L. (1996), "Ritual, Politics and Power," in *Readings in Ritual Studies*, ed. Ronald Grimes, New Jersey: Prentice Hall.
Kidwell, C.B. and M. Christman (1974), *Suiting Everyone: The Democratization of Clothing in America*, Washington: Smithsonian Institution.
King, S.S. (1980), "The Restoration of King Cotton," *The New York Times*, March 2, 1980, F1.
Kirke, B. (1998), *Madeleine Vionnet*, San Francisco: Chronicle Books.
Kirkpatrick, R.G. and D. Tumminia (1995), "Unarius: Emergent Aspects of an American Flying Saucer Group," in James R. Lewis, *The Gods Have Landed: New Religions from Other Worlds*, New York: SUNY Press.
Kitamura, M. (ed.) (2012), *Pleats Please Issey Miyake*, Klön: Taschen.
Klein, N. (1999), *No Logo: Taking Aim at the Brand Bullies*, Toronto and New York: Knopf.
Klymenko, O. (2012), "Fashion Week(s) in Kyiv—The Attempt to Create Fashion Industry in Post-Sovient Ukraine," paper presented at *Fashioning the City Conference*, Royal College of Art, London.
Koda, H. (2003), *Goddess: The Classical Mode*, New York: Metropolitan Museum of Art.
Koetzle, H.M. (2002), *Photo Icons: The Story Behind the Pictures, 1928–1991*, vol. 2, Köln: Taschen.
Kondo D. (1997), *About Face: Performing Race in Fashion and Theatre*, New York: Routledge.
König, A. (2008), "Sex and the City: A fashion editor's dream?" In *Reading Sex and the City*, eds K. Akass and J. McCabe, London: I.B. Tauris.
Koppen, R.S. (2009), *Virginia Woolf: Fashion and Literary Modernity*, Edinburgh: Edinburgh University Press.
Koschetz, H. (1968), "Du Pont Unfurls a New Silklike Fiber," *New York Times*, June 28, 1968: 57.
Kramer, H. (1975), "The Dubious Art of Fashion Photography," *New York Times*, December 28, 1975: 100.
Kuchta, D. (2002), *The Three-Piece Suit and Modern Masculinity: England, 1550–1850*, Berkeley: University of California Press.
Kunz, G.I. and M.B. Garner (2006), *Going Global: The Textile and Apparel Industry*, New York: Fairchild.
Kuru, A. (2009), *Secularism and State Policies towards Religion: The United States, France and Turkey*, New York: Cambridge University Press.
Lague, L. (1959), *The Importance of Wearing Clothes*, New York: Hastings House.
— (1993), "How Thin Is Too Thin?" *People Weekly* 40, September 20, 1993: 74–80.
Langer, L. (1959), *The Importance of Wearing Clothes*, New York: Hastings House.
Laver, J. (1952), *Clothes*, London: Burke.
Lawrence, D.H. (1990), *England, My England*, ed. B. Steele, Cambridge: Cambridge University Press.
— ([1920] 2000), *Women in Love*, introduction Joyce Carol Oates, New York: Random House.
— ([1922] 2006), *The Fox/The Captain's Doll/The Ladybird*, ed. D. Mehl, London: Penguin.
Lazreg, M. (2011), *Questioning the Veil: Open Letters to Muslim Women*, Princeton, N.J.: Princeton University Press.
Le Fèvre, G. (1929), *Au secours de la couture (industrie française)*, Paris: Editions Baudinière.
Leach, W.R. (1994), *Land of Desire: Merchants, Power, and the Rise of a New American Culture*, New York: Vintage.
Leglar, C. (2013), "I am a Woman who Models Male Clothes. This is not about Gender," *The Guardian*, Friday November 1, 2013, http://www.theguardian.com/commentisfree/2013/nov/01/woman-models-mens-clothes-casey-legler [accessed March 21, 2015].

Lehman, U. (2000), *Tigersprung: Fashion in Modernity*, Boston: MIT Press.
Leo, J. (1994), "Selling the Woman-Child," *U.S. News and World Report* 116, no. 23, June 13, 1994: 27.
Levine, M.P. and M. Kimmel (1998), *Gay Macho: The Life and Death of the Homosexual Clone*, New York: New York University Press.
Levy, A. (2006), *Female Chauvinist Pigs: The Rise of Raunch Culture*, London: Free Press.
Lewis, R. (2004), *Rethinking Orientalism*, New Brunswick: Rutgers.
Lewis, W. (1982), "Coming Again: How Society Functions through its Religions," in Eileen Barker (ed.), *New Religious Movements: A Perspective for Understanding Society*, Lewiston, N.J.: Edwin Mellen.
Lilly Daché: glamour at the drop of a hat: The Museum at FIT, March 13–April 21, 2007, New York, N.Y.: Fashion Institute of Technology.
Limnander, A. (2001), *Miguel Adrover, Fall 2001 Ready-to-Wear*, February 11, 2001, http://www.style.com/fashion-shows/fall-2001-ready-to-wear/miguel-adrover [accessed July 30, 2015].
Ling, W. (2012), "Fashionalization. Why so many cities host fashion weeks?" In *Fashion Capital*, ed. J. Berry, Oxford: Interdisciplinary Press.
Lipovetsky, G. (1987), *L'empire de l'éphémère. La mode et son destin dans les sociétés modernes*, Paris: Gallimard/Lipovetsky, G. ([1994] 2002), *The Empire of Fashion: Dressing Modern Democracy*, Princeton: Princeton University Press.
Lofgren, O. and R. Willim (2005), *Magic Culture and the New Economy*, Oxford and New York: Berg.
Lucchesi, J. (2001), "'The Dandy in Me': Romaine Brooks's 1923 Portraits," in *Dandies: Fashion and Finesse in Art and Culture*, edi. S. Fillin-Yeh, New York and London: New York University Press.
Lupano, M. and A. Vacari (2009), *Fashion at the Time of Fascism*, Rome: Damiani.
Lurie, A. (1981), *The Language of Clothes*, London: Random House.
Lury, C. (1996), *Consumer Culture*, New Brunswick: Rutgers University Press.
Luthar, B. (2006), "Remembering Socialism: On desire, consumption and surveillance," *Journal of Consumer Culture* 6, no. 2: 229–59.
Lyle, D.S. (rev. ed. 1964), *Focus on Fabrics*, Silver Spring, MD: National Institute of Drycleaning, available online: http://www.cs.arizona.edu/patterns/weaving/books.html
Lynch, A. (2012), *Porn Chic: Exploring the Contours of Raunch Eroticism*, London: Berg.
Maillet, T. (2013), *Histoire de la médiation entre textile et mode en France: des échantillonneurs aux bureaux de style (1825–1975)*, PhD thesis, Paris: EHESS.
Manual, F.E. (1967), "Toward a Psychological History of Utopia," in *Utopias and Utopian Thought*, ed. Frank E. Manuel, Boston: Beacon Press.
Marcketti, S.B. and E.T. Angstman (2013), "The Trend for Mannish Suits in the 1930s," *Dress* 39, no. 2: 135–52.
Martin, R. (1994), "Missoni," in *Contemporary Fashion*, Farmington Hills: St. James Press.
— (1998), *American Ingenuity: Sportswear 1930s–1970s*, New York: Metropolitan Museum of Art.
Martin, R. and H. Koda (1994), *Visions of the East in Western Dress*, New York: Metropolitan Museum of Art.
Martins, G. (2009), "Subculture, style, chavs and consumer capitalism: towards a critical cultural criminology of youth," *Crime, Media, Culture* 5, no. 2: 123–45.
Marzel, S. (2006), "De quelques Success Stories dans la creation vestimentaire parisienne des années 60," *Archives juives* 2, no. 39: 72–84.
Mathur, S. (2007), *India by Design*, Berkeley: University of California Press.

Mayhew, E. (2013), *Wounded: A New History of the Western Front in World War I*, Oxford: Oxford University Press.
Maynard, M. (2004), *Dress and Globalization*, Manchester: Manchester University Press.
McDowell, C. (1997), *Forties Fashion and the New Look*, London: Bloomsbury.
McKay, C. ([1929] 2008), *Banjo: A Story without a Plot*, London: Serpent's Tail.
McNeil, P., V. Karaminas, and C. Cole (eds) (2009), *Fashion in Fiction: Text and Clothing in Literature, Film and Television*, New York: Berg.
McRobbie, A. (1988), *Zoot Suits and Second-hand Dresses: an anthology of fashion and music*, Boston: Unwin Hyman.
— (1999a), "Art Fashion and Music in the Culture Society," in *In The Culture Society: Art Fashion and Popular Music*, New York and London: Routledge.
— (1999b), *In the Culture Society: Art, Fashion and Popular Music*, London and New York: Routledge.
McRobbie, A. and J. Garber ([1993] 2006), "Girls and subcultures," in *Resistance Through Rituals*, eds S. Hall and T. Jefferson, New York: Routledge.
Meiklejohn, H.E. (1938), "Dresses: The Impact of Fashion on a Business," in Walton Hamilton, *Price and Price Policies*, New York: McGraw-Hill.
Melchior, M.R. (2014), "Introduction: Understanding Fashion and Dress Museology," in *Fashion and Museums: Theory and Practice*, eds M.R. Melchior and B. Svensson, London: Bloomsbury.
Merceron, D. (2007), *Lanvin*, New York: Rizzoli.
Merlo, E. and F. Polese (2006), "Turning Fashion into Business: the emergence of Milan as an international hub," *Business History Review* 80, no. 3: 415–47.
Mertha, A.C. (2005), *The Politics of Piracy: Intellectual Property in Contemporary China*, Ithaca: Cornell University Press.
Metropolitan Museum of Art Thomas J. Watson Library (1948), *American Textiles,'48*, New York: Metropolitan Museum of Art.
Milbank, C.R. (1989a), *Couture: The Great Designers*, New York: Stuart, Tabori, & Chang.
— (1989b), *New York Fashion: The Evolution of American Style*, New York: Harry N. Abrams.
Miles, S. (1998), *Consumerism: As a Way of Life*, London: Sage.
Milestone, K. and A. Meyer (2011), *Gender and Popular Culture*, London: Polity Press.
Miller, D. (2010), *Stuff*, Cambridge: Polity, 2010.
Miller, L.E. (1993), *Cristóbal Balenciaga*, London: B.T. Batsford.
Miller, T. (1999), *Late Modernism: Politics, Fiction, and the Arts Between the World Wars*, Berkeley: University of California Press.
Moffitt, P. (1999), *The Rudi Gernreich Book*, Köln: Taschen.
Moncrieff, R.W. (1975), *The Man-Made Fibres*, New York and Toronto: John Wiley & Sons.
Monneyron, F. (2010), *La sociologie de la mode*, Paris: Puf.
Montagné-Villette, S. (199), *Le Sentier, un espace ambigu*, Paris: Masson.
Montgomery, M.E. (1998), *Spectacles of Leisure in Edith Wharton's New York*, New York: Routledge.
Morris, B. (1979), "Jogging Suits Are Off and Running in a Race for Style," *New York Times*, March 11, 1979, AD1.
Morrison, T. (1992), *Jazz*, New York: Alfred A. Knopf.
Mort, F. (1996), *Cultures of Consumption: Masculinities and Social Space in Late Twentieth-Century Britain*, London: Routledge.
Munro, A. ([1978] 2006), *Who Do You Think You Are?* Toronto: Penguin.
Nieburg, H.L. (1973), *Culture Storm: Politics and the Ritual Order*, New York: St. Martin's Press.

Niessen, S. (2010), "Interpreting Civilization Through Dress," in *Berg Encyclopaedia of World Dress and Fashion*, vol. 8, West Europe, Oxford and New York: Berg.
Nika, C. (2011), "Whatever Happened to Miguel Adrover?" January 2, 2011, http://fashionetc.com/fashion/influencers/439-whatever-happened-to-miguel-adrover [accessed July 30, 2015].
Nixon, S. (1996), *Hard Looks: Masculinities, Spectatorship and Contemporary Consumption*, London: University College London Press.
O'Connor, K. (2005), "The Other Half: The Material Culture of New Fibres," in *Clothing as Material Culture*, eds S. Küchler and D. Miller, Oxford: Berg.
— (2008), "The Body and the Brand: How Lycra Shaped America," in *Producing Fashion: Commerce, Culture, and Consumers*, ed. R.L. Blaszczyk, Philadelphia: University of Pennsylvania Press.
— (2011), *Lycra: How a Fiber Shaped America*, New York and London: Routledge.
Okawa, T. (2007), "Licensing Practices at Maison Dior," in *Producing Fashion: Commerce, Culture and Consumers*, ed. R.L. Blaszczyk, Philadelphia: University of Pennsylvania Press.
Okuefuna, D. (2008), *The Wonderful World of Albert Khan*, London: BBC Books.
On the Edge: Images from 100 Years of Vogue (1992), New York: Random House.
Orsi, R.A. (1996), *Thank You, St. Jude: Women's Devotion to the Patron Saint of Hopeless Causes*, New Haven: Yale University Press.
Palmer, A. (1991), "Paper Clothes: Not Just a Fad," in Patricia A. Cunningham and Susan Voso Lab (eds), *Dress and Popular Culture*, Bowling Green: Bowling Green State University Popular Press.
— (2001), *Couture & Commerce: The Transatlantic Fashion Trade in the 1950s*, Vancouver: UBC Press and the Royal Ontario Museum.
— (2003), *Fashion: A Canadian Perspective*, Toronto, Buffalo, and London: University of Toronto Press.
— (2007), "Inside Paris haute couture," in *The Golden Age of Couture: Paris and London, 1947–1957*, ed. C. Wilcox, London: V&A Publishing.
— (2009), *Dior*, London: V&A Publishing.
— (2013), "Chanel: American as Apple Pie," in *The Chanel Legend*, ed. M. Spitz, Mettingen: Draiflessen Collection.
— (2014), "Du fil au vêtement. La production de textiles pour la haute couture," in *Les années 50. La mode en France, 1947–1957*, ed. Alexandra Bosc, Paris: Paris Musée.
Palmer, A. and H. Clark (eds) (2004), *Old Clothes: New Looks*, New York: Berg.
Palmer, S.J. (2004), *Aliens Adored: Raël's UFO Religion*, New Jersey: Rutgers University Press.
— (2010), *The Nuwaubian Nation: Black Spirituality and State Control*, Farnham: Ashgate Publishing.
— (2011), *The New Heretics of France: Minority Religions, la Republique, and the Government-Sponsored "War on Sects,"* New York: Oxford University Press.
— (2014), "Raël's Angels: The first five years of a secret order," in *Sexuality and New Religious Movements*, eds Henrik Bogdan and James R. Lewis, New York: Palgrave Studies in New Religions and Alternative Spiritualities.
Palmer S.J. and D.G. Bromley (2007), "Deliberate Heresies: New Religious Myths and Rituals as Critiques," in David G. Bromlet (ed.), *Teaching New Religious Movements*, New York: Oxford University Press.
Parkins, W. (2002), *Fashioning the Body Politic: Dress, Gender, Citizenship*, Oxford: Berg.

Paulicelli, E. (2004), *Fashion Under Fascism: Beyond the Black Shirt*, New York: Berg.
Pavitt, J. (2010), "Logos," in *The Berg Companion to Fashion*, ed. V. Steele, Oxford: Berg.
Payeur Raynauld, S. (2007), "Cinq Robes Demandées Par Le Ciel," *Le Royaume* (May–June 2007): 12–13.
"Pendleton Company History," *Pendleton Woolen Mills*, http://www.pendleton-usa.com/custserv/custserv.jsp?pageName=CompanyHistory&parentName=Heritage [accessed June 15, 2014].
Pilcher, J. (2011), "No logo? Children's consumption of fashion," *Childhood* 18, no. 1: 128–41
Poiret, P. (1930), *En habillant l'époque*, Paris: Grasset.
— ([1931] 2009), *King of Fashion: The Autobiography of Paul Poiret*, London: V&A Publishing.
Polan, B. and R. Tredre (2009), *The Great Fashion Designers*, Oxford and New York: Berg Publishers.
Polhemus, T. (1994), *Streetstyle: From Sidewalk to Catwalk*, London: Thames & Hudson.
Polle, E., F. Hammond and A. Keens (2013), *Jean Patou: A Fashionable Life*, Paris: Flammarion.
Pouillard, V. (2007), "In the Shadow of Paris? French Haute Couture and Belgian Fashion between the Wars," in *Producing Fashion: Commerce, Culture and Consumers*, ed. R.L. Blaszczyk, Philadelphia: Pennsylvania University Press.
— (2011), "Design Piracy in the Fashion Industries of Paris and New York in the Interwar Years," *Business History Review* 85 no. 2: 319–44.
— (2013a), "Fashion for All? The Transatlantic Fashion Business and the Development of a Popular Press Culture During the Interwar Period," *Journalism Studies* 14 no. 5: 716–29.
— (2013b), "Keeping Designs and Brands Authentic: The resurgence of the post-war French fashion business under the challenge of US mass production," *European History Review* 20 no. 5: 815–35.
— (2013c), "The Rise of Fashion Forecasting and Fashion PR, 1920–1940. The History of Tobé and Bernays," in *Globalizing Beauty: Consumerism and Body Aesthetics in the 20th Century*, eds H. Berghoff and T. Kuehne, New York: Palgrave.
Puwal N. and N. Bhati (September/December 2003), "Fashioning Women in Colonial India," *Fashion Theory. The Journal of Dress, Body and Culture*, 7.3/4: 327–44.
Quant, M. ([1965] 2012), *Quant by Quant: The Autobiography of Mary Quant*, London: V&A Publishing.
Rabine, L.W. (2002), *The Global Circulation of African Dress*, Oxford and New York: Berg.
— (2010), *African Dress: Fashion, Agency, Performance*, London: Bloomsbury.
Raël (1974), *Le livre qui dit la Vérité*, Clermont Ferrand: Les Editions du Message.
— (1977), *Les extraterrestres m'ont emmene sur leur planète*, Brantome: l'Editions du Message.
— (2001), *Yes to Human Cloning*, Florida: Raëlian Foundation.
Rafferty, K. (2011), "Class-based emotions and the allure of fashion consumption," *Journal of Consumer Culture* 11, no. 2: 239–60.
Raustiala, K.S. (2006), "The Piracy Paradox: Innovation and Intellectual Property in Fashion Design," *Virginia Law Review* 92: 1687–777.
Reed, R. (1972), "Happy Days for Cotton," *New York Times*, July 9, 1972, F1.
Reinach, S.S. (2005), "China and Italy: Fast Fashion versus Prêt-à-Porter. Towards a New Culture of Fashion," *Fashion Theory. The Journal of Dress, Body and Culture* 9, no. 1: 43–56.
— (2006), *Orientalismi*, Roma: Meltemi.
— (2011a), "National Identities and International Recognition," *Fashion Theory* 15, no. 2: 267–72.

— (2011b), *Un modo di mode*, Roma-Bari: Laterza.
— (2013), "Luxury as a process," paper given at *The Regulation of Luxury Conference*, Bologna, December 12–13, 2013.
Reuther, R. (1993), *Sexism and God Talk: Toward a Feminist Theology*, Boston: Beacon Press.
Rhys, J. ([1939] 1969), *Good Morning, Midnight*, London: Andre Deutsch.
— ([1930] 1971), *After Leaving Mr. Mackenzie*, London: Penguin.
Riello, G. and P. McNeil (2010), *The Fashion History Reader*, New York: Routledge.
Roberts, M.L. (Spring 1992), "'This Civilization No Longer Has Sexes': La Garçonne and Cultural Crisis in France After World War I," *Gender and History* 4, no.1: 49–69.
Robinson, B.A. (2005), "Jain Dharma," Ontario Consultants on Religious Tolerance, www.religioustolerance.org /jainism.htm [accessed October 28, 2014].
Rocamora, A. (2011), "Personal fashion blogs: screens and mirrors in digital self-portraits," *Fashion Theory* 15, no. 4: 407–24.
— (2013), "How New Are New Media? The Case of Fashion Blogs," in *Fashion Media: Past and Present*, eds Djurdja Bartlett, Shaun Cole, and Agnès Rocamora. London: Bloomsbury.
Rose, C. (2010), *Making, Selling and Wearing Boys' Clothes in Late-Victorian England*, Farnham: Ashgate.
Ross, R. (2008), *Clothing: A Global History*, Cambridge: Polity Press.
Rossellini, R. (1987), *Quasi un'autobiografia*, Milano: Mondadori.
Rouzaud, C.A. (1946), *Un problème d'intérêt national: Les industries du luxe*, Thése pour ledoctorat d'Etat, Strasbourg: Librairie du Recueil Sirey.
Rovine, V.L. (2007), "Viewing Africa Through Fashion," *Fashion Theory* 13, no. 2: 133–40.
— www.africulture.com [accessed December 13, 2013].
Ruffat, M. and D. Veillon (2007), *La mode des sixties, l'entrée dans la modernité*, Paris: Autrement.
Sahlins, M. (1976), *Culture and Practical Reason*, Chicago: Chicago University Press.
Said, E. (1978), *Orientalism: Western Representations of the Orient*, London: Routledge & Kegan Paul.
Saillard, O. (ed.) (2014), *Fashion Mix. Mode d'ici. Créateurs d'ailleurs*, Paris: Flammarion.
Saisselin, R.G. (1959), "From Baudelaire to Christian Dior: The Poetics of Fashion," *The Journal of Aesthetics and Art Criticism* 18, no. 1: 109–115.
Sargeant, W. (1958), "A Woman Entering a Taxi in the Rain," *The New Yorker*, November 8, 1958, 49–84.
Sassen, S. (1991), *The Global City: New York, London, Tokyo*, Princeton: Princeton University Press.
Sauro, C. (2005), "Jeans," in *Encyclopedia of Clothing and Fashion*, ed. V. Steele, Detroit: Thompson Gale.
Savage, J. (2013), "Oh! You Pretty Things," in *David Bowie Is*, London: V&A Publishing.
Saxenian, A. ([1994] (1996), *Regional Advantage: Culture and Competition in Silicon Valley and Route 128*, Cambridge: Harvard University Press.
Schacht, S.P. and L. Underwood (2004), "The Absolutely Fabulous but Flawlessly Customary World of Drag Queens and Female Impersonators," *Journal of Homosexuality* 46, no. 3/4: 1–17.
Schneider, J. (August 1994), "In and Out of Polyester: Desire, Disdain and Global Fibre Competitions," *Anthropology Today* 10, no. 4: 2–10.
Schneier, M. (2014), "Fashion in the Age of Instagram," *New York Times*, April 10, 2014, E1.

Schoeser, M. (2003), *World Textiles: A Concise History*, London: Thames & Hudson.
Scott, W.R. (2008), "California Casual: Lifestyle Marketing and Men's Leisurewear, 1930–1960," in *Producing Fashion: Commerce, Culture, and Consumers*, ed. R.L. Blaszczyk, Philadelphia: University of Pennsylvania Press.
Seebohm, C. (1982), *The Man Who Was Vogue: The Life and Times of Condé Nast*, New York: Viking Press.
Sen, A. (2005), *The Argumentative India*, New York: Allen Lane Penguin.
Sender, K. (2004), *Business, Not Politics: The Making of the Gay Market*, New York: Columbia University Press.
Sennet, R. (1992), *The Fall of Public Man*, London: Faber.
Settembrini, L. (ed.) (1996), *Emilio Pucci*, Florence: Skira.
Sewell, J. (2014), "Performing Masculinity Through Objects in Postwar America. The Playboy's Pipe," in *Love Objects: Emotion, Design and Material Culture*, eds A. Moran and S. O'Brian, London: Bloomsbury.
Shaw, M. (2007), "H.R. Mallinson & Company, Inc., of New York, New Jersey and Pennsylvania," in *American Silk 1830–1930*, eds J. Field, M. Senechal, and M. Shaw, Lubbock, TX: Texas Tech University Press.
Siegel, L. (2011), *To Die For: Is Fashion Wearing Out the World?* London: Harper Collins.
Simmel, G. (1904), "Fashion," *International Quarterly* 10, no. 1: 130–55.
— (1905), *Philosophie der Mode*, Berlin: Pan-Verlag.
Simon, P. (1931), *La Haute Couture, Monographie d'une industrie de luxe*, Paris: Presses Universitaires de France.
Skov, L. (2011), "Dreams of Small Nation in a Polycentric Fashion World," *Fashion Theory* 15, no. 2: 137–56.
Slade T. (2009), *Japanese Fashion: A Cultural History*, Oxford and New York: Berg.
Slater, D. (1997), *Consumer Culture and Modernity*, Cambridge: Polity.
Sloane, L. (1974), "Suiting Up for Leisure." *New York Times*, October 27, 1974: 178.
Sluiter, L. (2009), *Clean Clothes: A Global Movement to End Sweatshops*, London: Pluto Press.
Smith, P. (2010), *Just Kids*, New York: Harper Collins.
Smith, P.J. (1999), "'You don't have to say you love me'. The Camp Masquerades of Dusty Springfield," in *The Queer Sixties*, ed. P. J. Smith, New York and London: Routledge.
Snaith, G. (2003), "Tom's Men: The Masculinization of Homosexuality and the Homosexualization of Masculinity at the end of the Twentieth Century," *Paragraph* 26: 77–88.
Snow, C. and M.L. Aswell (1962), *The World of Carmel Snow*, New York: McGraw-Hill Book Company Inc.
Sontag, S. (1978), "The Avedon Eye," *Vogue* (US), September 1, 1978: 460–1, 507–8.
Steele, V. (1985), *Fashion and Eroticism: Ideals of Feminine Beauty from the Victorian Era to the Jazz Age*, New York: Oxford University Press.
— (1988), *Paris Fashion: A Cultural History*, Oxford: Oxford University Press.
— (1996), *Fetish: Fashion, Sex and Power*, New York: Oxford University Press.
— (1997), "Anti-Fashion: The 1970s," *Fashion Theory* 1 no. 3: 279–96.
— (2013), "A Queer History of Fashion: From the Closet to the Catwalk," in *A Queer History of Fashion: From the Closet to the Catwalk* Steele, ed. V. Steele, New Haven and London: Yale University Press.
Steele, V. and G. Carrara (2005), "Italian Fashion," in *Encyclopedia of Clothing and Fashion*, ed. V. Steele, Detroit: Thompson Gale.

Steele, V. and J. Major (1999), *China Chic: East Meets West*, New Haven and London: Yale University Press.
Steichen, E. (1963), *A Life in Photography*, Garden City: Doubleday & Co.
Stein, L. (1962), *The Triangle Fire*, Ithaca: Cornell University Press.
Stern, M. (2014), *The Fitness Movement and Fitness Centre Industry 1960–2000*, Business History Conference, 2008, http://www.thebhc.org/publications/BEHonline/2008/stern.pdf [accessed February 20, 2014].
Stern, R. (2004), *Against Fashion: Clothing as Art, 1850–1930*, Cambridge, MA: MIT Press.
Stewart, M.L. (2005), "Copying and Copyrighting Haute Couture: Democratizing Fashion, 1900–1930," *French Historical Studies* 28, no. 1: 103–30.
— (2008), *Dressing Modern Frenchwomen: Marketing Haute Couture, 1919–1939*, Baltimore: Johns Hopkins University Press.
Stillman-Webb, N. (2007), "'Be What You Want': Clothing and Subjectivity in Toni Morrison's Jazz," in *Styling Texts: Dress and Fashion in Literature*, eds C. Kuhn and C. Carlson, Youngstown: Cambria University Press.
Stitziel, J. (2005), *Fashioning Socialism: Clothing, Politics and Consumer Culture in East Germany*, Oxford: Berg.
Stutesman, D. (2011), "Costume Design, or, what is fashion in film?" in *Fashion in Film*, ed. A. Munich, Indiana: Indiana University Press.
Tardiff, R.J. and L. Schirmer (eds) (1991), *Horst: Sixty Years of Photography*, New York: Universe.
Tarlo, E. (2010), *Visibly Muslim: Fashion, Politics, Faith*, Oxford and New York: Berg.
Tarlo, E. and A. Moors (2013), "Introduction," *Fashion Theory* 11, no, 2/3: 133–43.
Taylor, L. (2002), *The Study of Dress History*, Manchester: Manchester University Press.
— (2007), "L'English Style: les origines de la mode en Grande-Bretagne de 1950 aux années 1970," in (eds) Ruffat, Veillon, *La mode des sixties*, Paris: Autrement.
— (2013), "Fashion and Dress History: Theoretical and Methodological Approaches," in *The Handbook of Fashion Studies*, eds S. Black, A. de la Haye, et. al. London: Bloomsbury.
Teunissen, J. (2005), "Global Fashion/Local Tradition. On the globalization of fashion," in *Global Fashion Local Tradition: On the Globalization of Fashion*, eds J. Brand and J. Teunissen, Terra: Centraal Museum Utrecht.
Thavis, J. (2007), "Vatican Excommunicates Some Members of Canadian Sect," *Catholic News Service*.
"The Science of Ultrasuede®," Toray Industries, http://www.ultrasuede.com/about/science.html [accessed June 4, 2014].
Thesander, M. (1997), *The Feminine Ideal*, London: Reaktion.
Thompson, H. (2010), "Nan Kempler: Queen Spree," *W Magazine*, May 2010, http://www.wmagazine.com/fashion/2010/05/nan_kempner/ [accessed July 25, 2015].
Tiersten, L. (2001), *Marianne in the Market. Envisioning Consumer Society in Fin-de-Siècle France*, Berkeley: University of California Press.
Tortora, P.G., and S.B. Marcketti (2015), *Survey of Historic Costume*, New York and London: Fairchild Books/Bloomsbury Publishing Inc.
Triggs, T. (1992), "Framing Masculinity: Herb Ritts, Bruce Weber and the Body Perfect," in *Chic Thrills: A Fashion Reader*, eds J. Ash and E. Wilson, Berkeley: University of California Press.
Troy, N.J. (2002), *Couture Culture: A Study in Modern Art and Fashion*, Cambridge: MIT Press.
Tsui, C. (2010), *China Fashion: Conversations with Designers*, Oxford and New York: Berg.
Tu, T.L.N. (2010), *The Beautiful Generation: Asian Americans and the Cultural Economy of Fashion*, Durham: Duke University Press.

Tumminia, D. (2005), *When Prophecy Never Fails: Myth and Reality in a Flying-Saucer Group*, New York: Oxford University Press.

Turner, V.W. (1969), *The Ritual Process: Structure and Anti-Structure*, Chicago: University of Chicago.

Twigg, J. (2013), *Fashion and Age: Dress, the Body and Later Life*, London: Bloomsbury.

Tynan, J. (2011), "Military Dress and Men's Outdoor Leisurewear: Burberry's Trench Coat in First World War Britain," *Journal of Design History* 24, no. 2: 139–56.

Vänskä, A. (2003), "See-through Closet: Female Androgyny in the 1990s Fashion Images, the Concepts of 'Modern Woman' and 'Lesbian Chic'," in *Farväl heteronormativitet.* Papers presented at the conference *Farewell to Heteronormativity.* vol. 1. Sverige: Lambda Nordica Förlag.

— (2005), "Why Are There No Lesbian Advertisements?" *Feminist Theory* 6 no. 1: 67–85.

— (2009), "From Marginality to Mainstream: On the Politics of Lesbian Visibility During the Past Decades," in *Sapphists, Sexologists and Sexualities: Lesbian Histories*, vol. 2, eds M. McAuliffe and S. Tiernan, Cambridge: Cambridge Scholars Press.

— (2014), "New Kids on the Mall: Babyfied Dogs as Fashionable Co-consumers," *Young Consumers* 15, no. 3.

— (forthcoming), *Fashioning Childhood. Children in Fashion Advertising,* London and New York: Bloomsbury.

Veblen, T. ([1899] [2007] 2009), *The Theory of the Leisure Class*, Oxford and New York: Oxford University Press.

Veillon, D. (1990), *La mode sous l'occupation. Débrouillardise et coquetterie dans la France en guerre (1939–1945)*, Paris: Payot.

— (2002), *Fashion Under the Occupation*, London: Berg.

Vernus, P. (2006), *Art, Luxe, Industrie. Bianchini-Férier. Un siècle de soieries lyonnaises 1888–1992*, Grenoble: Presses Universitaires de Grenoble.

Vincent-Ricard, F. (1983), *Raison et Passion. Langages de société. La mode, 1940–1990*, Paris: Textile, Art, Langage.

Vinken, B. (1999), "Transvesty—Travesty: Fashion and Gender," *Fashion Theory* 3, no. 1: 33–50.

— (2005), *Fashion Zeitgeist. Trends and Cycles in the fashion System*, Oxford: Berg.

Vollmer, J.E. (2010), "Cultural Authentication," in *Berg Encyclopaedia of World Dress and Fashion*, Oxford and New York: Berg.

Von Drehle, D. (2002), *Triangle: The Fire that Changed America*, New York: Grove Press.

Wagner, G. (2002), "Ultrasuede," *Perspecta* 33: 90–103.

Walker, M. (2005), "Cardin, Pierre," in V. Steele (ed.), *Encyclopedia of Clothing and Fashion*, Detroit: Thompson Gale, 224.

Walker, T.J. (2009), "'He outfitted his family in notable decency': Slavery, Honour and Dress in Eighteenth-Century Lima, Peru," *Slavery and Abolition: A Journal of Slave and Post-Slave Studies* 30: 383–402.

Warburton, R. (2007), "'Nothing could be seen whole or read from start to finish': Transvestitism and Imitation in *Orlando* and *Nightwood*," in *Styling Texts: Dress and Fashion in Literature*, eds C. Kuhn and C. Carlson, Youngstown: Cambria University Press, 269–90.

Ward, S. (2005a), "Chemise Dress," in *Encyclopedia of Clothing and Fashion*, ed. V. Steele. Detroit: Thompson Gale.

— (2005b), "Swimwear," in *Encyclopedia of Clothing and Fashion*, ed. V. Steele. Detroit: Thompson Gale.

Warner, P.C. (2005), "The Americanisation of Fashion: Sportswear, the Movies and the 1930s," in *Twentieth Century American Fashion*, eds L. Welters and P. Cunningham, Oxford: Berg.
Weaver, M. (1989), *British Photography in the Nineteenth Century: The Fine Art Tradition*, Cambridge: Cambridge University Press.
Weber, B. (1992), *Hotel Room with a View*, Washington: Smithsonian Institution Press.
Weber, M. (1947), *Max Weber: The Theory of Social and Economic Organization*, Glencoe: Free Press.
Weiner, A. and J. Schneider (1989), *Cloth and the Human Experience*, Washington: Smithsonian Institution Press.
Weinmann, C. (2003), "The Delineator," in *A Theodore Dreiser Encyclopedia*, ed. K. Newlin, Westport: Greenwood Press.
Wharton, E. ([1920] 1968), *The Age of Innocence*, New York: Macmillan.
"What is a Cult?" *The Guardian*, May 29, 2009.
White, N. (2000), *Reconstructing Italian Fashion: America and the Development of the Italian Fashion Industry*, Oxford and New York: Berg.
Whitley, L.D. (2006), "Azzedine Alaïa," in *Fashion Show: Paris Style*, eds P. Parmal, D. Grumbach, S. Ward, and L.D. Whitley, Boston: MFA Publications.
— (2013), *Hippie Chic*, Boston: MFA Publications.
Wilcox, C. (2005), "Alaïa, Azzedine," in *Encyclopedia of Clothing and Fashion*, ed. V. Steele, Detroit: Thompson Gale.
— ed. (2009), *The Golden Age of Couture: Paris and London 1947–57*, London: V&A Publishing.
Williams, B. (1945), *Fashion is Our Business*, New York and Philadelphia: Lippincott.
Williams, R. (1982), *Dream Worlds: Mass Consumption in Late 19th Century France*, Berkeley: University of California Press.
Williams-Mitchell, C. (1982), *Dressed for the Job: Story of Occupational Costume*, London: Blandford Press.
Wilson, E. ([1985] 2003), *Adorned in Dreams: Fashion and Modernity*. London: I.B. Tauris, 2003.
Wingfield, V. (1997), *The Fashion Group International, Records c. 1930–1997*, New York: New York Public Library.
Wolf, N. (1990), *The Beauty Myth*, London: Vintage.
Woodcock, G. and I. Avakumovic (1977), *The Doukhobors*, London: Faber & Faber.
Woodward, S. (2007), *Why Women Wear What They Wear: Materialising Culture*, Oxford: Berg.
— (2009), "The Myth of Street Style," *Fashion Theory: The Journal of Dress, Body and Culture* 13 (1): 83–102.
"The Woolmark brand celebrates 50 years," *Woolmark Company*, March 26, 2014, http://www.woolmark.com/history [accessed June 5, 2014].
Wu, J. (2009), *Chinese Fashion: From Mao to Now*, Oxford: Berg.
Yezierska, A. ([1925] 2003), *Bread Givers*, New York: Persea Books.
Yohannan, K. and N. Nolf (1998), *Claire McCardell: Redefining Modernism*, New York: Abrams.
Zakharova, L. (2011), *S'habiller à la soviétique. La mode et le dégel en URSS*, Paris: CNRS.
Zdatny, S. (1997), "The Boyish Look and the Liberated Woman: The Politics and Aesthetics of Women's Hairstyles," *Fashion Theory: The Journal of Dress, Body and Culture* 1, no. 4: 367–97.
Zhao, J. (2013), *The Chinese Fashion Industry*, London, Delhi, New York, and Sydney: Bloomsbury.
Zubek, J.P. and P.A. Solberg (1952), *Doukhobors at War*, Toronto: The Ryerson Press.

Websites

www.africulture.com
www.modeaparis.com
www.Oeko-tex.com
www.polartec.com
www.religioustolerance.org
www.ultrasuede.com
www.vice.com

图书在版编目（CIP）数据

西方服饰与时尚文化. 现代 /（加）亚历山德拉・帕尔默（Alexandra Palmer）编; 李思达译. -- 重庆 : 重庆大学出版社, 2024.1

（万花筒）

书名原文: A Cultural History of Dress and Fashion in the Modern Age

ISBN 978-7-5689-4211-9

Ⅰ. ①西… Ⅱ. ①亚… ②李… Ⅲ. ①服饰文化—文化史—研究—西方国家—现代 Ⅳ. ①TS941.12-091

中国国家版本馆CIP数据核字(2023)第214786号

西方服饰与时尚文化：现代

XIFANG FUSHI YU SHISHANG WENHUA：XIANDAI

[加] 亚历山德拉・帕尔默（Alexandra Palmer）——编

李思达 ——译

策划编辑：张　维

责任编辑：鲁　静

责任校对：王　倩

书籍设计：崔晓晋

责任印制：张　策

重庆大学出版社出版发行

出版人：陈晓阳

社址：（401331）重庆市沙坪坝区大学城西路 21 号

网址：http：//www.cqup.com.cn

印刷：天津图文方嘉印刷有限公司

开本：720mm×1020mm　1/16　印张：21.25　字数：277 千

2024 年 1 月第 1 版　　2024 年 1 月第 1 次印刷

ISBN 978-7-5689-4211-9　定价：99.00 元

版贸核渝字（2020）第 102 号